美しい電子顕微鏡写真と
構造図で見る

ウイルス図鑑101

マリリン・J・ルーシンク
Dr Marilyn J Roossinck

布施 晃 [監修]
Fuse Akira

北川 玲 [訳]
Kitagawa Rei

AN ILLUSTRATED GUIDE TO 101 INCREDIBLE MICROBES

創元社

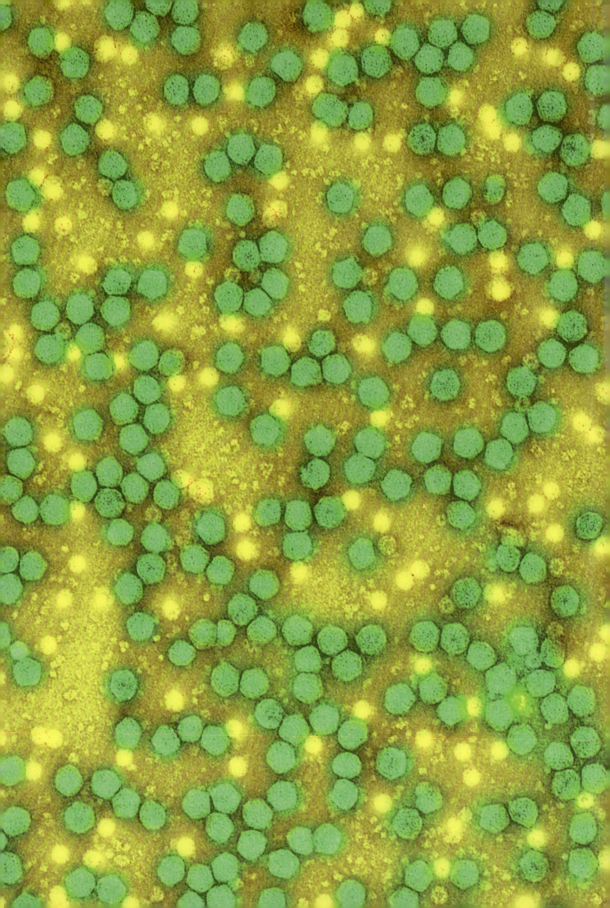

監修者序文

　地球上、形あるもの（無いものは記録媒体を通じて）はすべて、遅かれ早かれコレクションされる。科学的であれ、芸術的であれ、趣味的であれ、また、それらが自然物であれ、人工物であれ、図鑑は、対象物の形状の面白さや美しさを見せつつ、その本質を浮かび上がらせてくれる。

　本書は、環境微生物学者である著者が、研究機関、研究者から提供を受けた最新の彩色した電子顕微鏡写真に、その構造の理解を助けるイラストやウイルス学の基礎知識を加えた科学図鑑であり、カラフルな自然写真も、ウイルスと生物の意外な関係を教えてくれる。

　歴史上、大量の人を死に至らしめる大事件は感染症と戦争である。現在では、戦争は地域限定的な小規模なものにすぎないが、感染症はウイルスに限っても、1980年代以降、エイズ、エボラ出血熱、SARS、新型のインフルエンザなど、病原性の強いものが新しく流行している。また、ウイルスは動物、植物、魚類、昆虫などの産業生物にも病気をもたらし、経済にも打撃を与える。そのためウイルスのイメージは良くない。

　しかし、本書は、従来の単なる「感染症」の視点だけではなく、むしろ、「ウイルスの多様性や有用性」の紹介にも力点を置いている。ウイルスの発見や分子生物学の発展に貢献したもの、最先端のナノテクノロジーに応用されるもの、宿主と巧みな共生関係にあるもの、無害な菌を病原菌に変えたり、逆に、病原菌を殺すもの、他のウイルスを助けるもの、そして、それなしには生物や人類が生存できないものなどを取り上げ、ウイルス像の一新を目指している。

　読者は、想像を超える驚異の働きに感心しつつ、次にどんな新種がウイルスワールドに登場するのか、そして、ウイルスとはいったい何者であるのかと思わずにはいられなくなるだろう。

国立感染症研究所　布施 晃

目次 CONTENTS

監修者序文 ··· 3
本書に寄せて——カール・ジンマー ················ 7

イントロダクション
ウイルスとは何か ·· 10
ウイルス学のあゆみ ···································· 12
ウイルス学史 年表 ······································· 16
ウイルス論争 ·· 18
ウイルスの分類法 ······································· 20
ウイルスの複製 ·· 22
パッケージング ·· 36
感染経路 ·· 38
ウイルスのライフスタイル ·························· 40
免疫 ··· 44

ヒトウイルス
チクングニアウイルス ································ 52
デングウイルス ·· 54
エボラウイルス ·· 56
C型肝炎ウイルス ······································· 58
ヒトアデノウイルス2型 ····························· 60
ヒト単純ヘルペスウイルス1型 ··················· 62
ヒト免疫不全ウイルス ································ 64
ヒトパピローマウイルス16型 ···················· 66
ヒトライノウイルスA型 ···························· 68
A型インフルエンザウイルス ······················ 70
JCウイルス ··· 72
麻疹ウイルス ··· 74
ムンプスウイルス ······································ 76
ノーウォークウイルス ································ 78
ポリオウイルス ·· 80
A群ロタウイルス ······································· 82
SARS関連コロナウイルス ·························· 84
水痘・帯状疱疹ウイルス ···························· 86
痘瘡(天然痘)ウイルス ······························· 88
ウエストナイルウイルス ···························· 90
黄熱ウイルス ··· 92
ジカウイルス ··· 94
シンノンブレウイルス ································ 96
トルクテノウイルス ··································· 97

動物ウイルス
アフリカ豚コレラウイルス ························ 100
ブルータングウイルス ······························ 102

VIRUS : AN ILLUSTRATED GUIDE TO
101 INCREDIBLE MICROBES
by Marilyn J. Roossinck
Copyright © 2016 The Ivy Press Limited

Japanese translation rights arranged with
The Ivy Press Limited, Brighton
through Tuttle-Mori Agency, Inc., Tokyo

ボア封入体病ウイルス　104
ボルナ病ウイルス　106
ウシウイルス性下痢ウイルス1型　108
イヌパルボウイルス　110
口蹄疫ウイルス　112
ラナウイルス3型　114
伝染性サケ貧血ウイルス　116
ミクソーマウイルス　118
ブタサーコウイルス　120
狂犬病ウイルス　122
リフトバレー熱ウイルス　124
牛疫ウイルス　126
ラウス肉腫ウイルス　128
サルウイルス40（SV40）　130
ウイルス性出血性敗血症ウイルス　132
ネコ白血病ウイルス　134
マウスヘルペスウイルス68型　135

植物ウイルス

アフリカキャッサバモザイクウイルス　138
バナナバンチートップウイルス　140
オオムギ黄萎ウイルス　142
カリフラワーモザイクウイルス　144
カンキツトリステザウイルス　146
キュウリモザイクウイルス　148
イネエンドルナウイルス　150
ウルミアメロンウイルス　152
エンドウひだ葉モザイクウイルス　154
プラムポックスウイルス　156
ジャガイモYウイルス　158
イネ萎縮ウイルス　160
イネ白葉病ウイルス　162
サテライトタバコモザイクウイルス　164
タバコエッチウイルス　166
タバコモザイクウイルス　168
トマトブッシースタントウイルス　170
トマト黄化えそウイルス　172
トマト黄化葉巻ウイルス　174
シロクローバ潜伏ウイルス　176
ビーンゴールデンモザイクウイルス　178
チューリップモザイクウイルス　179

無脊椎動物ウイルス

コマユバチブラコウイルス　182
コオロギ麻痺ウイルス　184
羽変型病ウイルス　186
ショウジョウバエCウイルス　188

オオバコアブラムシデンソウイルス　190
フロックハウスウイルス　192
昆虫虹色ウイルス6型　194
マイマイガ核多角体病ウイルス　196
オルセーウイルス　198
ホワイトスポット病ウイルス　200
イエローヘッド病ウイルス　202

菌類・原生動物ウイルス

ミミウイルス　206
クレブラリア熱耐性ウイルス　208
ヘルミントスポリウム・ビクトリアウイルス190S型　210
ペニシリウム・クリソゲヌムウイルス　212
ピソウイルス　214
サッカロマイセス・セレビシエL-Aウイルス　216
クリホネクトリア・ハイポウイルス1型　218
オフィオストマ・ミトウイルス4型　219
クロレラウイルス1型　220
ファイトフトラエンドルナウイルス1型　220

細菌・古細菌ウイルス

枯草菌ファージΦ29　224
腸内細菌ファージラムダ　226
腸内細菌ファージT4　228
腸内細菌ファージΦX174　230
マイコバクテリウムファージD29　232
ラルストニアファージΦRSL1　234
シネココッカスファージSYN5　236
アシディアヌスボトル型ウイルス1型　238
アシディアヌス双尾ウイルス　239
腸内細菌ファージH-19B　240
腸内細菌ファージM13　241
腸内細菌ファージQβ　242
ブドウ球菌ファージ80　243
スルフォロブススピンドルウイルス1型　244
ビブリオファージCTX　245

用語集　246
参考文献　250
索引　252

*注：ウイルスゲノム由来のタンパク質の数については、判断する根拠の違いによって数が異なる場合がある。本書では原書の数を記載している。

本書に寄せて

　鳥の愛好家なら、オーデュボンやピーターソンが描いた鳥の本を嬉々としてコーヒーテーブルに飾るだろう。釣り人なら、魚の図鑑を眺めるのが何よりも楽しいだろう──ニジマスの仲間のボンネビル・カットスロート・トラウトとハンボルト・カットスロート・トラウトの違いを見分けられるような図鑑を。ウイルスとて魅力あふれるガイドブックがあってしかるべきだ。本書はまさにそういう本である。

　もちろん、ウイルスが宿主にもたらす症状は、ヒメレンジャク（鳥）や大西洋シーバス（魚）ほど見て楽しいものではない。エボラウイルスによる出血や、天然痘による膿疱など、長々と眺めていたいなど誰も思うまい。

　それでも、ウイルスのライフサイクルには美がたしかに感じられる。遺伝子とタンパク質からなる微小なパッケージが世界を旅し、宿主の複雑な防御壁を破って自分のコピーを新たに作り出す。さらに美しいのは、その多様性だ。花に感染するウイルスもいれば、宿主のゲノムに自分のDNAを組み込み、どこまでが宿主でどこからがウイルスなのかがわからない、そんなウイルスもいる。

　ウイルスの多様性を知るのは、おもしろいというだけではない。命に関わる大切なことでもある。死に至る病が次に大流行するのはどこからか、そのウイルスの弱点は何かを見極める必要がある。科学者は新種のウイルスを発見しては、その一部を細菌性疾患の治療や、遺伝物質の運び屋として、あるいはナノ物質の作成に役立てている。ウイルスの美しさに気づけば、自然がもつ発明の才をよりよく理解でき、ウイルスの犠牲にならずにすむ方法も学べるのだ。

カール・ジンマー
ニューヨーク・タイムズ紙コラムニスト。著書に『ウイルス・プラネット』など。

イントロダクション INTRODUCTION

「ウイルス」という言葉には、目に見えない翼の生えた死の恐怖がつきまとう。スペイン風邪で死を待つ患者があふれる病棟、鉄の肺〔人工呼吸器の一種。写真左下〕に入れられたポリオ患者、全身を防護服に包みエボラウイルスと闘う医療関係者、ジカウイルスとの関連が疑われる小頭症の赤ん坊などが目に浮かぶ。だが、恐ろしい病気を人にもたらすこうしたウイルスは、ごく一部にすぎない。ウイルスは人だけでなくあらゆる生命体に感染し、そのほとんどは病気をもたらしていないのだ。ウイルスは地球上の生命史の一部を担っている。正確にどの部分かまではわかっていないが、徐々に明らかにされつつある。

　本書は、ウイルスの姿をより包括的に描いている。もちろん、病気の原因となるウイルスも登場するが、宿主にとって役立つウイルスが存在することもわかってくるだろう。実際、役立つあまりにウイルスなしでは生きられなくなった宿主もいる。本書に収録したウイルスは、その信じられないほどの多様性がわかるようにという基準で選んだ。名前を聞いたことのあるウイルスもあるだろうし、初めて聞くもの、妙に感じられるものもあるかと思う。遺伝物質であるDNAの構造の発見など、科学史の中できわめて重要な役割を担ってきたウイルスもいれば、宿主の生態におかしなことをしでかすウイルスもいる。ウイルスは宿主なしでは生きられない。そして、いずれの生命体にもそれぞれ固有のウイルスがいる。したがって、本書では感染される生命体の種類別にウイルスを見ていくことにした。ヒト、他の脊椎動物、植物、無脊椎動物（昆虫や甲殻類）、菌類、そして細菌——病原体となる種もある細菌ですら、ウイルスに感染する。現代の生物学は、ありふれた細菌にウイルスが感染するしくみの研究から始まったのだ。

左▼20世紀、灰白髄炎（ポリオ）が大流行した際、まひを患う人々の呼吸を助けるため「鉄の肺」が使われ、多くの命が救われた。

▼エボラなど恐ろしいウイルス感染症を扱う医療関係者は防護服に身を包む。

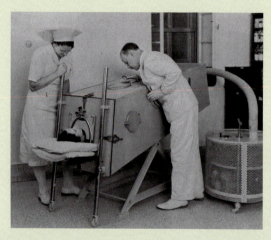

▲ウイルスに感染したツバキの花。赤と白の美しい模様が入っている。花の色に影響を与えるウイルスはカラーモザイクウイルスと呼ばれる。

　ウイルスならではの美しさを示すため、本書にはイラストも多数盛り込んだ。多くのウイルスは正確な幾何学的構造をしており、外被はタンパク質のユニットの繰り返しで作られている。真正細菌や古細菌に感染するウイルスには惑星探査機のような着陸装置がついていて、宿主内に遺伝物質を強引に注入する。顕微鏡下で花のように見えるウイルスもいれば、宿主に妙な美しさを添えるウイルスもいる。

　このイントロダクションでは、ウイルスについて最初に知っておくべきことを網羅し、ウイルスの研究がどのようになされてきたかを見ていく——ウイルス学史、現在の論争、ウイルスの分類体系、ウイルスの複製のしくみ、そして一部のウイルスについてはライフサイクルも紹介する。ウイルスがどのようにして宿主と相互作用し、宿主の外界との関わり方にどのような影響を与えるか、宿主がどのようにウイルスから身を守っているかについても述べる。感染力の強い新種のウイルスに対して、ワクチンがいちばんの対策となる場合が多いのはなぜかも見えてくるはずだ。

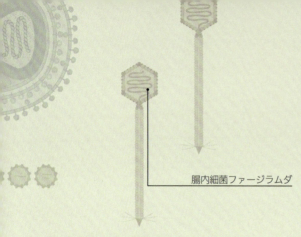

腸内細菌ファージラムダ

痘瘡（天然痘）ウイルス

ウイルスとは何か

　ウイルス学者とは、ウイルスを研究する人である。だが、肝心のウイルスを定義するのは容易ではない。ウイルス学者は完璧な定義を求め、100年以上も苦闘している。良さそうな定義が見つかるたびに、それに当てはまらないウイルスが発見され、定義を見直さざるを得なくなるのだ。

　オックスフォード英語大辞典では、ウイルスを次のように定義している。「一般的に核酸分子とタンパク質の外被から成る感染体で、微小なため光学顕微鏡では見えず、宿主の生細胞内でのみ増殖できる」

　定義としてなかなかのものだが、完璧とは言えない。タンパク質の外被がないウイルスもいれば、光学顕微鏡で見える大型のウイルスもいるうえに、細菌の中にも宿主の生細胞内でのみ増殖するものがいるからだ。

　いわゆる病原体にはウイルスも細菌も含まれる。では、両者の違いは何か？　細菌は他の生細胞と同じように自分でエネルギーを作り出し、自分の遺伝子のDNA配列を翻訳してタンパク質を作ることができるが、ウイルスはこのどちらもできない。

　だが、最近になって発見された巨大ウイルスの中には、自分の遺伝子を翻訳してタンパク質を作るのに必要な部品の一部を作れるものがあるため、この点も完璧な定義とは言えない。ウイルスはいまだに捉えどころのない存在なのだ。ウイルスについて新たな発見がなされるにつれ、ウイルスの定義もほぼ確実に変わっていく。

　本書のためにウイルスの定義をしておこう。ウイルスとは、細胞とは異なる感染体であり、核酸分子（DNAまたはRNA）の形をした遺伝物質で成り立ち、たいていはタンパク質の外被に覆われ、侵入した宿主細胞内の機構を勝手に使って自己を複製し、拡散するものである。

▲▼ウイルスの形はじつにさまざまだ。正確な幾何学的構造のウイルスもあれば、一定の形を持たないようなウイルスもある。大きさもさまざまで、最大と最小とでは約100倍も違う。この見開きページのイラストはすべて原寸に比例して描かれている。

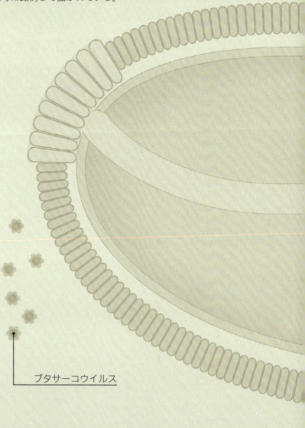

ブタサーコウイルス

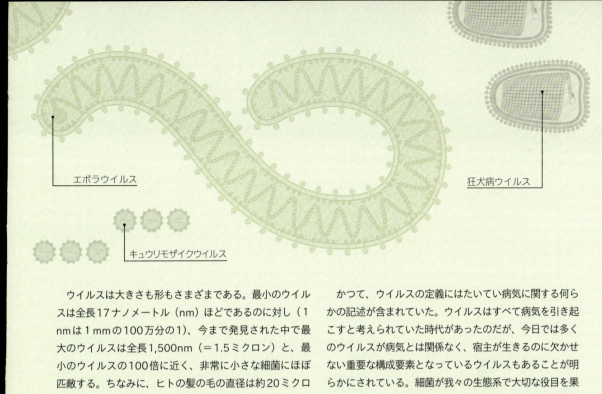

エボラウイルス

狂犬病ウイルス

キュウリモザイクウイルス

ウイルスは大きさも形もさまざまである。最小のウイルスは全長17ナノメートル（nm）ほどであるのに対し（1nmは1mmの100万分の1）、今まで発見された中で最大のウイルスは全長1,500nm（＝1.5ミクロン）と、最小のウイルスの100倍に近く、非常に小さな細菌にほぼ匹敵する。ちなみに、ヒトの髪の毛の直径は約20ミクロンである。巨大ウイルス以外は電子顕微鏡を使わないと見ることができない。

かつて、ウイルスの定義にはたいてい病気に関する何らかの記述が含まれていた。ウイルスはすべて病気を引き起こすと考えられていた時代があったのだが、今日では多くのウイルスが病気とは関係なく、宿主が生きるのに欠かせない重要な構成要素となっているウイルスもあることが明らかにされている。細菌が我々の生態系で大切な役目を果たしているのと同様に、ウイルスもきわめて重要な役目を果たしているのだ。

ピソウイルス

SARS関連コロナウイルス

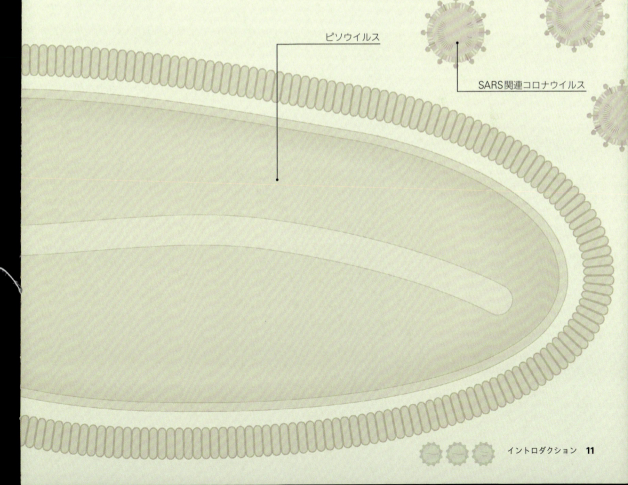

ウイルス学のあゆみ

　18世紀末にワクチンが発明され、感染症の治療は大きく変わった。それまで、天然痘はごく一般的な恐ろしい病気のひとつだった。何百万人もの人々が命を落とし、生き残っても醜い瘢痕は生涯消えない。イギリスの田舎で開業医をしていたエドワード・ジェンナーは、天然痘に抵抗力のある人がいることに気づいた——牛の乳搾りを生業とし、牛から牛痘に感染したことのある女性たちは特にそうだった。牛痘はごく軽い病気である。牛痘を利用して天然痘から身を守れるかもしれない、とジェンナーは考えた。牛痘で生じる膿疱から液を抽出して人々に注入したら、乳搾りの女性たちと同じ免疫ができて天然痘に効くかもしれない。ワクチン（vaccine）という言葉はラテン語vaccina（牛痘の病原体）に由来している。ジェンナーは1798年に論文を発表したが、天然痘（または牛痘）がウイルスによるものだとは知らなかった。その後予防接種はおおいにもてはやされ、他のワクチンも開発されるようになった。まだウイルスというものを誰も知らなかった時代にである。たとえば、フランスの科学者ルイ・パスツールは狂犬病ワクチンを開発した。彼は狂犬病の病原体を加熱して「殺した」ものを使用した。生きている病原体がもたらす感染症の予防に、死んだ病原体をワクチンとして接種したのは彼が初めてだった。ジェンナーとは異なり、パスツールは細菌の存在を知っていた。狂犬病の病原体が細菌よりも小さいと気づいたものの、それがどういうものなのかまではわからなかった。

　この未知の病原体にやられるのはヒトだけではなかった。19世紀後半、タバコに病気が見つかった。葉が緑の濃淡のモザイク模様になるという伝染性のタバコモザイク病だ。1898年、オランダの科学者マルティヌス・ベイエリンクは、細菌が通れないほど目の細かい陶製の濾過器を使って病気のタバコのしぼり汁を濾し、それを他のタバコにつけてみた。そのタバコは病気になった。ということは、細菌より小さな、新種の感染性病原体にちがいない。ベイエリンクはこれを「生きている伝染性の液体」と呼び、のちにラテン語で「毒」を意味する「ウイルス」という言葉を用いた。

◀タバコモザイクウイルスに感染したタバコは、葉が緑の濃淡のモザイク模様となる。

▶マルティヌス・ベイエリンク博士。デルフト工科大学の実験室にて。

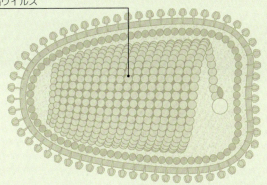
狂犬病ウイルス

　ベイエリンクの発見はタバコモザイクウイルスとして知られるようになり、これがきっかけとなって新たな発見が次々になされた。同じ1898年、フリードリヒ・レフレルとポール・フロッシュは、家畜に口蹄疫をもたらす病原体が濾過性ウイルスであると発見した。3年後の1901年には、ウォルター・リードがヒトの疾患である恐ろしい黄熱病の病原体も濾過性ウイルスであることを証明した。1908年にはウィルヘルム・エラーマンとオルフ・バングが、濾過性無細胞病原体によってニワトリが白血病になることを発見、1911年にはペイトン・ラウスが同様の病原体によってニワトリに固形腫瘍ができることを突き止め、がんにおけるウイルスの役割を証明した。（その後ラウスはノーベル生理学・医学賞を受賞）

　1915年、フレデリック・トウォートは細菌もウイルスに感染することを発見し、ここからウイルスの研究が加速した。多くの偉大な発見は偶然の賜物である。トウォートの場合も例外ではなかった。牛痘ウイルスの培養方法を模索していた彼は、細菌がウイルスの成長に必要な何かを与えているのかもしれないと考えた。そこでペトリ皿で細菌を培養してみたところ、培地の一部に細菌がまったくいない空白ができた。何者かが細菌を殺したのだ。トウォートは先達と同じように、この殺し屋が非常に目の細かい陶製の濾過器を通過し、培養している細菌に感染して殺すことを証明した。同じ頃、フランス系カナダ人の科学者フェリックス・デレーユが、赤痢の原因となる細菌を殺せる「微生物」を発見したと発表した。彼はこれをバクテリオファージと名づけた。バクテリア（細菌）を食べる者という意味である。デレーユは他にも何種かバクテリオファージを発見し、これが細菌性疾患の治療に役立つかもしれないと考えた。バクテリオファージは濾過性であり、したがって

ウイルスである。ファージという呼び方は今もなお細菌ウイルスに対して使われている。ファージ療法は抗生物質の発見によって影を潜めたが、忘れ去られたわけではなく、農業で使われている。また、ヒトに対しても、ある種の皮膚疾患治療として実験的に使用されている。重篤な症状をもたらす病原菌が続々と抗生物質への耐性を持ち始めている現在、ファージ療法は細菌対策に役立つかもしれない。

　バクテリオファージや他のウイルスの正体が明らかになったのは1930年代、電子顕微鏡が発明されてからだった。1939年、初めてタバコモザイクウイルスの写真が発表された。1940年代に、ファージグループと呼ばれる非公式のサークルが誕生した。バクテリオファージを研究しているアメリカ人科学者のグループで、彼らは分子生物学という学問の創成に関わった。(デルブリュック、ハーシー、ルリアがファージの研究で一緒にノーベル賞を受賞)

　1935年、アメリカ人科学者ウェンデル・スタンリーは、非常に純度の高いタバコモザイクウイルスの結晶化に成功した。それまでウイルスはごく小さな生命体と考えられていたのだが、塩などの無機物のように結晶化できるとなると、生物というよりはむしろ化学物質に近いものではないかという考えが生じ、論争となった。ウイルスは本当に生物なのか？　決着はいまだについていない。また、スタンリーはタバコモザイクウイルスがタンパク質と核酸のRNAでできていることも証明した。当時はまだ、基礎的遺伝物質がRNAの関連分子であるDNAだとは誰も知らず、遺伝子はタンパク質でできているとほとんどの科学者が信じていた。1950年代、ロザリンド・フランクリンはタバコモザイクウイルスの結晶を使い、X線回析という技術でウイルスの詳しい構造を突き止めた。フランクリンはまた、同じ技術でDNAの構造も調べた。彼女の研究成果を利用し、DNAの二重らせん構造を明らかにしたのがジェームズ・ワトソンとフランシス・クリックである。

DNAとは化学物質であり、遺伝子はこれに含まれている。ちなみに、ゲノムとはDNAにしまわれている遺伝情報全体を指す。DNAは相補鎖であるRNAの合成を指示し、RNAはタンパク質の合成を指示する。20世紀半ばに発見されたこのしくみを、フランシス・クリックは生命現象の大原則として「セントラルドグマ」と名づけた。だが、やがてこのドグマをくつがえす者が現れる。またしてもウイルスだ。1970年代に発見されたレトロウイルスの遺伝子はRNAに含まれており、RNAがDNAの合成を指示する。まさに科学の常識をくつがえす発見だった。レトロウイルスとはRNAからDNAを合成するウイルスの総称で、AIDSの原因となるヒト免疫不全ウイルス（HIV-1）なども含まれる。しかも、レトロウイルスは我々の遺伝子形成に深く関わっていると信じられている。

ウイルスの命名法

　初めて命名されたウイルスは、その宿主と症状から名づけられた——タバコモザイクウイルスである。植物ウイルスはこのように命名されることが多かったが、最終的には研究者が名前を考えるという形に落ち着いた。命名法を

腸内細菌ファージΦX174

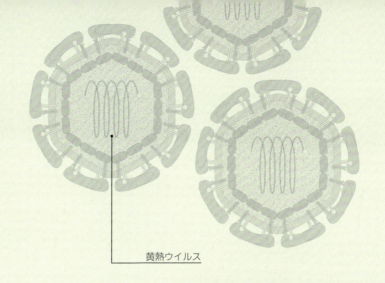

黄熱ウイルス

統一するため、国際ウイルス分類委員会（International Committee for the Taxonomy of Viruses, ICTV）が発足した。1971年に発表された第一次報告書には、ウイルス290種が収録されていた。2012年の第九次報告書では約3000種〔2016年の報告では735属4400種〕、まだ世界中のウイルスのごく一部にすぎない。世界中のウイルス学者で構成されるICTVは、ラテン語を用いた複雑な命名体系を編み出した。ウイルス名は種、属、科、目からなり、種と属名はそのウイルスの発見者が決めるが、それより上位の科と目は通常、属名からの派生形か、そのウイルスの特徴を表すギリシア語またはラテン語となる。たとえば、バクテリオファージの多くはカウドウイルス目（Caudovirales）に属しているが、これは「尾」を意味するラテン語caudoに由来している。カウドウイルス目のウイルスは細菌に吸着するための着陸装置をもっているからだ。ウイルス名はICTVによって公式に認められた場合のみイタリックで書くことになっている。本書では公式名を使用しているが、混乱をさけるためイタリックにしないことにした。ウイルスは宿主グループで分けた章ごとにアルファベット順で掲載し、電子顕微鏡写真が入手できなかったものは各章の最後にまとめた。〔訳注：一部のウイルス名は読みやすさを図るため、あえて「・」で区切ることにした〕

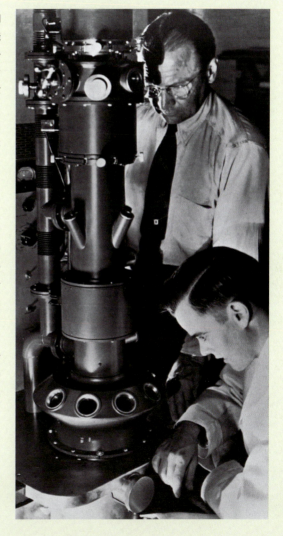

▶初期の電子顕微鏡を覗く科学者。電子をごく薄い組織切片に透過させると、それによって生じる電子の影から画像が得られる。白黒画像だが、構造を際立たせるため着色することもある。本書の写真も着色したものだ。

イントロダクション

ウイルス学史 年表

1890
1892 ディミートリー・イワノフスキー、植物の病気がその植物の汁で移ることを証明し、汁に毒があると結論づけた。

1898 マルティヌス・ベイエリンク、タバコモザイクウイルスを発見。フリードリヒ・レフレルとポール・フロッシュ、口蹄疫ウイルスを発見。

1950
1950 世界保健機関（WHO）、ワクチン接種による天然痘撲滅プログラムを開始。

1952 アルフレッド・ハーシーとマーサ・チェイス、細菌やウイルスを使い、DNAが遺伝物質であることを証明。

1952 ジョナス・ソーク、弱毒化したウイルスを培養し、ポリオワクチンを開発。

1953 初のヒトライノウイルスが報告される（ライノウイルスは普通の風邪の原因となる）。

1955 ロザリンド・フランクリン、タバコモザイクウイルスの構造を解明。

1956 タバコモザイクウイルスを使い、RNAが遺伝物質であることが初めて報告される。

1960
1964 ハワード・テミン、レトロウイルスがRNAをDNAに転写して複製するという説を発表。

1970
1970 ハワード・テミンとデイヴィッド・ボルティモア、レトロウイルスにおいてRNAをDNAに変換する逆転写酵素を発見。

1976 ザイールで初のエボラ出血熱が大流行。

1976 RNAウイルス、初めてゲノム配列解析が行われた。（バクテリオファージMS2）

1978 感染性ウイルスのcDNAクローニングに成功。（Qβバクテリオファージ）（cDNA：相補的DNA。mRNAから逆転写酵素により合成される2本鎖DNA）

1979 天然痘の根絶が宣言された。

1980
1980 初のヒトレトロウイルス（HTLV）が発見された。

1981 感染性の哺乳類ウイルスのcDNAクローニングに成功。（ポリオウイルス）

1983 ポリメラーゼ連鎖反応（PCR）法により、ウイルスの分子検出が飛躍的に容易になった。

1983 AIDSの原因であるヒト免疫不全ウイルスが発見された。

1986 ウイルス抵抗性をもつ初の遺伝子組換え植物が誕生。（タバコ/タバコモザイクウイルス）

1900

1901 ウォルター・リード、黄熱病の原因を発見。黄熱ウイルスは最初に報告されたヒトウイルスである。

1903 ヒトにおいて狂犬病ウイルスが報告された。

1908 ウィルヘルム・エラーマンとオルフ・バング、ニワトリ白血病がウイルスによるものだと発見。

1910

1911 ペイトン・ラウス、ニワトリにがんをもたらすウイルスを発見。

1915 フレデリック・トウォート、細菌ウイルスを発見。フェリックス・デレーユ、細菌ウイルスをバクテリオファージ（バクテリアを食べる者）と命名。

1918 インフルエンザの大流行（ウイルスが同定されたのは1933年）。

1940

1945 サルバドール・ルリアとアルフレッド・ハーシー、細菌ウイルスの突然変異を証明。

1949 ジョン・エンダース、ポリオウイルスが培養できることを証明。

1930

1935 ウェンデル・スタンリー、タバコモザイクウイルスから結晶を作り、ウイルスはタンパク質でできていると結論づけた。

1939 ヘルムート・ルスカ、電子顕微鏡を使い初のウイルス写真（タバコモザイクウイルス）の撮影に成功。

2000

2001 ヒトゲノムの完全な配列が発表され、その約11%がレトロウイルスの配列であることが示された。

2001 ウイルスを対象とした初のメタゲノミクス研究。（メタゲノミクス：環境サンプル中のすべての微生物[ゲノム]の遺伝子[配列]を解析する方法）

2003 巨大ウイルスの発見。

2006 ヒトパピローマウイルスのワクチンの開発。ヒトがんの初のワクチンとなる。

2011 牛疫ウイルスの根絶が宣言された。

2014 永久凍土から発見された3000年前のウイルス、いまだにアメーバに感染できることが判明。

2014 西アフリカで最悪のエボラ出血熱が大流行。

1990

1998 抗ウイルス応答として遺伝子抑制が発見された。

ウイルス論争

ウイルス学でも他の科学分野と同様に、新しい考えは試され、議論される。ウイルスに関しては、非常に根本的なものも含め、多くの重要な問題がいまだに解決されていない。

ウイルスは生物なのか？ 科学哲学者は長年頭を悩ませているが、この問題に取り組むウイルス学者はほとんどいない。宿主細胞に感染しているときだけ生きており、カプシドに包まれたウイルス粒子（ビリオン）として細胞外にいるときは、細菌や菌類の胞子のようなもので休眠状態にある、と説明する者もいる。この問題に答えるためには、まず生命とは何かを定義する必要がある。また、ウイルスは自分でエネルギーを産生できないから生物ではない、と言う者もいる。ただ、ウイルスを生物と考えようが、無生物と考えようが、ウイルスが生命の重要な部分であることに異論をはさむ者はいないだろう。

ウイルスは真核生物、真正細菌、古細菌に次ぐ第4のドメインなのか？ 生物同士の関係を示すものとして、初めて系統樹を考えついたのはダーウィンだった。1970年代以降、生物は真核生物、真正細菌、古細菌の3つのドメインに大別されると考えられている。真正細菌と古細菌はそれぞれ独自の界をなし、真核生物は動物（我々も含む）、植物、菌類、藻類など、さらにいくつかに分かれる。真正細菌と古細菌は単細胞生物で、細胞核を持たず、系統樹の根に近い部分に位置すると考えられている。真核細胞はずっと大きくて、はっきりそれとわかる細胞核があり、核内には遺伝物質が格納され、複製される。ウイルスはこの系統樹のどこにあてはまるのだろう？ 最近の巨大ウイルス発見を受け、ウイルスは別個のドメインに属すると考えるべきだという意見が出された。だが、ウイルスは他のあらゆる生物（他のウイルスも含む）に感染できる。しかも、ウイルスや他の生物を構成している遺伝子を見てみると、ウイルスの遺伝子はどこにでも見受けられる。あらゆる生物のゲノムに組み込まれているのだ。したがって、ウイルスは生物の別個のドメインに属するというよりも、むしろ系統樹全体に散らばっていると考えるべきだろう。

▼生物の3ドメインの細胞。
左から真核生物、真正細菌、古細菌

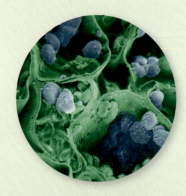
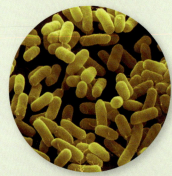

系統樹

本書に登場する宿主はすべて、この3ドメイン（真核生物、真正細菌、古細菌）のいずれかに属している。系統樹はいくつにも枝分かれしているが、本書で扱っているもののみ分類名をつけた。ウイルスは生物系統樹のあらゆる枝に感染する。ウイルスのひとつの科が複数のドメインに感染することは通常ないが、同じドメイン内で複数の界やその他の大きな分類枠にまたがることはある。

真核生物: 植物、藻類、菌類、卵菌類、脊椎動物、無脊椎動物、アメーバ

真正細菌: 藍藻類、紅色細菌、グラム陽性菌、放線菌類

古細菌: 超好熱菌

イントロダクション　19

ウイルスの分類法

デイヴィッド・ボルティモアは1975年、ハワード・テミンとペイトン・ラウスと共にノーベル生理学医学賞を受賞した。レトロウイルス研究と逆転写酵素の発見が評価されたのだ。逆転写酵素とは、RNAを転写してDNAを合成するという画期的な酵素である。ボルティモアはウイルスが伝令RNA（mRNA）を作る方法に着目し、これに基づいたウイルス分類法を開発した。DNAの遺伝情報はmRNAに転写され、mRNAによって細胞核から翻訳装置に伝えられ、タンパク質が作られる。真核生物だけでなく細菌も古細菌も含めた、細胞を持つすべての生物にとって、2本鎖DNAが遺伝物質である。いっぽう、ウイルスの遺伝物質は2本鎖DNAとは限らない。そんなウイルスのグループ分けを試みたのがボルティモアだった。遺伝物質に種類がいろいろあるのは、最初の生命が誕生した当時がそうだったからであり、ウイルスは核酸の使い方に、細胞が誕生する前の生命の名残りをとどめている、と考えるウイルス学者もいる。

ゲノムとは、生きるのに必要なタンパク質を作るための遺伝情報全体を指す。細胞を持つすべての生物では、ゲノムは象徴的な「二重らせん」、つまり2本鎖のDNAが互いにらせん状に結びついているもので、DNAの各鎖は、糖分子がリン酸基（リンと酸素原子の配列）と鎖状に結合している。DNAの糖はデオキシリボース（deoxyribose）と呼ばれ、DNAのDはこれを指す（NAはnucleic acid、核酸の意）。いっぽう、RNAの糖はリボース（ribose）なのでRNAとなる。各鎖とも、4種の塩基と呼ばれる物質がデオキシリボースまたはリボースに特定の順序で結合している。この順序に遺伝情報が書かれているのだ。DNAの塩基はアデニン（A）、シトシン（C）、グアニン（G）、チミン（T）であり、RNAではチミンがウラシル（U）に代わる。DNAの1本の鎖にあるアデニンはもう1本の鎖のチミンと、シトシンはグアニンとのみ結合する性質がある。したがってDNAの2本の鎖は相補的であり、1本の鎖に並ぶヌクレオチド〔塩基＋糖＋リン酸基〕の順序が

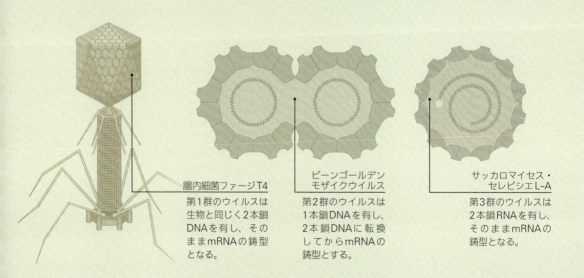

腸内細菌ファージT4
第1群のウイルスは生物と同じく2本鎖DNAを有し、そのままmRNAの鋳型となる。

ビーンゴールデンモザイクウイルス
第2群のウイルスは1本鎖DNAを有し、2本鎖DNAに転換してからmRNAの鋳型とする。

サッカロマイセス・セレビシエL-A
第3群のウイルスは2本鎖RNAを有し、そのままmRNAの鋳型となる。

わかれば、もう1本の鎖も解読できる。ヌクレチオドは鎖の5'端末（リン酸基）から3'端末（ヒドロキシル基）へと書くのが慣習となっている。したがって、1本の鎖が5'ACGGATACA3'なら、相補鎖は5'TGTATCCGT3'となり、これがペアを組むと
　　5'ACGGATACA3'
　　3'TGCCTATGT5'
となる。RNAも同様だが、チミン（T）がウラシル（U）になる点だけが異なる。RNA2本鎖は
　　5'ACGGAUACA3'
　　3'UGCCUAUGU5'
といった形になる。

　DNAはタンパク質の合成を直接指示するわけではなく、mRNAを中継役として使う。mRNAは1本鎖で、DNAの2本鎖のうちコード鎖（センス鎖ともいう）と呼ばれる方とヌクレチオドの配列が同じである（チミンはウラシルに置き換えられるが）。RNAをゲノムとして使うウイルスの場合、RNAは2本鎖のものもあれば1本鎖のものもある。さらに、1本鎖RNAのウイルスはゲノムがコード鎖か否かでプラス鎖（+）とマイナス鎖（-）に分けられる。もちろん、ウイルスはありとあらゆる方法を模索しているため、実際にはゲノムの一部にプラス鎖もマイナス鎖も持つアンビセンス（両センス）ウイルスも存在する。

▼デイヴィッド・ボルティモアによる7種類のウイルス分類法。それぞれの1例が示されている。

ポリオウイルス

第4群のウイルスは（+）1本鎖RNAを有し、mRNAとして利用できるのだが、複製の前にまずRNA相補鎖を作り、これを（+）RNAの追加製造の鋳型に用いる。

インフルエンザウイルス

第5群のウイルスは（-）1本鎖RNAを有し、そのままmRNAの鋳型となる。

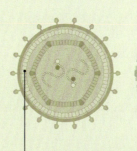

ネコ白血病ウイルス

第6群はレトロウイルスである。RNAゲノムを有するが、まず逆転写酵素を使ってRNAからDNA-RNAハイブリッドを作り、次に2本鎖DNAを作ってmRNAの鋳型とする。

カリフラワーモザイクウイルス

第7群のウイルスはmRNAの鋳型となるDNAゲノムを有するが、ゲノムを転写する際にプレゲノムRNAも作り、逆転写酵素でDNAを合成する。

腸内細菌ファージT4のライフサイクル：溶菌の概略

T4は約300種ものタンパク質を作る大型のウイルスである（第1群にはこのようなウイルスが多い）。この図では、わかりやすくするためにウイルスのタンパク質合成については省略した。第1群の細菌ウイルスの中には、宿主のゲノムに組み込まれ、休眠状態でとどまるものもいる。このような状態を溶原性という。

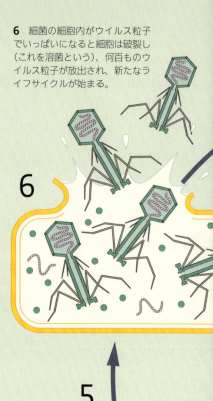

6 細菌の細胞内がウイルス粒子でいっぱいになると細胞は破裂し（これを溶菌という）、何百ものウイルス粒子が放出され、新たなライフサイクルが始まる。

ウイルスの複製

ウイルスはゲノムのタイプだけではなく、ゲノムの構成も多様である。いくつもの分節に分かれるゲノムもあれば、環状ゲノム、直鎖状ゲノムもある。たとえば、2本鎖DNAを有する既知のウイルスはすべて非分節のゲノムで、環状または直鎖状となる。1本鎖DNAを有するウイルスはほとんどが環状ゲノムで、2分節から8分節に分かれている（パルボウイルスのように非分節の直鎖状ゲノムを有するものもある）。RNAを有するウイルスは、レトロウイルスを除き、ゲノムが分節に分かれるものが多い。RNA1分節がひとつのタンパク質をコードする場合が多いが、非分節RNAのウイルスの中には大きなタンパク質「ポリプロテイン」をひとつ作り、それを切断して複数の活性サブユニットを作るものもある。また、ゲノムRNAから小型のmRNAをいくつか作り、非分節ながら複数のタンパク質を合成できるものもある。

第1群ウイルス

ボルティモアの分類法では、ウイルスは群ごとに異なる複製戦略を用いている。第1群のウイルス（2本鎖DNAゲノムを持つウイルス）のほとんどは、宿主からDNAポリメラーゼという酵素を拝借してDNAを複製するが、複製に関わるタンパク質の一部は自分で作っているものが多い。第1群ウイルスのほとんどは宿主細胞の細胞核内で複製する。宿主細胞は自分のDNAを細胞核に格納し、DNA複製も核内で行うが、宿主細胞がDNAポリメラーゼを使って自分のDNAを複製するのは、細胞分裂するときだけである。細胞は無制御に分裂していくとがんになりかねないため、分裂は厳しく統制されている。だが、第1群ウイルスの中には、宿主細胞に本来必要ではない分裂を強要し、そのDNAポリメラーゼを利用するものがいる。このようなウイルスはがんの原因となりうる。ポックスウイルスは細胞核の中ではなく、細胞質で複製するという点で例外である。また、第1群ウイルスの多くは細胞核を持たない真正細菌や古細菌にも感染するが、植物（藻類を除く）に感染するものは知られていない。

5 尾部と着陸装置が組み立てられる。

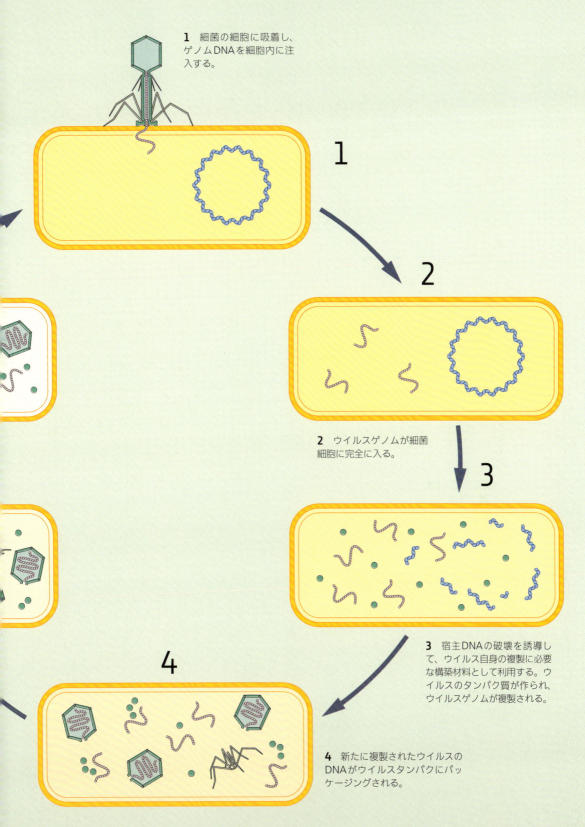

植物細胞内におけるビーンゴールデンモザイクウイルスのライフサイクル

1 コナジラミが吸汁する際にウイルスが植物細胞に入る。

2 ウイルス粒子から2分節のゲノムDNAを放出。2つの分節は細胞核に向かう。

3 ウイルスDNAは宿主のヒストンタンパク質と複合し、宿主のDNAポリメラーゼを使って2本鎖DNAを作る。

4 ウイルスゲノムは宿主のヒストンの回りにスーパーコイル状の環状DNAを形成。この形にしないと、必要なすべてのmRNAを宿主の酵素を使って作ることができない。

5 初期のmRNAが作られる。このmRNAは細胞核を出て、翻訳されてRepタンパク質を作る。Repは細胞核の中へと運ばれる。

6 細胞核に入ったRepはウイルスDNAを複製し始める。作られるのは1本鎖DNAで、ゲノムDNAをいくつもコピーしながら渦巻き状になっていく。これがゲノム1つ分ごとに切り離され、それぞれ環状となる。

第2群ウイルス

　1本鎖DNAゲノムを持つ第2群ウイルスは、宿主の細胞装置を使って自己複製をする前に、2本鎖DNAに変える必要がある。第1群の大半のウイルスと同様に細胞核の中で複製するが、第2群の中には植物に感染するものもいる。たとえばジェミニウイルス科は、複製の前にゲノムを2本鎖環状DNAに変える。鎖の1本は、DNAのある特定の部分が切り離され、もう1本の鎖はゲノムを何度もコピーしつつ、ぐるぐると長いDNA分子を作っていき、その後にゲノム1つ分ずつに切り離される。このメカニズムはローリング・サイクル複製と呼ばれる。

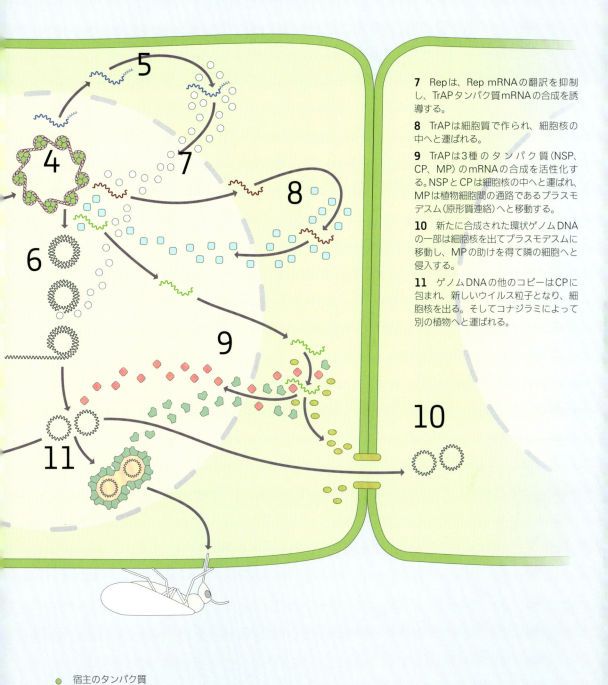

7 Repは、Rep mRNAの翻訳を抑制し、TrAPタンパク質mRNAの合成を誘導する。

8 TrAPは細胞質で作られ、細胞核の中へと運ばれる。

9 TrAPは3種のタンパク質（NSP、CP、MP）のmRNAの合成を活性化する。NSPとCPは細胞核の中へと運ばれ、MPは植物細胞間の通路であるプラスモデスム（原形質連絡）へと移動する。

10 新たに合成された環状ゲノムDNAの一部は細胞核を出てプラスモデスムに移動し、MPの助けを得て隣の細胞へと侵入する。

11 ゲノムDNAの他のコピーはCPに包まれ、新しいウイルス粒子となり、細胞核を出る。そしてコナジラミによって別の植物へと運ばれる。

イントロダクション 25

酵母細胞内におけるサッカロマイセス・セレビシエL-Aウイルスの
ライフサイクル

5 ウイルス粒子の中で、プレゲノムがポリメラーゼ（Pol）によって2本鎖RNAとなる。

4 カプシドタンパク質（CP）が1本鎖プレゲノムを取り囲む。このとき、ウイルス粒子の中にはPolタンパク質も収められている。

第3群ウイルス

　第3群のウイルスは、複製に宿主のポリメラーゼを使わない。このウイルスは2本鎖RNAとして宿主細胞に入ってくる。2本鎖RNAはタンパク質を作るmRNAとしてすぐに利用できないため、ウイルスは自身のポリメラーゼを持参している。たいていは宿主細胞の細胞質にとどまり、自分のカプシドやエンベロープの内側でRNAをコピーし、それを細胞質に押し出す。押し出されたRNAはmRNAとしてウイルスのタンパク質を作るだけでなく、プレゲノムの役割も果たす。つまり、1本鎖RNAとして、タンパク質のカプシドの中に収められるのだ。新たに作られたウイルス粒子の内部で2本鎖RNAが作られ、複製サイクルが完了する。

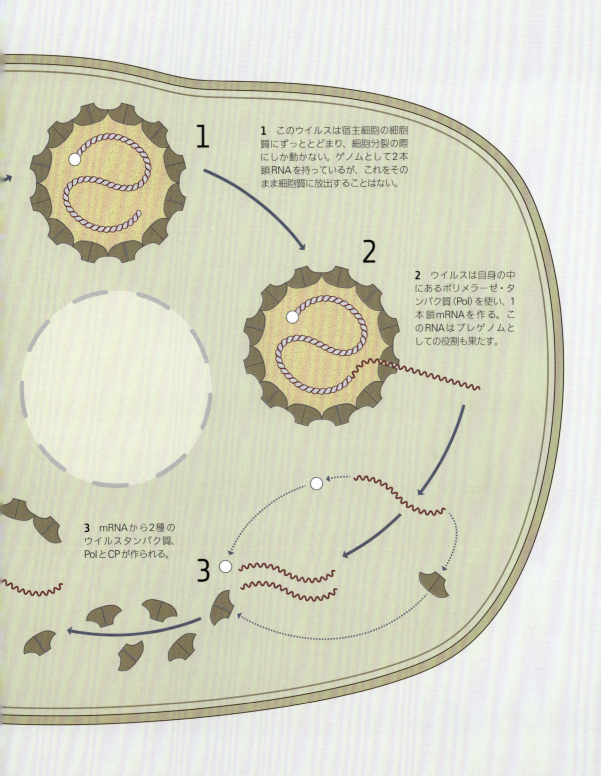

ヒト細胞内におけるポリオウイルスのライフサイクル

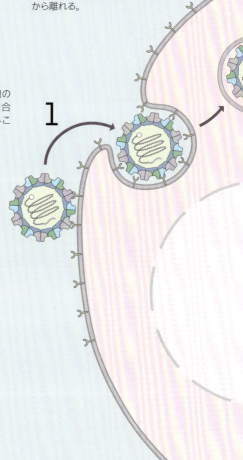

3 ウイルスのゲノムRNAが細胞質へと放出される。ゲノムの一端にはウイルスタンパク質VpGが、反対側には宿主細胞のmRNAに類似したポリAテール（アデニン（A）の連続部分、以下ポリAとする）がついている。

2 ウイルス粒子が細胞膜から離れる。

1 ウイルスは宿主細胞の外側にある受容体と結合し、細胞膜によって飲みこまれる。

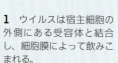

第4群ウイルス

　第4群ウイルスは、（+）センス一本鎖RNAのゲノムを持っている。つまり、ゲノムRNAはmRNAと同じである（RNAのうちmRNAとなるものを（+）鎖、mRNAと相補的な配列のものを（-）鎖という）。このウイルスは第3群ウイルスと同様、宿主細胞の細胞質にずっととどまり、まずゲノムを使って複製に必要な酵素のコピーを作る（RNA依存性RNAポリメラーゼと、これに関連する酵素。RNA依存性RNAポリメラーゼとは、RNAを鋳型にしてRNAを複製する酵素）その後にmRNAを作るのに必要なゲノムをコピーし、パッケージング用のゲノムもさらにコピーする。

6 P2とP3もさらに分割し、細胞内の膜上で組み立てられて複製コンプレックスとなる。

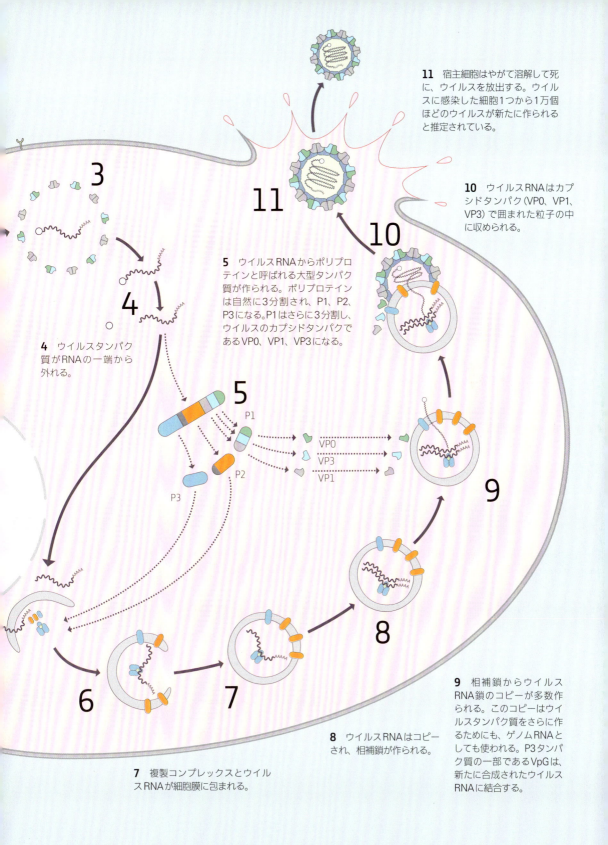

ヒト細胞内におけるインフルエンザウイルスの生活環

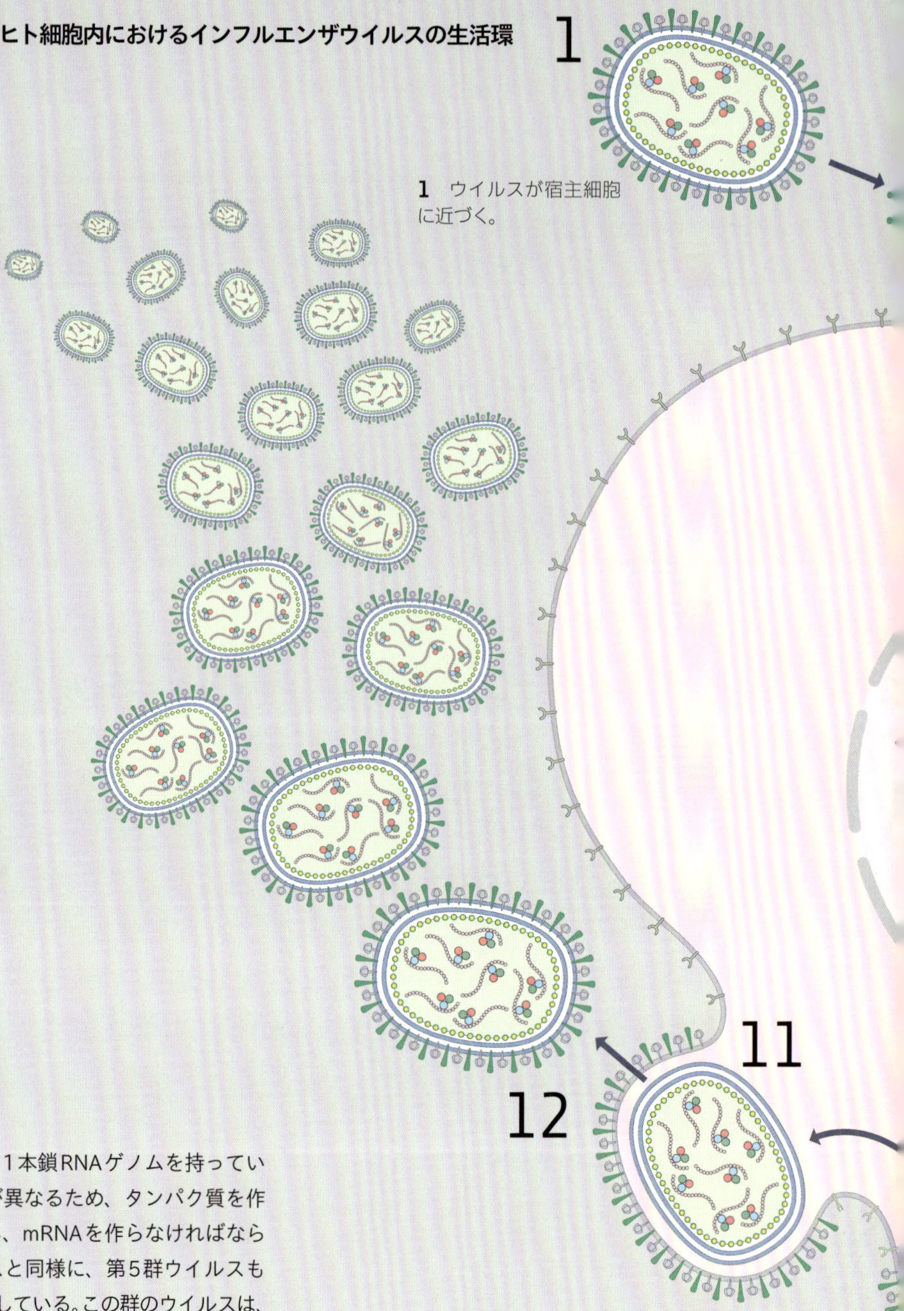

1 ウイルスが宿主細胞に近づく。

第5群ウイルス

　第5群ウイルスもやはり1本鎖RNAゲノムを持っているが、mRNAとはセンスが異なるため、タンパク質を作るためにはこれをコピーし、mRNAを作らなければならない。2本鎖RNAウイルスと同様に、第5群ウイルスも自分のポリメラーゼを持参している。この群のウイルスは、宿主の細胞質で複製するものがほとんどだが、インフルエンザウイルスとラブドウイルスは例外で、宿主の細胞核で複製する。厳密には、第5群ウイルスの一部はアンビセンスであり、ゲノムに（＋）センスの部分と（-）センスの部分がある。真正細菌や古細菌に感染するウイルスでは、(-)センスRNAウイルスは発見されていない。

11 Mタンパク質に囲まれたゲノムは細胞膜へと向かい、HAとNAを外側にまとった宿主細胞の細胞膜から出芽する。

12 ウイルスが宿主細胞から離れる。

30　イントロダクション

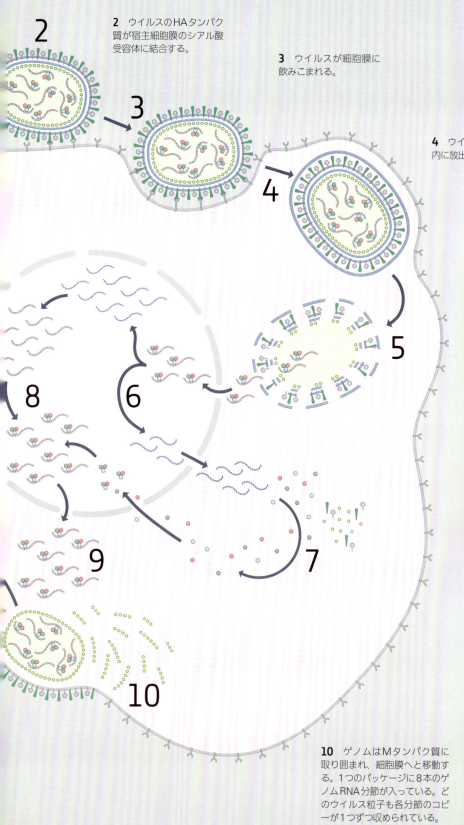

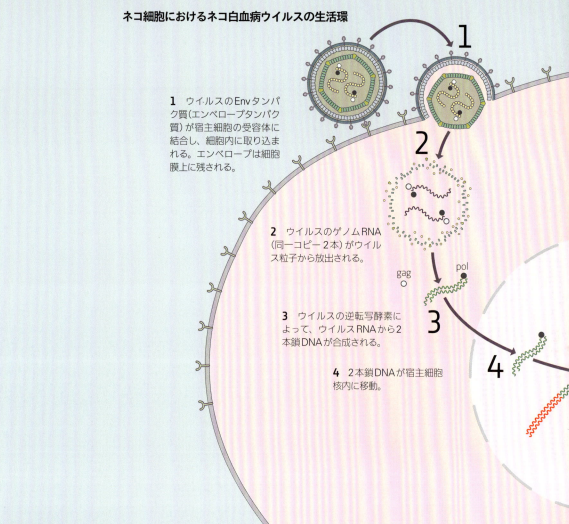

ネコ細胞におけるネコ白血病ウイルスの生活環

1 ウイルスのEnvタンパク質(エンベロープタンパク質)が宿主細胞の受容体に結合し、細胞内に取り込まれる。エンベロープは細胞膜上に残される。

2 ウイルスのゲノムRNA(同一コピー2本)がウイルス粒子から放出される。

3 ウイルスの逆転写酵素によって、ウイルスRNAから2本鎖DNAが合成される。

4 2本鎖DNAが宿主細胞核内に移動。

第6群ウイルス

　レトロウイルスと呼ばれる第6群ウイルスも、1本鎖RNAゲノムを持っている。複製する前に、まず逆転写酵素を使ってRNAからDNAを合成し、これを宿主DNAのゲノムに組み込む。組み込まれたDNAはmRNAとゲノムRNAを作る指示を出す。このDNAは宿主ゲノムの中に潜んでいることが多い。感染した宿主細胞が生殖細胞(卵や精子を作る生殖組織)の場合、ウイルスは「内在性」ウイルスとなる。この過程はしばしば進化期に生じる。我々のゲノムの5〜8%は、何百万年もの間に蓄積された内在性レトロウイルス由来の配列である。レトロウイルスに関連のある配列は、他の多くのゲノムで内在化しているのが見つかっているが、このようなウイルスは、活性ウイルスとしては脊椎動物にしか発見されていない。

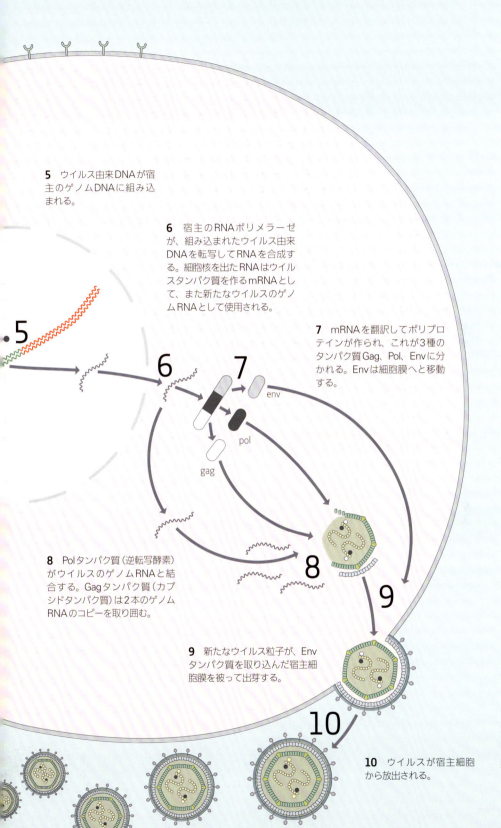

植物細胞におけるカリフラワーモザイクウイルスの生活環

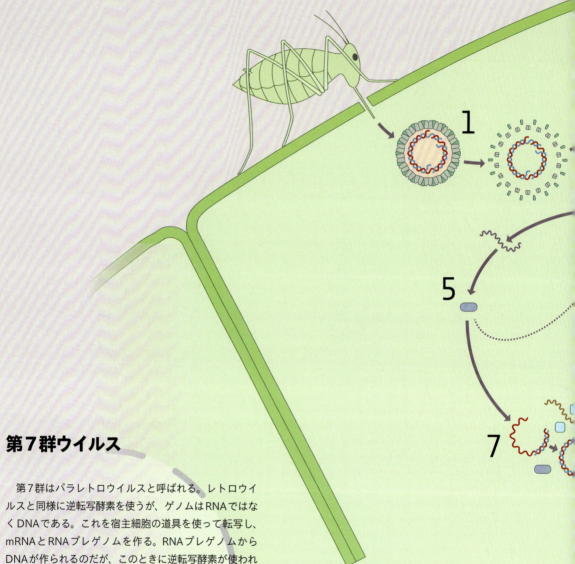

第7群ウイルス

　第7群はパラレトロウイルスと呼ばれる。レトロウイルスと同様に逆転写酵素を使うが、ゲノムはRNAではなくDNAである。これを宿主細胞の道具を使って転写し、mRNAとRNAプレゲノムを作る。RNAプレゲノムからDNAが作られるのだが、このときに逆転写酵素が使われる。レトロウイルスとは異なり、第7群ウイルスは宿主ゲノムに組み込む必要がない（一部を除く）。ほとんどが植物ウイルスだが、B型肝炎ウイルスは例外で、ヒトに感染する。また、このウイルスの仲間で他の哺乳類に感染する肝炎ウイルスもいくつかある。

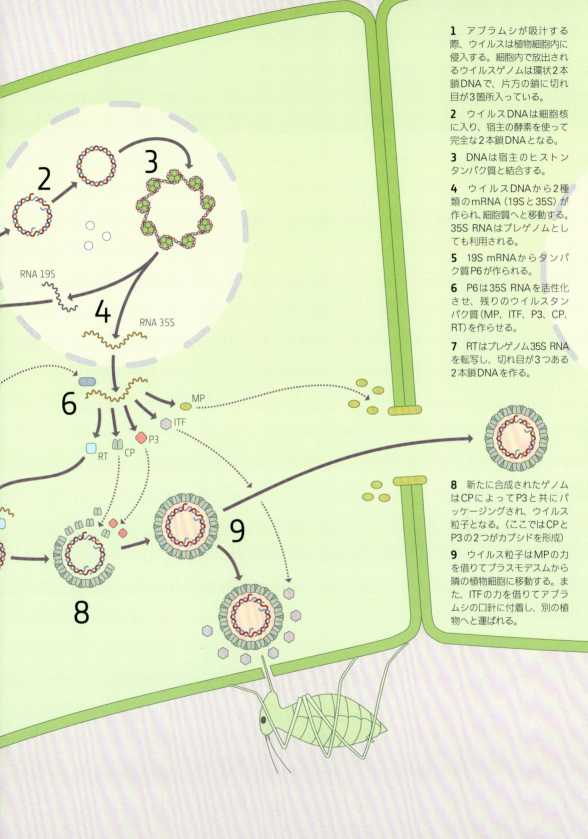

パッケージング

　細胞は分裂によって増える。ひとつの細胞は自分のゲノムをコピーして2つに分配する。2つがさらに分裂して4つとなり、これが繰り返されていく。いっぽう、ウイルスは細胞とは非常に異なり、一度にゲノムを何百もコピーして複製する。なかには一度の感染サイクルで何千億ものコピーを行うウイルスもいる。

　ウイルスは自分のゲノムをコピーした後に、これをタンパク質で包んで新たな細胞や宿主へと送り出す。包装（パッケージング）することでゲノムを保護し、また新たな細胞に侵入する手段ともなる。ウイルスがゲノムをパッケージングする方法はいくつもあり、そのすべてが完全に解明されているわけではない。タンパク質の外被を組み立て、そこにゲノムを詰めるウイルスもいれば、ゲノムの周囲にタンパク質の外被を築くウイルスもいる。また、宿主細胞から出る際に、その細胞膜の一部を失敬し、エンベロープとして利用するウイルスもいる。また、タンパク質の外被をまったく持たないウイルスも少ないながら存在する。そのようなウイルスは、細胞間、宿主間の移動をすることはめったになく、宿主細胞が分裂して種子や胞子が作られたときに、その宿主の子孫へと受け継がれていく。このタイプは植物や菌類、卵菌類（水かび等）にしか見つかっていない。

　小型でシンプルなウイルスは、タンパク質1種のみを使ったユニットを用い、らせん状または正20面体といった美しい幾何学構造のパッケージを作り上げる。複雑な作りのウイルスになると、使用するタンパク質の種類も多くなる。動物に感染するウイルスの多くは、宿主細胞に吸着しやすくなるタンパク質を表面に備えている。植物に感染するウイルスは、概してタンパク質をそのように使うことはない。植物には侵入しにくい細胞壁があるからだ。したがって、植物ウイルスは細胞壁を破って侵入するために別の手段を用いる。植物を食害する昆虫はしばしばウイルスの役に立つ。汁を吸うために植物細胞に穴を開けたとき、大量のウイルスがそこから侵入する。

菌類はウイルスによく感染する。菌類ウイルスはパッケージングされているが、細胞間や宿主間の移動はしない。

サッカロミケス・セレビシアL–Aウイルス

昆虫が感染するウイルスは、植物や動物など他のタイプの宿主にも感染することが多いため、パッケージング方法は多様である。

昆虫虹色ウイルス

植物には細胞壁があるため、ウイルスは感染できない期間を生き延びるために非常に安定した構造のパッケージを備えているものが多い。

　ウイルスがパッケージを作るプロセスは非常に特異的である。ライフサイクルの途中で宿主のゲノムに組み込まれる一部のウイルスを除き、たいていのウイルスは粒子の中に宿主の遺伝物質を含んでいない。複数のゲノム分節を持つウイルスは、ほとんどの場合、分節すべてを粒子の中に収めている。多いものでは分子の異なるRNAまたはDNAが11本か12本もある。

　ウイルス粒子（ビリオン）が非常に安定しているものがいる。たとえば、タバコモザイクウイルスの仲間はコショウなどの食品中にも見られ、無傷のままヒトの腸を通り抜ける。飼い犬にとって深刻な病原体であるイヌパルボウイルスは、土の中に1年以上いても感染力を失わない。逆に、安定性を欠くウイルスもいる。このタイプは基本的に、宿主とじかに接触している必要がある。エンベロープを持つウイルスは、概して安定性があまり高くない。膜は乾燥に弱いからだ。

タバコモザイクウイルス

哺乳類に感染するウイルスのパッケージの構造はさまざまで、新たな細胞に侵入しやすいようエンベロープを備えているものが多い。

インフルエンザウイルス

イントロダクション　37

感染経路

　ウイルスは宿主から宿主へと感染するためにさまざまな方法を使うが、水平感染と垂直感染の2つに大別できる。ある宿主個体から別の個体へと感染するのが水平感染、親から子孫へと感染するのが垂直感染である。今までに詳しく研究されてきたウイルスは、水平感染するものもあれば、垂直と水平どちらも使うものもある。後者の良い例は、AIDSの原因となるヒト免疫不全ウイルスHIV-1である。私たちに病気をもたらすウイルスはほとんどが水平感染で、つまり人から人へと移る。いっぽう、野生の植物に感染するウイルスは、作物に感染するウイルスとは異なり、ほとんどが垂直感染で、種子を通じて子孫へと移っていく。野生の植物は農業的価値という意味では重視されていなく、ウイルスに感染してもその症状がほとんど見えないため、垂直感染するウイルスについては研究があまりなされてこなかった。

　水平感染は、新たな宿主が空中にあるウイルス粒子を吸いこんだり、ウイルスのいる水滴に触れたりして起きる。風邪やインフルエンザのウイルスはこうして宿主から宿主へと感染する。また、体が直接触れることで移るウイルスもおり、一部のウイルスは性的接触を感染手段としている。たいていのウイルスは独自の感染手段を持っている。

　中間宿主や媒介生物（ベクター）を利用するウイルスは多い。中間宿主となるのは蚊などの昆虫や、ダニなどのクモ形類動物である。植物ウイルスの場合はほぼすべてがベクター頼みだ。ベクターとなるのは昆虫が一般的だが、菌類、線虫（土の中にいる。ミミズではない）、寄生植物、農機具、そして人間までもがベクターとなる。また、訪れた昆虫がウイルスを拾っていくという意味で、植物もベクターとなりうる。

左▼血を腹いっぱい吸ったヒトスジシマカ。蚊をベクターとするウイルスは多く、蚊の体内で複製するウイルスもいる。

中央▼植物ウイルスはコナジラミのような昆虫によって媒介される。ウイルスの中には一部の媒介昆虫の体内で長期間生きながらえ、複製までするものもいるが、そうでない場合は1時間程度しか生きられない。

右▼風邪でくしゃみが出るのは、ウイルスが新しい宿主に移るために引き起こしているのかもしれない。

　新たな感染症が発生した場合、そのウイルスのライフサイクルを解明し、感染を止める方法を見つけるために、ベクターの役割を知る作業が欠かせない。ウイルスが新たなベクターを獲得できるような場合には、特にこの作業が重要である。チクングニア熱をもたらすウイルスが良い例だ。初めてこの感染症が報告されたのは1952年、場所はタンザニアだった。ベクターはデング熱や黄熱病をもたらすネッタイシマカという蚊で、アフリカの一部の地域に暮らす人々だけが感染リスクを負っていた。ところが、チクングニアウイルスは進化し、ネッタイシマカとごく近い関係にあるヒトスジシマカもベクターとして利用できるようになった。この蚊によって、チクングニア熱はアジア、ヨーロッパ、南北アメリカへと感染が拡大したのである。

　ベクターも変化する。ネッタイシマカはアフリカの森に生息し、よどんだ水たまり、特に木の洞にたまった水に産卵する。刺しやすいヒトが発展途上の世界で急成長している都市へと移動するにつれ、ウイルスを宿した蚊も一緒について行き、その結果、特にデング熱が世界中の熱帯地方や亜熱帯地方で発生するようになった。蚊は新しい環境で急速に進化しつつある。ベクターの変化で被害を受けるのは植物も同じだ。あるタイプのコナジラミが世界的に広まったため、ジェミニウイルス科のウイルスも広まることとなった。この科のウイルスは多くの作物に深刻な被害をもたらす。気候変動によって媒介昆虫の生息地域が拡大し、そのために感染地域が拡大することも考えられる。

▲ヒツジなど草食動物は、安定したタイプの植物ウイルスを感染させることがある。農機具や芝刈り機なども同様である。

イントロダクション　**39**

ウイルスのライフスタイル

ウイルスは宿主と密接な関係にあり、ライフサイクルのどの段階も、宿主細胞に完全に依存している。私たちはウイルスと聞くと病原体だと思いがちだが、ヒトに害を及ぼすものばかりとは限らない。ほとんどのウイルスはおそらく片利共生生物と言える。必要なものを宿主から手に入れるが、悪さはしない。なかには相互主義のウイルスもいて、宿主から恩恵を受けると同時に、宿主にとってそれがなければ生きられないものを提供する（相利共生）。

宿主とウイルスの安定した関係とは、ウイルスが宿主細胞を利用しながらも、宿主にできる限りダメージを与えない状態である。宿主が病気になるのは、ウイルスにとっても望ましいことではない。宿主が元気でいるときよりも、ウイルスは複製しにくくなる可能性がある。宿主が病気のせいで他の宿主候補と接する機会が減るような場合はなおさらだ。しかも、せっかく複製しても、それを広める前に宿主が死んでしまったら、ウイルスにとっても不都合な事態となる。

ウイルスに感染して重病や死に至るのは、宿主とウイルスがまだ互いに適応できず、両者の関係が未熟な段階にあることを示している。たとえばHIV-1はヒトに重い病気をもたらすが、これはウイルスがつい最近ヒトに感染し始め

▼キバシガモのような水鳥はたいていインフルエンザウイルスに感染しているが、そのせいで病気になることはない。このウイルスが種の壁を越え、ブタやヒトなど新たな宿主に感染すると病気を招く。

たばかりだからだ。このウイルスはサルからチンパンジーを経由してヒトへと種の壁を飛び越えた。HIV-1にごく近い近縁種であるサル免疫不全ウイルス（SIV）は、宿主であるサルに病気をもたらすことなく、ひっそりと共生している。ヒトに対するHIV-1とは大違いである。

宿主の種の壁を何度も飛び越えるウイルスもいる。良い例がインフルエンザだ。このウイルスの自然宿主は水鳥で、水鳥には病気をもたらさないが、家畜やヒトに移ると致命的となる。いっぽう、ポリオウイルスはヒトのみを宿主とし、何世紀もの間ヒトに感染してきた。では、水鳥にとってインフルエンザが害とならないのと同様に、ヒトはポリオウイルスに免疫ができているのではないか？　そう考える人もいるかもしれない。実際、20世紀を迎えるまではそうだったのだ。かつては、ほとんどの人が幼児の頃にポリオウイルスに感染し、病気の兆候はめったに現れず、免疫を獲得していた。ポリオウイルスは飲み水から感染する。塩素消毒された飲み水が広く行き渡るようになると、幼児は環境の中でウイルスにさらされなくなった。そして大きくなってから感染すると、免疫ができていないために病気を完全な形で経験し、手足が不自由になるという恐ろしい結果を招くこととなった。

　ヒトや作物、家畜に感染するタイプ以外のウイルスに目が向けられるようになったのは、今から20年ほど前のことだ。ウイルス学者たちがまず注目したのは海だった。地球の表面は3分の2以上が海水に覆われている。海水1ミリリットルに含まれるウイルスは約1000万個であり、海水中のウイルスの数は既知の銀河すべての星の数よりはるかに多い。海洋性ウイルスは炭素循環に決定的な役割を果たしている。このウイルスはほとんどが細菌その他の単細胞生物に感染し、そうした生物の少なくとも25％ほどを日々死に追いやっている。ウイルスが感染した単細胞生物は細胞が破裂し、死骸は他の生物の餌となる。破裂しないで死んだ場合は沈む傾向があり、細胞に含まれる炭素は海底に葬り去られる。

　研究者たちは、ヒトを始めとしたゲノムのDNA配列（ヌクレオチドの結合順序）を決定しようと先を争っていた。そこからテクノロジーが大いに進歩を遂げたのだ。1980年代は、ひとりの研究者が朝から晩まで取り組んでも、1日に2、3千個程度のヌクレオチド結合しか決定できなかったが、今日では1度の実験で何十億ものヌクレオチド結合を決定できる。ウイルス学者はこの技術を駆使し、ありとあらゆる場所でウイルスを探している。野生の動植物から細菌まで、そして排水、土壌、糞便まで。その結果、ウイルスはどこにでも存在し、ほとんどのウイルスが宿主に危害を加えることなく、ひっそりと存在していることが判明した。植物や菌類では、多くのウイルスが親から子孫へと垂直感染のみを行っているようである。そのようなウイルスは何世代にもわたって宿主と共生し、垂直感染率は100％に近い。宿主にとって何か得になることをしているのだろうか？　イエスとはっきり言えるウイルスもいくつかあるが、これが一般的な現象だと断定できるまでには至って

◀イエローストーン国立公園で見られるような地熱の高い土地は、普通の植物が耐えられる環境ではない。だが、ウイルスと、それに感染した菌類との助けを得て生きのびる植物もいる。

いない。宿主に役立つものがおそらく一般的ではないかと思われるが、研究の進んでいる実例はまだほんの一握りしかない。

　宿主に利益をもたらす相利共生のウイルスはたしかに存在する。このライフスタイルが一般的なのかもしれないが、研究の進んでいる例はやはりごくわずかだ。たとえば、マウスにはさまざまな肝炎ウイルスがいるのだが、どうやらこれがペスト菌を含むいろいろな細菌感染から宿主を守っているように思われる。また、アメリカのイエローストーン国立公園では、地熱の高い場所にも植物が生えている。植物の内部には菌類が住みつき、その菌類の内部にウイルスが存在している。このウイルスがいなければ、菌類も植物も地熱に耐えられない。さらに、一部の寄生昆虫はウイルスがいなければ卵が成長しない。植物の汁を吸うアブラムシが一ヵ所に増えすぎると、羽を生やさせ移動手段を与えるウイルスもいる。真正細菌や古細菌はウイルスを利用して競争相手を殺し、新たな領土を手に入れる。ウイルスについて、特に従来の医学・農業関連から離れたところで研究が進めば、ウイルスと宿主のみごとな共生関係リストは増えて行くことだろう。

免疫

 細胞を持つあらゆる生物は、ウイルスの感染を防ぐために、または感染後の回復を促進するために、なんらかの免疫システムを備えている。免疫は「自然免疫」と「獲得免疫」とに大別できる。

 実質上すべての生物は自然免疫を備えている。侵入者に対して発動する、全般的な防御メカニズムである。これに対し、獲得免疫はより洗練されている。体が感染を「記憶」し、同じ侵入者が再び入ってきたらすぐに対処できるというものだ。ワクチン接種はこの原理を使っている。ヒトも多くの動物も獲得免疫を進化させてきた。真正細菌や古細菌も同じである。植物もそうだが、しくみは動物とはとても異なっている。

 自然免疫のメカニズムは単純と言えるかもしれない。たとえば皮膚、鼻の粘膜、目に付着したものを洗い流す涙、胃腸の酸や消化酵素など、生物はさまざまなバリアを築いてウイルスの侵入を防ぐ。こうしたバリアが破られると、もっと複雑な自然免疫が発動する。監視役の化学物質が感染に反応し、炎症という反応を引き起こす。感染した場所の皮膚が赤くなるのは、そこに血液が流れ込むためだ。血液と共にマクロファージ（文字通り「大食漢」の意）と呼ばれる白血球が押し寄せ、異物を飲み込んでは消化する。高熱が局所的に、または全身に急に出ることもある。体温

▼ヒトの赤血球と白血球の走査型電子顕微鏡写真。白血球には種類がいくつかあり、ヒトの免疫系に欠かせない要素である。

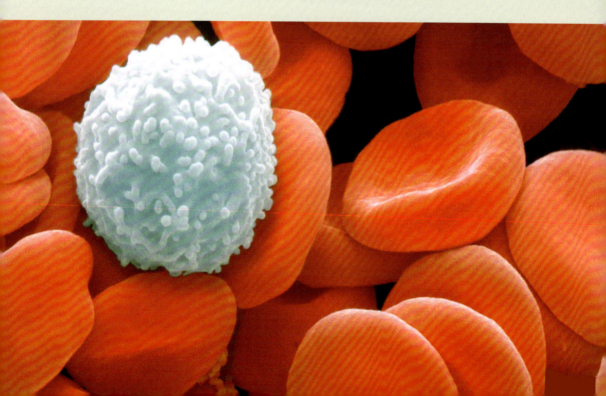

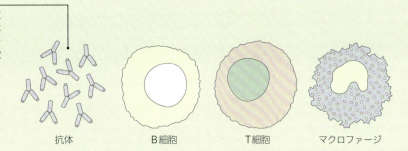

ヒトの免疫系
抗体は侵入した異物を特異的に攻撃する足がかりとなる。B細胞は抗体を作り、T細胞は免疫反応を助け、マクロファージは異物を飲み込み消化する。

抗体　　B細胞　　T細胞　　マクロファージ

の上昇はウイルス対策になる。多くのウイルスは幅広い温度域に対応できず、環境が熱すぎると複製できないからだ。

　自然免疫に加え、ほとんどの生物はある特定の病原体にターゲットを絞った獲得免疫（適応免疫）と呼ばれるシステムも備えている。ヒトや他の脊椎動物（背骨がある動物）は、この精緻なプロセスを発達させてきた。獲得免疫システムは、「自己」（自身の正常な構成要素すべて）を認識し、これを記憶する。その後に体内に入ってきたものは非自己とみなし、侵入者に合う特異的な抗体を作って攻撃する。非自己が一度体内に入ると、獲得免疫システムはこれを記憶する。記憶している期間は1年から一生である。たいていの場合はこのシステムがみごとに功を奏するのだが、ウイルスは自然免疫や獲得免疫を避けるために、さまざまな戦法を編み出してきた。たとえば細胞内に潜伏し、宿主に気づかれないよう複製を非常にゆっくり行う。または宿主細胞を模倣し、侵入者と認識させないようにする。または免疫システムで活躍する細胞をターゲットとし、侵入者を撃退するシステムそのものを無力化させる。

　植物の免疫システムは非常に異なっている。ウイルスに対する自然免疫応答は、ある特定のウイルスと宿主植物との間だけに生じる場合もある。たとえば、一部のウイルスは植物にある反応を起こさせる。最初に感染した細胞にウイルスを閉じこめ、他の組織に移行させなくするもので、局部病変と呼ばれる。最初に感染した部分に黄斑が生じる場合もあれば、植物が感染部分の周囲の細胞を殺した結果、壊死組織の斑点が生じる場合もある。また、一部のウイルスは他の病原体にも影響を与える自然免疫反応を引き起こす。この場合、植物は他の侵入者からも身を守ろうとし、その過程でサリチル酸を合成する。サリチル酸は柳の樹皮に多く見られ、アメリカ先住民はこれを解熱剤や鎮痛剤として利用していた。19世紀後半、バイエル社（独）の科学者がサ

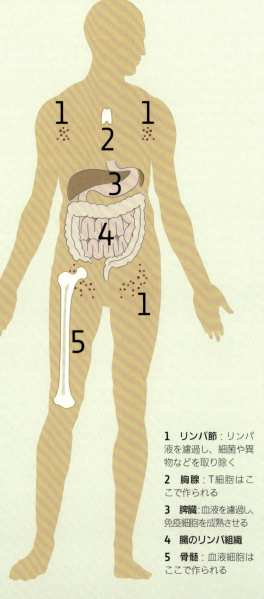

1　リンパ節：リンパ液を濾過し、細菌や異物などを取り除く
2　胸腺：T細胞はここで作られる
3　脾臓：血液を濾過し、免疫細胞を成熟させる
4　腸のリンパ組織
5　骨髄：血液細胞はここで作られる

イントロダクション

リチル酸化合物を合成した。これがアスピリンである。

　植物の獲得免疫が初めて明らかになったのは1930年代初頭だった。ウイルスの弱い株を接種した植物は、同じウイルスの強い株に対して身を守ることが判明した。遺伝子をツールとして利用できるようになるまで、この方法はウイルスの同定にも用いられていた。つまり、もしウイルスAのワクチンがウイルスBにも効く場合（交叉防御という）、AとBは株の異なる同一ウイルスとみなされた。この獲得免疫が分子レベルで解明されたのは1990年代に入ってからだ。植物は「RNAサイレンシング」と呼ばれる獲得免疫反応を示すことがこの時期に判明した。ウイルスは植物に感染すると、2本鎖RNAの巨大分子を作ることが多い。この独特な形の核酸が作られると、植物の中でこの分子を細かく切断するメカニズムが作動する。切断された分子はウイルスRNAに結合し、これを標的として破壊する。これはある特定のウイルスに対する獲得免疫なのだが、植物自身はこのシステムに記憶を組みこんではいないように思われる。ウイルスは（当然ながら）このシステムを崩そうとさまざまな方法を進化させてきた。RNAサイレンシングのメカニズムを構成している要素をブロックするタンパク質を作るウイルスもいる。存在を悟られまいとして、自分の2本鎖RNAを隠そうとするウイルスもいる。

　このRNAを中心とした獲得免疫は、植物に特有のものではないことが判明した。菌類、昆虫、そして線虫など一部の動物にも、このしくみがさまざまな形で見られている。こうした生物は、感染を防ぐ物理的なバリアも含めた自然免疫も持ち合わせている。菌類は植物と同じように、非常に安定性のあるウイルスに感染することが多く、ウイルスは親から子孫へと長期にわたり受け継がれていく。このようなウイルスが菌類の免疫システムに影響を受けているのかどうかはともかく、菌類が免疫反応を示したとしても、ウイルスを一掃するには十分ではない。昆虫では、動物の自然免疫に似た数々の反応が見られるほか、複製サイクルが非常に長いウイルスの場合は、ウイルスを一掃するのではなく、その感染をごく低いレベルにとどめておく方法をとることが判明している。

▼一部の植物はウイルスに対する免疫反応として、感染した細胞を殺すため、葉に小さな斑点が生じる。写真はアカザ。

植物の免疫反応

ほとんどの植物ウイルスは細胞壁が壊れた傷口から侵入する。細胞壁を壊す最も一般的な原因となっているのが草食性の昆虫である。植物はRNAウイルスに対し、いくつかの免疫反応を示す。そのうちの3つを下に挙げるが、免疫反応は植物によって異なる。

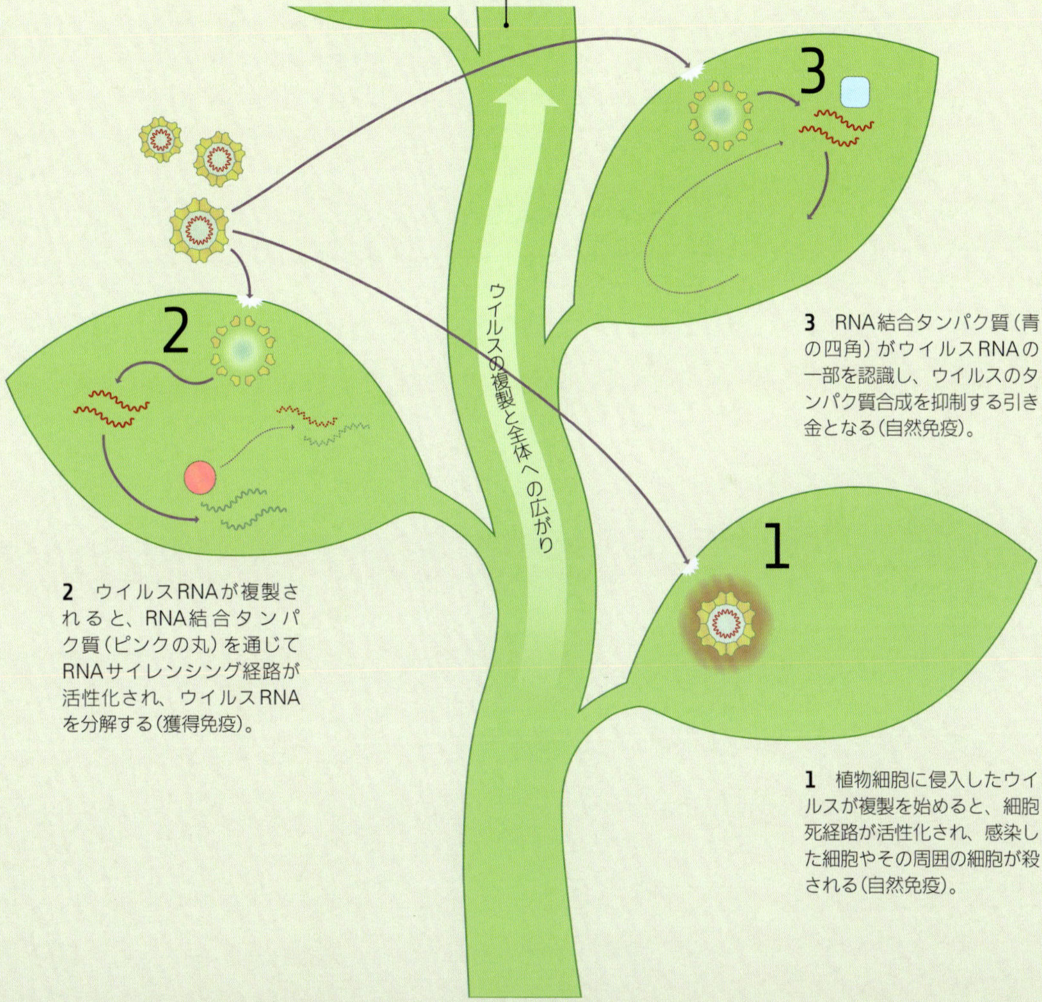

ウイルスの複製と全体への広がり

3 RNA結合タンパク質（青の四角）がウイルスRNAの一部を認識し、ウイルスのタンパク質合成を抑制する引き金となる（自然免疫）。

2 ウイルスRNAが複製されると、RNA結合タンパク質（ピンクの丸）を通じてRNAサイレンシング経路が活性化され、ウイルスRNAを分解する（獲得免疫）。

1 植物細胞に侵入したウイルスが複製を始めると、細胞死経路が活性化され、感染した細胞やその周囲の細胞が殺される（自然免疫）。

イントロダクション 47

細菌や古細菌は、それぞれの種に固有な酵素を使って非自己のDNAをスキャンし、ある特定のパリンドローム配列で切断するという免疫システムを使う。パリンドロームとは回文のことで、「竹藪焼けた」のように逆から読んでも同じになる。DNAのパリンドロームは、たとえば
　　5' GAATTC 3'
　　3' CTTAAG 5'
のようになる。

　この配列を特異的に認識するのは大腸菌（Escherichia coli）の酵素Eco RIである。このようにDNAを切断する酵素は制限酵素と呼ばれ、この何十年もの間、分子生物学者にとってDNA配列の地図を作るのに便利なツールとなっている。細菌の免疫システムにはもうひとつ、制限酵素よりずっと後に発見されたCRISPR（clustered regularly interspaced short palindromic repeats）がある。記憶機能をもつ獲得免疫システムで、CRISPRとはパリンドローム構造の短い配列が規則的な間隔で密集しているゲノム上の領域を指す。ウイルスに感染すると、ウイルスゲノムの小片が宿主ゲノムのこの部分に組み込まれる。その後、このウイルスと関連のあるウイルスが侵入した場合、組み込まれたウイルスゲノムが活性化して小分子RNAを作り、侵入者を分解する。小分子RNAを利用するという点ではCRISPRシステムは植物、昆虫、菌類に見られるRNAサイレンシングと似ているが、しくみはまったく異なっている。CRISPRシステムを利用すれば、どんな生物のDNA配列でも標的としてゲノム編集ができるため、この発見は科学界にセンセーションを巻き起こした。

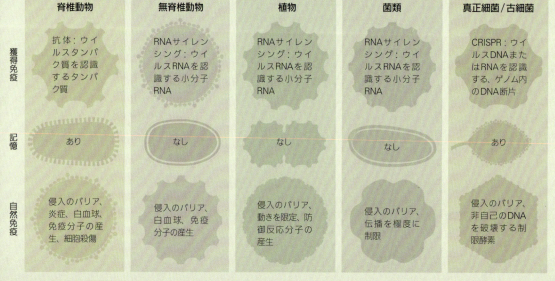

ゲノムに見られるウイルスの「化石」

　地球上に誕生した太古の生物を知る手がかりは化石である。生物の化石は35億年前までさかのぼれる。だが、ウイルスはあまりに小さく、目に見える化石がないため、ウイルスの初期の歴史についてはあまり知られていない。ただ、ウイルスが大昔に、おそらく地球に生物が誕生した頃の時代に、ゲノムを宿主のゲノムに組み込んできたことは判明している。これはレトロウイルスだけがなせるわざだとかつては考えられていたが、宿主にゲノムを統合してきたウイルスは他にも多く存在することが今日ではわかっている。こうしたウイルス由来の配列は、ゲノムを丹念に見ていけば見つけられる。現代に生きる生物のゲノムのどの程度がウイルス由来なのかは諸説あるが、ヒトゲノムの場合は現時点では10％前後がレトロウイルス由来である。他のタイプのウイルスに由来する配列はこの数値に含まれていない。

　近縁関係にある生物のゲノムに見られるウイルス様配列を比べてみると、昔のウイルスについて、そしてそのウイルスがその宿主に入りこんだ時期について、知る手がかりが得られる。たとえば、どの類人猿のゲノムにも見られるウイルス様配列が他の霊長類には見られない場合、そのウイルスは類人猿が霊長類から枝分かれしてからゲノムを組み込んだと推測できる。一部のウイルス様配列はヒトからシーラカンス（生きた化石と呼ばれる原始的な魚）まで、非常に幅広く共通している。このような、ゲノムに残されたウイルス様配列の研究から、古ウイルス学と呼ばれる新たな学問分野が誕生し、急速に発展しつつある。

シーラカンスゲノムに見られる泡沫状ウイルスの特異配列
レトロウイルス科に属す泡沫状ウイルスは多くの哺乳類に感染し、内在することもある。下の図は泡沫状ウイルスとその宿主の関係を示している。宿主のツリー（左）とウイルスのツリー（右）が合致することから、ウイルスと宿主は共に進化してきたことがわかる。

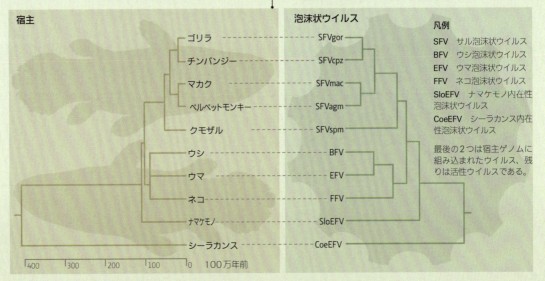

凡例
SFV　サル泡沫状ウイルス
BFV　ウシ泡沫状ウイルス
EFV　ウマ泡沫状ウイルス
FFV　ネコ泡沫状ウイルス
SloEFV　ナマケモノ内在性泡沫状ウイルス
CoeEFV　シーラカンス内在性泡沫状ウイルス

最後の2つは宿主ゲノムに組み込まれたウイルス、残りは活性ウイルスである。

ヒトウイルス
HUMAN VIRUSES

はじめに

　本章に登場するウイルスは、ヒトへの感染という見地から研究されてきたため、ヒトウイルスと呼ばれているが、ヒトに感染するウイルスは他の動物に感染することも多く、ウイルスを媒介する昆虫にも感染する場合もある。ウイルスによっては動物または昆虫を一次宿主とし、ヒトには「最終的に」感染するものもいる。つまり、ヒトからヒトへは感染できないということだ。このタイプは非常によく知られているため、本章ではヒトウイルスとして扱うことにする。

　本章ではさまざまなヒトウイルスを取り上げた。選択基準はほとんどの人に知られているもの、ウイルス学や免疫学、分子生物学で重要な役割を果たしているもの、または非常に興味深い独自の特徴をそなえているものとした。

　ヒトウイルスの生態は、他の宿主や媒介生物（ベクター）の生態と密接に結びついている。ヒトのみを宿主とするウイルスはごくわずかで、最も有名なものは天然痘ウイルスとポリオウイルスである。このタイプは他の宿主生物にかくまってもらえないため、根絶は可能と言えるはずなのだ。実際、天然痘はワクチンによって根絶したが、ポリオはまだそこまで至っていない。その理由のひとつとして、天然痘ワクチンには別のウイルスを使用するが、ポリオの場合はポリオウイルスを弱毒化したワクチンがまだよく使われていることが挙げられる。接種により、まだ生きているウイルスが人体にもたらされるのだ。また、野生型ポリオウイルスは現代では極めてまれとなったが、いまだに世界のどこか奥地で発生することもある。

　本章には病気を引き起こさないヒトウイルスも1種だけ登場する。トルクテノウイルスだ。病原体ではないヒトウイルスはこれだけではないが、ほとんどのウイルスは病気との関連で研究されてきたため、非病原性ウイルスについてはあまり知られていない。病気を引き起こさないウイルスは、他章にも登場する。

群	第4群
目	未設定
科	トガウイルス科 (Togaviridae)
属	アルファウイルス属 (Alphavirus)
ゲノム	直鎖状、非分節、1本鎖RNA、ヌクレオチド約12,000、1つのポリプロテインにタンパク質9種が含まれる
分布	アフリカ起源。アジア、アメリカ大陸へと拡散。時折ヨーロッパでも発生
宿主	ヒト、サル。齧歯類、鳥類、畜牛も宿主と思われる
関連疾患	チクングニア熱
感染経路	蚊
ワクチン	開発中

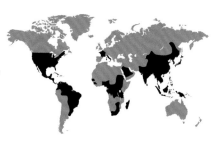

チクングニアウイルス Chikungunya virus
新興病原体

世界を巡るウイルス

　チクングニアウイルスはかつてアフリカにだけ存在していた。霊長類に感染し、たまにヒトにも感染する程度だった。その後アジアに渡り、1950年代から感染症が発生。2004年からはヨーロッパの一部やインド洋周辺諸国でも見られるようになり、2013年以降はアメリカ大陸でも感染が報告されている。チクングニアウイルスが急速に活動範囲を広げている背景として、ベクターである蚊との密接な関係が挙げられる。最近まで、このウイルスは黄熱を媒介するネッタイシマカ（*Aedes aegypti*）によって霊長類や人類に感染していた。この蚊の生息地は熱帯・亜熱帯地方に限られている。だが最近になって、チクングニアウイルスは新たにヒトスジシマカ（*Aedes albopictus*）もベクターとする能力を身につけた。このような変化を遂げるウイルスは珍しいのだが、ウイルスが新たな宿主、新たな地方へと勢力を拡大するためには非常に大きな意味がある。アジア原産のヒトスジシマカは今や世界各地に進出し、温帯地方で繁栄している。つまり、ウイルスはもはや熱帯地方に限定されず、温暖地方でも拡散できるようになったのだ。実際、チクングニアウイルスはヨーロッパにも、アメリカ大陸にもすでに渡っている。世界的に拡散したのは、感染者が世界各地を移動していることが主な原因である。

　このウイルスに感染すると、ほとんどの人が急な発熱と非常に激しい関節痛に襲われる。関節痛はウイルスが消失しても数ヵ月から数年間続く場合があり、この痛みがウイルスの名前となった。チクングニアとは、マコンデ語で「体を折り曲げる」という意味である。他の症状としては、頭痛、発疹、眼炎、悪心、嘔吐などがあり、パンデミック時には関節痛や筋肉痛などの慢性症状が出ることがある。ワクチンが開発されるまでは感染予防が最善の策で、そのためには蚊の防除が欠かせない。ヤブカ属（*Aedes*）の蚊はよどんだ水たまりで繁殖し、都市環境にも適応しているため、植木鉢や古タイヤなどに水がたまらないよう気をつける必要がある。

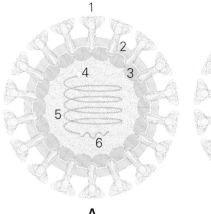

A

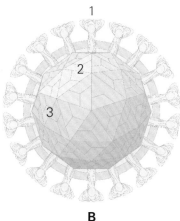

B

A 断面
B 外観
1 タンパク質三量体のエンベロープ
2 脂質エンベロープ
3 カプシドタンパク質
4 キャップ構造
5 1本鎖ゲノムRNA
6 ポリA

▶感染した細胞内で結晶のように並ぶチクングニアウイルス粒子。ウイルスの中核は膜に包まれている。透過型電子顕微鏡写真。

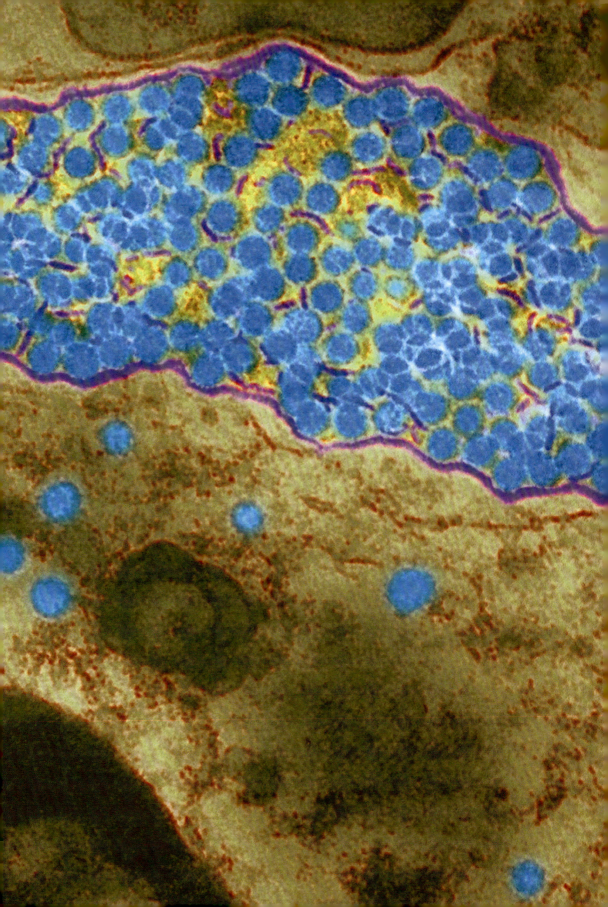

群	第4群
目	未設定
科	フラビウイルス科(Flaviviridae)
属	フラビウイルス属(Flavivirus)
ゲノム	直鎖状、非分節、1本鎖RNA、ヌクレオチド約11,000、1つのポリプロテインにタンパク質10種が含まれる
分布	世界の熱帯・亜熱帯地方
宿主	ヒト、他の霊長類
関連疾患	デング熱、デング出血熱
感染経路	蚊
ワクチン	数種が開発中だが、いずれも認可されていない

デングウイルス Dengue virus
熱帯・亜熱帯のウイルス

急速に進化しつつある脅威

　古代中国の文書にはデング熱に似た症状の病気が記されているが、大流行した最初の記録は18世紀末である。当時、アジア、アフリカ、アメリカ大陸でほぼ同時に発生した。このウイルスを媒介するのはネッタイシマカ（*Aedes aegypti*）である。1950年代に入ると、ウイルスは以前よりも頻繁に見られるようになり、デング熱の発生率も着実に上昇していった。第二次世界大戦後、多くの人々が農村地域から都市部へと移動したせいだと思われる。ネッタイシマカは独自の方法で都市環境に順応した。よどんだ水に産卵するため、雨水のたまっている古タイヤ、空の植木鉢、捨てられた容器などを利用しているのだ。ただ、この蚊は寒さに弱いため、病気の発生は世界の熱帯・亜熱帯地方に限られている。また、世界各地を旅する人が増えたことも、デング熱の発生率上昇の原因となっている。デングウイルスは今や、蚊が媒介するタイプとしては世界で最も重大なウイルスとなり、年間約3億9000万人が感染し、感染率の高い地域ではデング出血熱の発生が見られている。

　デングウイルスには世界中で4つの株があるが、多くの地域ではそのどれか1つが優位を占めている。ほとんどの人は感染してもこれといった症状が出ないが、高熱が出て関節が非常に痛むこともあり、症状が進行して出血熱となることもある。出血熱は非常に深刻な病気で、死亡率は25％近くに達する。ウイルスがヒト以外の霊長類と農村部の人々との間を巡っている地方では新たな株が出現しており、しかもこのウイルスは進化が速いため、ワクチンの開発は難しい。結局、蚊の駆除が唯一の予防策なのである。

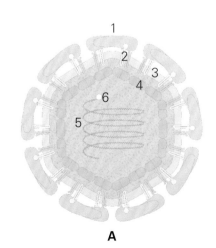

A　断面
1　Eタンパク二量体
2　マトリックスタンパク質
3　脂質エンベロープ
4　カプシドタンパク質
5　1本鎖ゲノムRNA
6　キャップ構造

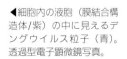

◀細胞内の液胞（膜結合構造体/紫）の中に見えるデングウイルス粒子（青）。透過型電子顕微鏡写真。

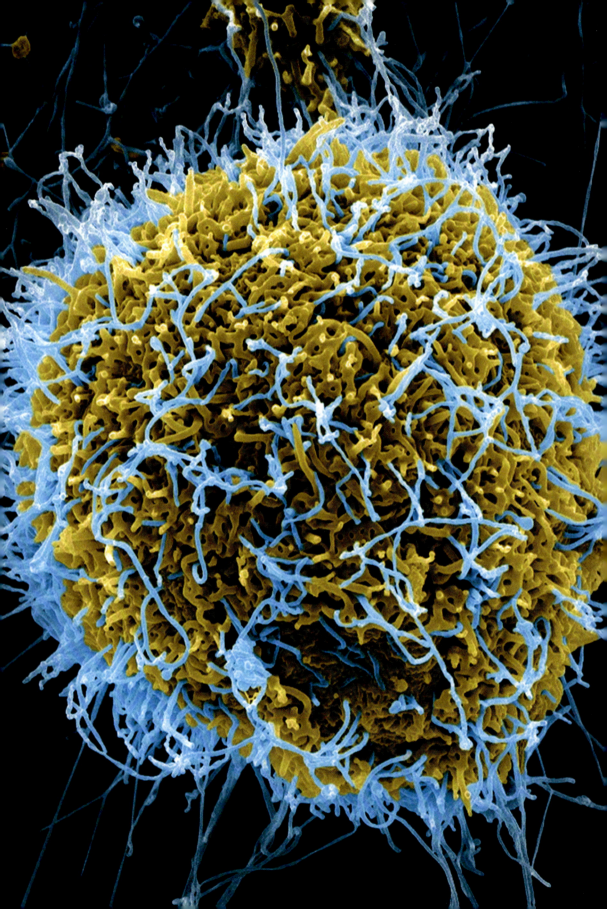

群	第5群
目	モノネガウイルス目 (Mononegavirales)
科	フィロウイルス科 (Filoviridae)
属	エボラウイルス属 (Ebolavirus)
ゲノム	直鎖状、非分節、1本鎖RNA、ヌクレオチド約19,000、タンパク質8種をコード
分布	中央アフリカ、西アフリカ
宿主	ヒト、他の霊長類。コウモリも宿主と思われる
関連疾患	エボラ出血熱
感染経路	体液
ワクチン	DNAワクチンと組換えワクチンが試験段階

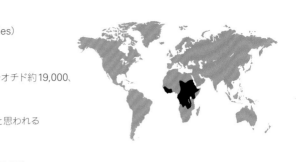

エボラウイルス Ebola virus
致命的だが制圧可能

非常に感染力が強く、人の移動で状況が悪化

　初めてヒトがエボラウイルスに感染したと報告されたのは1970年代半ばだった。発生規模はいずれも比較的小さいが（100名未満の場合が多い）、死亡率は80％を超えていた。最近の発生は西アフリカで、2013〜2015年で、28,000人以上が感染し、11,000人以上が死亡した。エボラの制圧で最も重要なのは人々への教育と、適切な治療センターの増設である。エボラウイルスの近縁株数種が中央・西アフリカの異なる地域で、異なる流行時期に発見されている。このウイルスはヒトだけではなく、他の霊長類にも感染し、やはり病気をもたらす。自然宿主は知られていないが、エボラウイルスを保有しながら症状がまったく出ていないコウモリが見つかっており、おそらくこれが自然宿主ではないかと考えられている。エボラウイルスは体液と直接接触することで感染する。媒介生物は発見されておらず、飛沫感染することもない。病状は非常に重く、ステージが進むと出血熱が一般的に見られる。エボラウイルスがもたらす病気の知識があれば、早急に制圧することができるのだが、そのためにはしっかりした医療施設が欠かせない。近縁種のレストンエボラウイルスは、米国の研究所がフィリピンから輸入したサルから発見された。このウイルスはヒトには感染しない。別の近縁種であるマールブルグウイルスはヒトにも他の霊長類にも同様の病気をもたらし、多くのSF小説や映画でモデルとなっている。

　エボラウイルスの粒子（ビリオン）は細長い。RNAは転写後に編集されるため、1つの遺伝子で2種のタンパク質を作ることができる。これはエボラウイルス独特の方法である。ウイルスの外側はエンベロープという膜で覆われている。エンベロープに含まれる糖タンパク質によって宿主細胞に吸着し、細胞質内で複製し、宿主の免疫システムを抑制することは判明しているが、エボラウイルスのライフサイクルについてはこれ以上のことはあまりわかっていない。

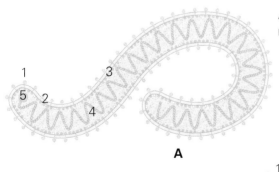

A	断面	1	糖タンパク質
B	外観	2	脂質膜
		3	マトリックスタンパク質
		4	1本鎖RNAゲノムを取り囲む核タンパク質
		5	ポリメラーゼ

◀宿主細胞から出てくる細長いエボラウイルス（青色）。3次元画像が見られる走査型電子顕微鏡でも見えるほど大きい。

群	第4群
目	未設定
科	フラビウイルス科(Flaviviridae)
属	ヘパシウイルス属(Hepacivirus)
ゲノム	直鎖状、非分節、1本鎖RNA、ヌクレオチド約9,600、1つのポリプロテインにタンパク質10種が含まれる
分布	全世界
宿主	ヒト。近縁ウイルスはイヌ、ウマ、コウモリ、齧歯類に感染
関連疾患	肝炎、肝硬変。肝臓がんと関連あり
感染経路	体液、特に血液製剤
ワクチン	現在はなし。抗ウイルス薬に反応することが多い

C型肝炎ウイルス Hepatitis C virus
ヒトの肝臓内で慢性感染症を引き起こす

検査が可能になるまでは重大な問題だった

　肝炎の原因となるウイルスは数種類ある。最初に明らかになったのはA型肝炎とB型肝炎だった。だが、どちらにも当てはまらないウイルス性因子があると判明し、非A型非B型肝炎と呼ばれていた。この正体がC型肝炎ウイルスだと判明したのは1989年だった。それまで供給用血液はA型とB型の検査しか行われていなかったため、C型肝炎ウイルスには主に輸血や、麻薬使用者が使い回す皮下注射器針によって感染した。また、性交渉でも感染する。母子感染することもあるが、まれである。1990年までに、先進国では供給用血液が必ず検査されるようになり、C型肝炎ウイルス感染率は劇的に低下し始めた。

　2000年代後半、新たな感染率は低下し続けていたものの、C型肝炎による死亡率は上昇していた。このウイルス感染の問題のひとつは、感染して何年も症状が出ないことが多い点である。ウイルスを検出できれば、治療によって除去できるケースがほとんどなのだが、長期にわたる慢性感染は重度の肝臓障害を招き、肝臓がんにつながる。米国では2012年に、1945年から1965年の間に生まれた人々全員を対象として、C型肝炎ウイルス検査を受けるようキャンペーンが行われた。感染者の約75%がこの年齢層だからである。世界保健機構(WHO)は感染のリスクのある人々全員に検査を奨励し、この結果、ほとんどの先進国では発症率が低下した。

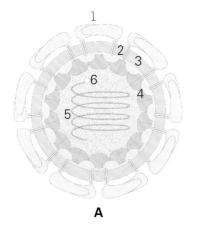
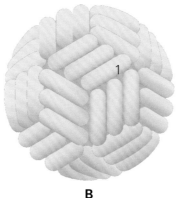

A　断面
B　外観
1　Eタンパク質二量体
2　マトリックスタンパク質
3　脂質エンベロープ
4　カプシドタンパク質
5　1本鎖ゲノムRNA
6　キャップ構造

▶C型肝炎ウイルス4個の透過型電子顕微鏡写真。ウイルス粒子の外側のエンベロープは青色、内核は黄色。

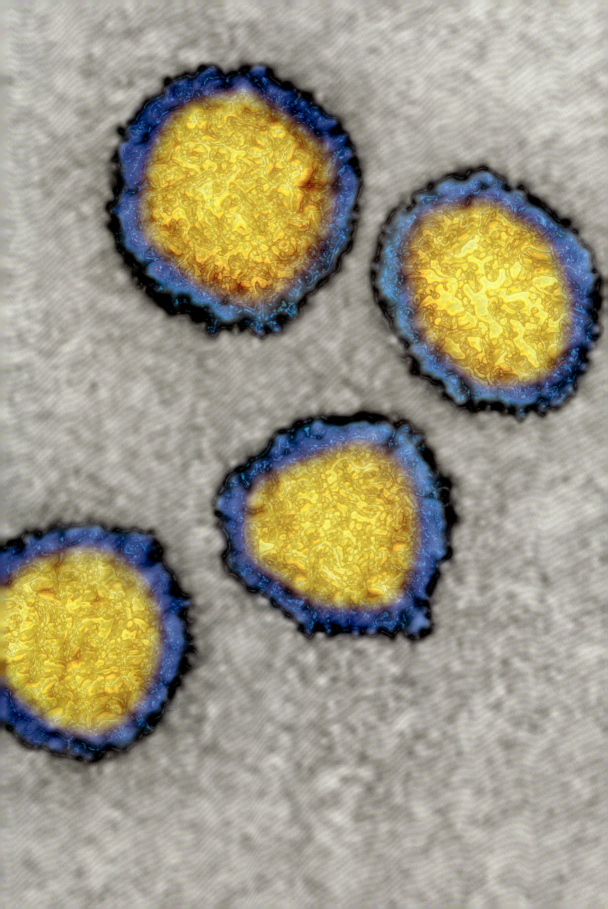

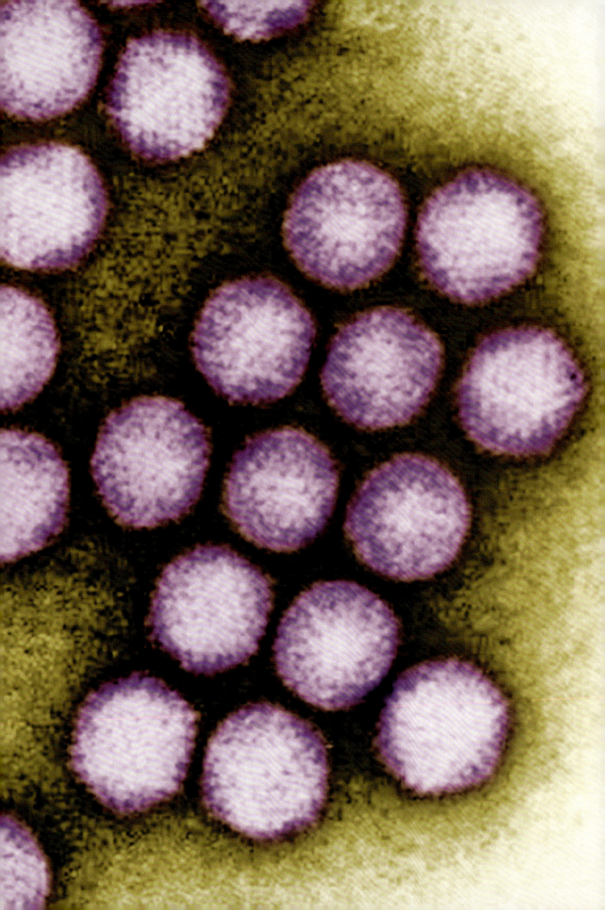

群	第1群
目	未設定
科	アデノウイルス科（Adenoviridae）
属	マストアデノウイルス属（Mastadenovirus）
ゲノム	直鎖状、非分節、2本鎖DNA、ヌクレオチド約36,000、タンパク質30〜40種をコード
分布	全世界
宿主	ヒト。近縁ウイルスは他の多くの動物に感染
関連疾患	風邪のような症状の呼吸器感染症
感染経路	飛沫感染、汚染されたもの、糞口感染
ワクチン	感染リスクの高い集団には不活化ウイルスを使用

ヒトアデノウイルス2型 Human adenovirus 2
分子生物学の基礎ツール

RNAの主な特徴を明らかにしたDNAウイルス

　アデノウイルスが発見されたのは1950年代半ばだった。培養していたヒトのアデノイド（咽頭扁桃腺）細胞から初めて分離されたため、この名が科につけられた。アデノウイルスは発見以来、数多くの種が報告されてきた。ヒトアデノウイルス2型は特徴が最も詳しく判明しているもののひとつで、C種に分類される〔アデノウイルスはA〜Gの全7種ある〕。一部のアデノウイルス、特にA種に属するものは、動物でがんとの関連が認められているが、C種はがんとの関連性がない。

　分子生物学の基礎は、ウイルス研究によって初めて解明された部分が大きい。アデノウイルスは、RNAスプライシングという非常に重要な現象を知る上で役立った。RNA分子は、細胞核の中にあるDNAがタンパク質を合成する細胞質内の器官にメッセージを送るために使われるのだが、最初は長い形で作られる。このRNAには除去すべき分節が含まれており、これを切り取るのがスプライソソームと呼ばれるタンパク質複合体である。スプライシングを経たRNAがmRNAとして利用される。スプライソソームによるRNAスプライシングはすべての真核細胞内で行われている。この操作により、一部の遺伝子は種類の異なるタンパク質を作ることが可能となる。このしくみを解明できたのはアデノウイルスのおかげなのだ。

　ヒトアデノウイルス2型のようなアデノウイルスは、遺伝子の機能の研究する際に重要なツールとして使われている。ある特定の遺伝子のDNAを、ベクター〔ここでは遺伝子の運び屋の意〕としてのアデノウイルスに組み込むことが試験研究で可能となっている。ベクターは弱体化させたウイルスで、細胞や動物の体内である特定のタンパク質を作るために利用できる。これは、さまざまなタンパク質の役割を知るために大切な方法で、薬を作る際にも使える。さらに、アデノウイルスベクターは遺伝子治療用にも開発中である。遺伝子の欠損によって重病が発症する場合、その遺伝子を組み込んだウイルス（無毒化したもの）に感染させ、遺伝子が発現することで欠損遺伝子の機能を補うというものだ。中国では、ヒトのがん細胞のみを破壊するアデノウイルスの利用が承認されている。

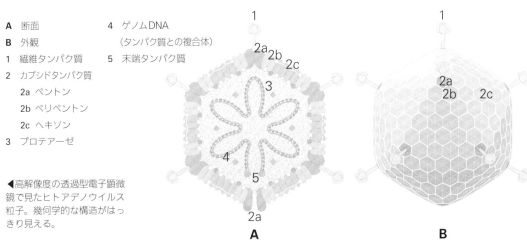

A 断面
B 外観
1 繊維タンパク質
2 カプシドタンパク質
　2a ペントン
　2b ペリペントン
　2c ヘキソン
3 プロテアーゼ
4 ゲノムDNA
　（タンパク質との複合体）
5 末端タンパク質

◀高解像度の透過型電子顕微鏡で見たヒトアデノウイルス粒子。幾何学的な構造がはっきり見える。

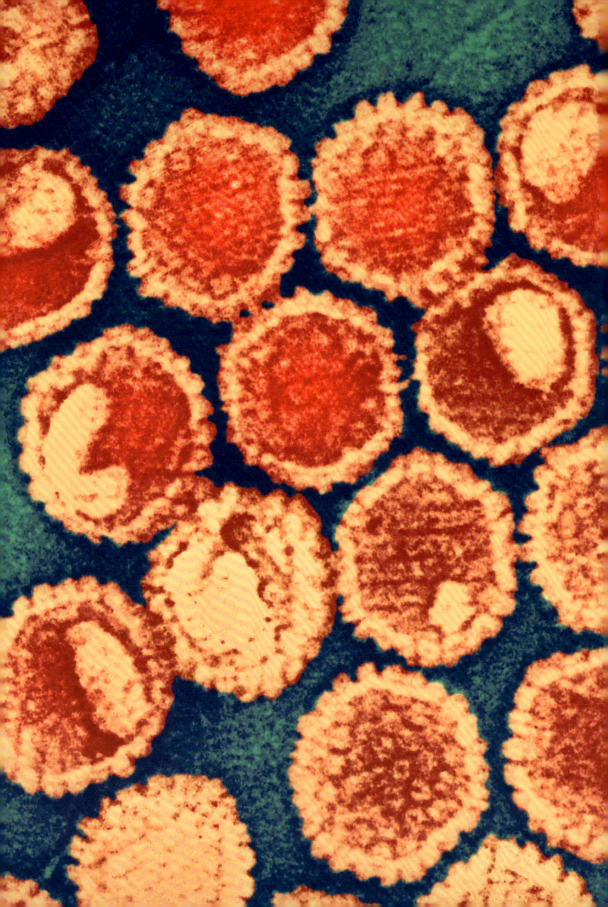

群	第1群
目	ヘルペスウイルス目(Herpesvirales)
科	ヘルペスウイルス科(Herpesviridae)、アルファヘルペスウイルス亜科(Alphaherpesvirinae)
属	単純ウイルス属(Simplexvirus)
ゲノム	直鎖状、非分節、2本鎖DNA、ヌクレオチド約15,200 タンパク質約75種をコード
分布	全世界
宿主	ヒト。近縁ウイルスは他の多くの動物に感染
関連疾患	単純疱疹、性器疱疹、脳炎、髄膜炎
感染経路	病変または体液に直接接触
ワクチン	なし。症状を和らげる薬剤で治療できる

ヒト単純ヘルペスウイルス1型
Human herpes simplex virus 1
ほとんどの人が感染し、生涯保有する

症状はヘルペスだけではない

　単純ヘルペスウイルスは、ヒトが感染する非常に一般的なウイルスで、世界中の成人60〜95%が1型か2型に感染している。2つの型はとても似ているため、単純な抗体検査では区別できないこともある。最も一般的な症状は、粘膜と普通の皮膚との境目近くにできる病変である。1型は口唇ヘルペスが多いのに対し、2型は性器ヘルペスが多く見られる。もっとも、1型でも性器ヘルペスが増加しつつある。幼少期に口腔感染することが多く、感染すると一生保有し続けることになる。このウイルスは神経細胞が集まっている神経節に住みつき、基本的には休眠状態にある。ウイルスが神経細胞を伝って皮膚に下りていくと病変が生じる。病変は痛みを伴う場合もあれば見苦しい外観となる場合もあるが、アシクロビルなどの薬で症状の出る期間を短縮することができる。多くの場合、時が経つにつれて再発頻度が低くなっていく。単純ヘルペスウイルスは目に感染することもあり、その場合は失明に至る可能性もある。また、脳に感染して脳炎や髄膜炎を生じることもあるが、まれである。

がんに対する武器としての可能性

　単純ヘルペスウイルスは腫瘍溶解性ウイルスとして開発が進められている。遺伝子を組換え、神経細胞では増殖できず、がん細胞でのみ増殖してこれを殺すウイルスだ。こうしたウイルスを使った臨床試験がすでにいくつか行われている。

A　断面
1　エンベロープタンパク質
2　脂質膜
3　カプシド外被
4　カプシドタンパク質
5　2本鎖ゲノムDNA

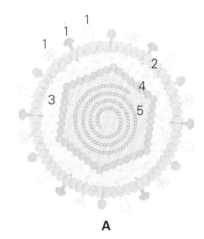

◀単純ヘルペスウイルスの断面。タンパク質のコア部分（赤色）はエンベロープ（黄色）で覆われている。ウイルス粒子によって異なる断面が示され、構造の違いが見て取れる。

群	第4群
目	未設定
ゲノム	レトロウイルス科(Retroviridae)、オルソレトロウイルス亜科(Orthoretrovirinae)
属	レンチウイルス属(Lentivirus)
ゲノム	直鎖状、非分節、1本鎖RNA、ヌクレオチド約9,700、タンパク質15種をコード
分布	アフリカで発生、今や全世界
宿主	ヒト。近縁ウイルスはサルや類人猿に感染
関連疾患	後天性免疫不全症候群(AIDS)
感染経路	体液
ワクチン	何種か開発中。通常は薬で治療できる

ヒト免疫不全ウイルス Human Immunodeficiency virus / HIV
エイズの原因

野生の霊長類由来のウイルス

エイズの症例が初めて報告されたのは1980年代初頭のアメリカだった。このウイルスは、最初のうちはゲイの間で広まっていた。性行為、特にアナルセックスによって感染するからだ。その後、麻薬を静脈に打つ人々の間でも広まった。感染してから症状が現れるまでに何年もかかるため、ウイルスはさらに拡散していった。ヒト免疫不全ウイルスの感染例はもっと早く、おそらくは1950年代か60年代に散発的に発生していた、と今では明らかになっている。このウイルスはもともと野生の霊長類が保有しており、ある種のチンパンジーからヒトに感染した。ゴリラなどからヒトに感染した例もいくつかある。最初の感染は、類人猿を狩って食肉用に解体していたときだと考えられている。

HIV/AIDSは今もなお世界の多くの地域で猛威をふるう病原体となっている。薬による治療は効果があるが値が張るうえに、一部の地域では社会的不名誉とみなされるため、感染者が診察・治療を受けにくいようである。HIVの祖先の近縁種であるサル免疫不全ウイルスが、宿主である霊長類に概して病気をもたらさないことは興味深い。これはおそらく、他の霊長類は昔からこのウイルスに感染しているからで、ヒトが感染し始めたのはつい最近だからということだろう。一般的にウイルスは毒性の弱いものへと進化していく。宿主を殺してしまっては、ウイルスにとって利点とならないからだ。

HIVが属するレトロウイルスは、RNAをDNAに転換するためにその名がついた。普通の細胞ではDNAをRNAに転換するのだが、その反対(retro)だからであり、かつては不可能だと考えられていた。レトロウイルスが初めて発見されたのは20世紀初頭だが、研究が加速したのはAIDSを理解するためだった。

A 断面
1 エンベロープ糖タンパク質
2 脂質エンベロープ
3 マトリックスタンパク質
4 カプシドタンパク質
5 1本鎖ゲノムRNA (コピー2つ)
6 インテグラーゼ
7 逆転写酵素

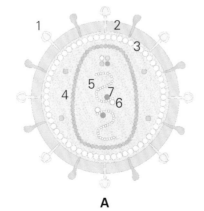

▶ヒト免疫不全ウイルスの断面。RNAゲノムが入っている三角形のコア(赤色)がエンベロープに覆われている。エンベロープタンパク質も見える(黄色と緑色)

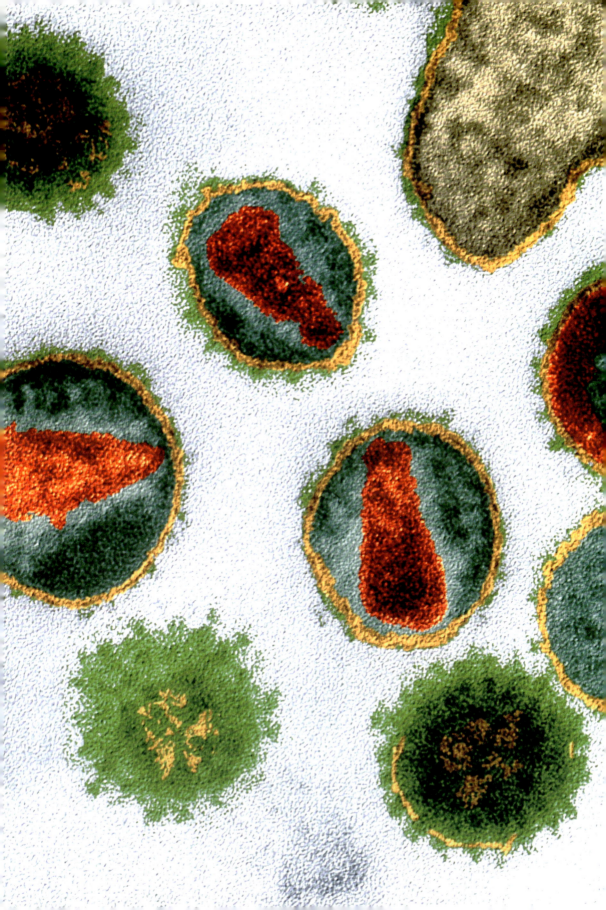

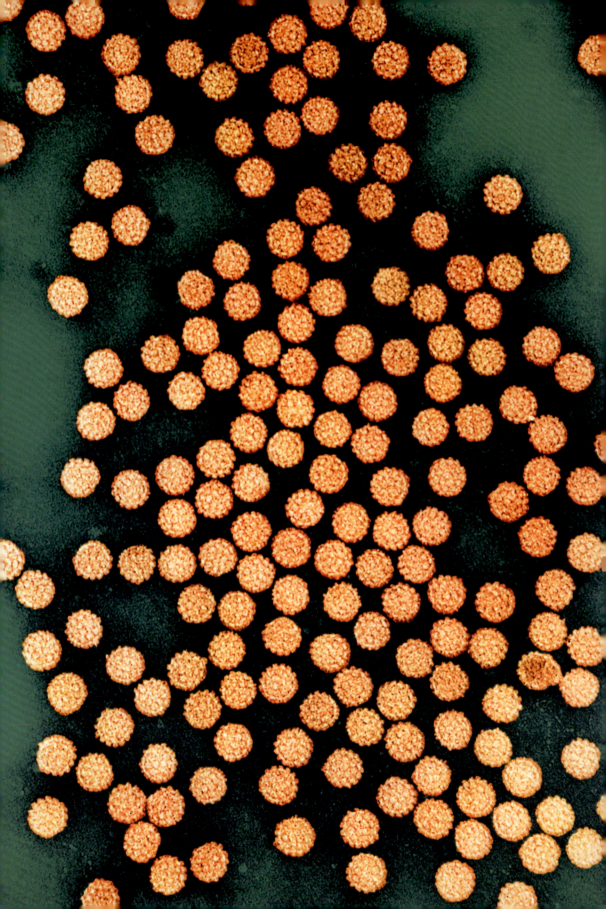

群	第1群
目	未設定
科	パピローマウイルス科(Papillomaviridae)
属	アルファパピローマウイルス属(Alphapapillomavirus)
ゲノム	環状、非分節、2本鎖DNA、ヌクレオチド約8,000、タンパク質8種をコード
分布	全世界
宿主	ヒト
関連疾患	尖圭コンジローマ、子宮頸がん、扁桃腺がん
感染経路	性行為感染
ワクチン	組換えウイルスタンパク質

ヒトパピローマウイルス16型
Human papilloma virus / HPV 16
ヒトがんに対する初のワクチン

子宮頸がんを予防

　ヒトの皮膚や粘膜に感染し、疣(いぼ)を形成するヒトパピローマウイルスには多くの型がある。疣は良性の皮膚腫瘍で、見た目以外にはなんの問題もない。ヒトパピローマウイルスは性行為で感染しやすく、症状がまったくない人が多いため、対応が難しい。ヒトパピローマウイルスにはがんの原因となる型がいくつかあり、16型と18型は女性の子宮頸がんの主な原因となっている。

　ウイルスは動物においてある種のがんの原因となることが判明しており、ヒトのがんもウイルスが起源ではないかと考えられている。2006年、ヒトパピローマウイルスワクチンが初のがんワクチンとして認可された。まだ性行動に活発になる前の思春期にワクチン接種を受け、感染を完全に予防することが重要である。ワクチン導入前は、子宮頸がんの年間発症件数は毎年50万件ほどだった。子宮頸がんは進行が非常に速い場合が多く、初期に発見できないと命に関わる。米国では2006年から2013年の間にヒトパピローマウイルスへの感染率が60%も減少した。ワクチン導入のおかげである。このワクチンは北米、ラテンアメリカ、ヨーロッパ、アジアの一部で臨床試験が行われ、現在49カ国で認可されている。

　〔訳注：日本では接種後に有害事象が複数例報告され、現在では接種率がゼロに近い。ワクチンとの因果関係はまだ立証されていない〕

A 断面
B 外観
1　カプシドタンパク質L1
2　カプシドタンパク質L2
3　宿主ヒストン
4　2本鎖ゲノムDNA

◀黄色で示したヒトパピローマウイルス粒子。透過型電子顕微鏡写真であるため、72面体構造の細部まではっきり見える。

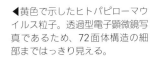

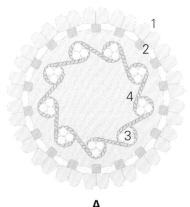

A

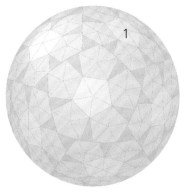

B

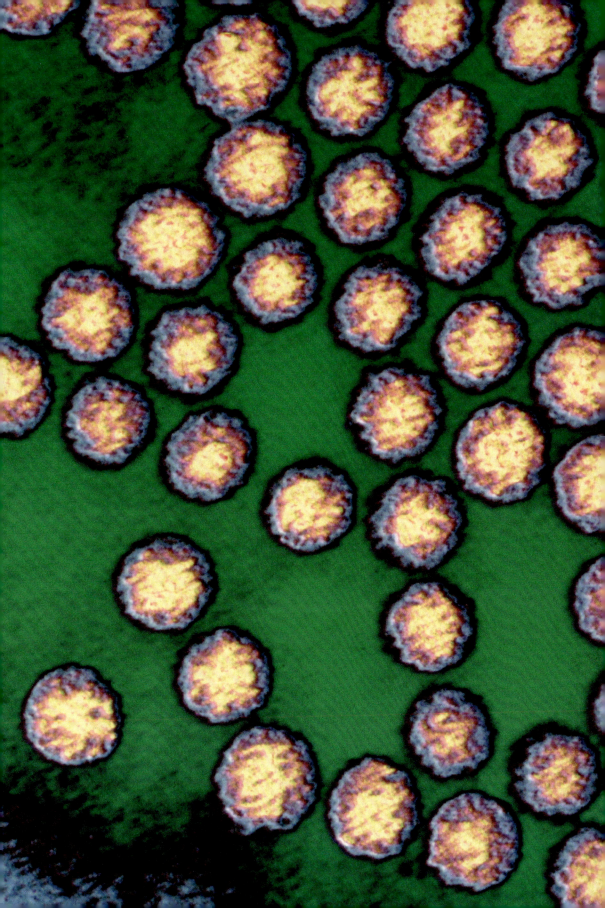

群	第4群
目	ピコルナウイルス目(Picornavirales)
科	ピコルナウイルス科(Picornaviridae)
属	エンテロウイルス属(Enterovirus)
ゲノム	直鎖状、非分節、1本鎖RNA、ヌクレオチド約7,000、1つのポリプロテインにタンパク質11種が含まれる
分布	全世界
宿主	ヒト
関連疾患	風邪
感染経路	接触、飛沫感染
ワクチン	なし

ヒトライノウイルスA型 Human rhinovirus A
風邪のウイルス

風邪の特効薬はまだない

　ヒトライノウイルスには100種以上もの株があり、どれも交叉免疫が効かない程度に異なっている。しかも、同じ症状をもたらす他種のウイルスはたくさんある。だから私たちは何度でも風邪をひく。一度風邪をひいたからといって、長期間の免疫は得られないのだ。風邪は英語でcoldだが、寒い（cold）から風邪をひくわけではない。たしかに、極寒であれば多少は免疫力が落ちるし、風邪のウイルスは私たちの平熱よりやや低い温度を好むため、寒い方が鼻腔など空気の通り道で増殖しやすい。また、外が寒いと私たちは屋内に閉じこもり気味になり、人との接触も密になりがちになるせいもある。

　ウイルスは感染後15分以内に複製し始めるが、風邪の症状はふつう数日経ってから出てくる。症状が出ないうちは、感染者の隔離が難しいため、ウイルスにとっては概して最も拡散しやすい時期なのだ。飛沫感染するとはいえ、上気道に感染するウイルスは、実際にはウイルスを含む水滴に触れた手で顔を触ることで、手から体内に入るものが多い。手を頻繁に洗い、顔に触れないよう意識することで、感染を最小限に抑える可能性がある。

　ほとんどの人は風邪をたいした病気ではないと思っている。市販の風邪薬もたくさんある（ちなみに、アメリカ人は国民全体で年間30億ドル近くを風邪薬に費やしている）。風邪薬は一部の症状の和らげる助けになるかもしれないが、風邪をひいたら治るまで辛抱強く待ちつつ、おばあちゃんの忠告に従うのがいちばんである——暖かくして、しっかり体を休め、水分を多く摂り、チキンスープなど栄養のある食物を摂ることだ。

A　断面
B　外観
1　カプシドタンパク質
2　1本鎖ゲノムRNA
3　キャップ構造
4　ポリA

◀透過型電子顕微鏡で見たヒトライノウイルスA型の断面。ウイルスの中心部は黄色、外側のカプシドタンパク質は青色で示されている。

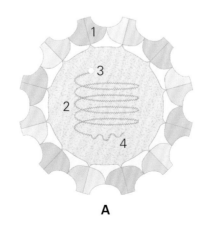

A　　　　　　　　　　B

群	第5群
目	未設定
科	オルトミクソウイルス科（Orthomyxoviridae）
属	A型インフルエンザウイルス属（Influenzavirus A）
ゲノム	直鎖状、8分節、1本鎖RNA、ヌクレオチド合計約14,000、タンパク質11種をコード
分布	全世界
宿主	ヒト、ブタ、水鳥、ニワトリ、ウマ、イヌ
関連疾患	インフルエンザ
感染経路	接触感染、飛沫感染
ワクチン	さまざまな季節性ウイルス株に対し、弱毒化ウイルス、不活化ウイルス

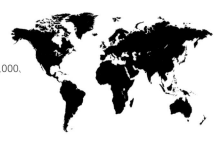

A型インフルエンザウイルス Influenza virus A
鳥からヒトへ、そしてパンデミックへ

ウイルス株が変異し続けるため、終生免疫は得られない

　季節性インフルエンザは非常に恐ろしい病気で、過去に何度か大流行している。いちばん有名なのはスペイン風邪と呼ばれた1918年のパンデミックで、世界中で約4千万人が死亡した。当時はまだ抗生物質が発見されていなく、死因の多くは二次細菌感染によるものだった。1918年より以前にも、インフルエンザがウイルスだとわからなかった時代にも、パンデミックはおそらく何度もあっただろう。インフルエンザは世界中の水鳥に特有のウイルスで、水鳥には病気を引き起こさない。これが哺乳類、特にブタやヒトに移ると大問題となる。また、ニワトリなど家禽にも病気をもたらすことがあり、ウイルス株の中には家禽からヒトへじかに感染するものもある。このようなウイルス株はとくに重症となり、死亡率も高くなりがちだが、今のところヒトからヒトへ感染する能力はもっていない。

　インフルエンザウイルス株はHxNx（H1N1、H3N2など）と呼ばれることが多い。HもNもウイルスの表面にあるタンパク質で、主な免疫反応を引き起こす。HとNをコードするRNAが異なるため、ウイルスは混合感染〔複数の病原体に同時に感染〕の際には、RNAの分節の組み合わせを替え、ヒトの免疫系には認識できない新しい株になることがある。混合感染はしばしばブタで発生する。農場労働者がそのウイルスに感染し、そこからヒトへの感染サイクルが始まる。こうして誕生した新しい株は抗原シフト（抗原不連続変異）と呼ばれ、たいていはパンデミックの原因となる。また、パンデミックとパンデミックの合間にもウイルスは徐々に変異していき、やはりヒトの免疫系に認識されない株になることがある。これを抗原ドリフト（抗原連続変異）という。したがって、ワクチンは現在流行している株を元に、毎年新たに作らなければならない。インフルエンザが流行る前にワクチンを用意しておく必要があるため、進化生物学者はインフルエンザウイルスの進化傾向を慎重に研究し、今年のウイルスの抗原を予想する。だが、予想が必ず当たるわけではないため、年によってワクチンの効き目が異なる。ちなみに、一度インフルエンザにかかると免疫効果は数年続く。

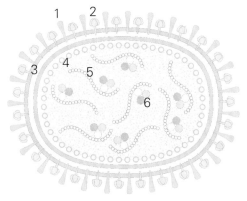

A 断面
1 ヘマグルチニン（H）
2 ノイラミニダーゼ（N）
3 二重の脂質膜
4 マトリックスタンパク質
5 1本鎖ゲノムRNA（8分節）
6 ポリメラーゼ複合体

▶インフルエンザウイルスの断面。細長い被膜ウイルスで、エンベロープには主な免疫反応の原因となる抗原HとNのスパイクが存在し、冠のように見えている。

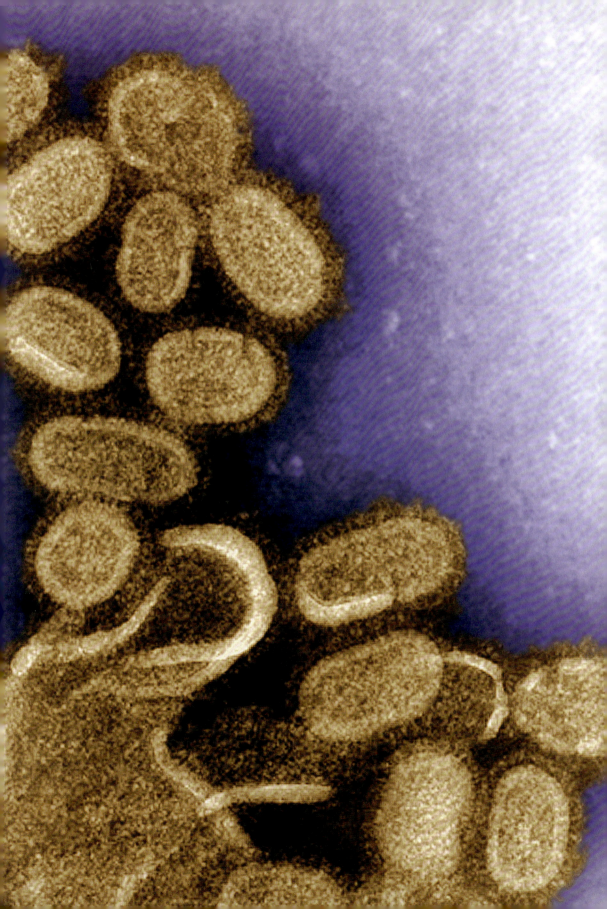

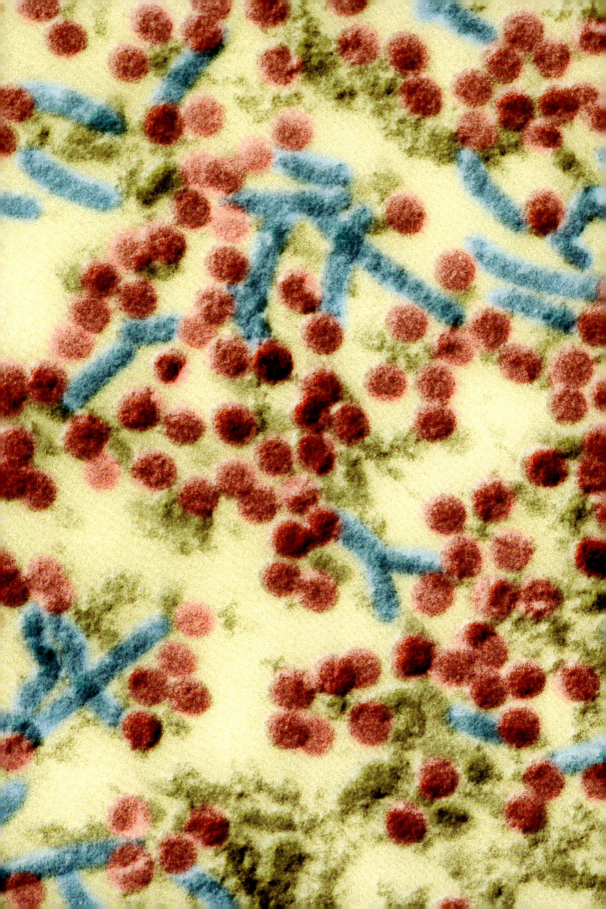

群	第1群
目	未設定
科	ポリオーマウイルス科(Polyomaviridae)
属	ポリオーマウイルス属(Polyomavirus)
ゲノム	環状、非分節、2本鎖DNA、ヌクレオチド約5,100、タンパク質10種をコード
分布	全世界
宿主	ヒト
関連疾患	進行性多巣性白質脳症(PML)
感染経路	不明
ワクチン	なし

JCウイルス JC virus
一般的なヒトウイルスだが致命的にもなりうる

免疫不全と組み合わさると死を招く

　JCウイルスはとてもありふれたウイルスで、世界人口の50〜70％が感染している。たいていは幼少期に感染し、ほとんどの人は生涯を通じてなんの問題もなく、潜伏感染で終わる。感染経路は明らかにされていないが、尿中に高濃度で発見されることがあり、生活排水には必ず存在している。感染するには長期にわたる個人間の接触が必要なのかもしれない。なんの症状もないため、ウイルスの分布状況も、人体のどこに潜伏しているのかも探りにくい。今までに腎臓、骨髄、扁桃腺、脳で発見されている。免疫不全状態になっている人々――白血病患者やAIDS患者、臓器移植の際に使用するような薬を投与された人、多発性硬化症やクローン病など激しい炎症を伴う病気の治療に新しい生物薬剤を投与された人の場合、JCウイルスは潜伏状態を脱して脳に重篤な感染症（PML）を引き起こすことがまれにある。発症したらほぼ助からない。

人類の移動を辿る新たなツール

　JCウイルスは主な株が8種ほどあり、地理的な位置ごとに種類が異なる。ある場所で見られるウイルスは非常に似通っているが、場所が異なるとウイルス株も異なる。この特徴を生かし、また、ほとんどの人がこのウイルスに感染している事実をふまえ、JCウイルスは人類の歴史的移動パターンを突き止めるツールとして利用されている。たとえば、北東アジアの住民に見られるJCウイルスは、アメリカ先住民のそれと非常によく似ている。かつてアジアからベーリング海の島々伝いに人類が北米へと移動したという仮説を裏付けるものだ。

A　断面
B　外観
1　カプシドタンパク質　VP1
2　カプシドタンパク質　VP2
3　カプシドタンパク質　VP3
4　宿主ヒストン
5　2本鎖ゲノムDNA

◀透過型電子顕微鏡で見た小さなJCウイルス。感染した細胞内に見える赤い点で、青色と黄色は細胞組織である。

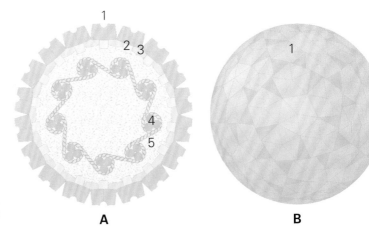

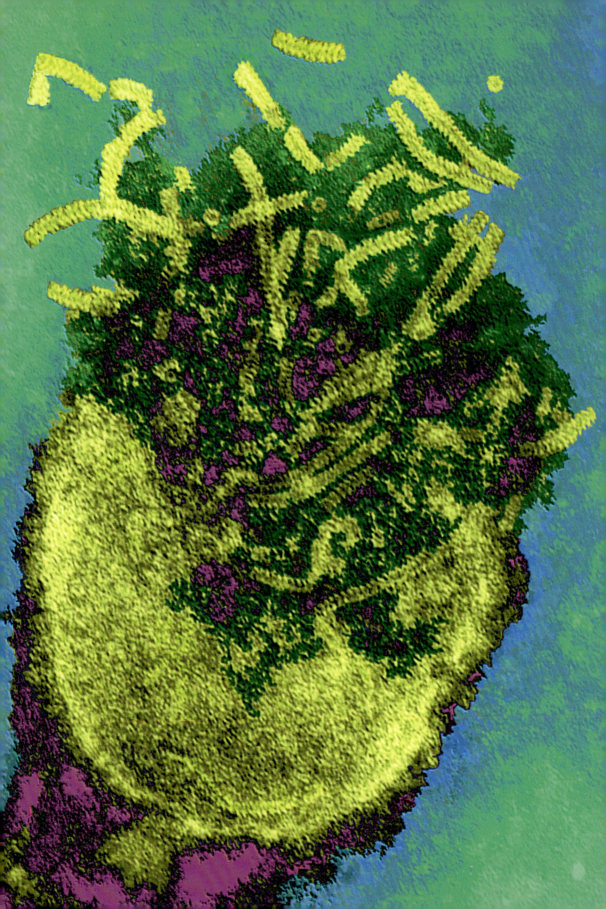

群	第5群
目	モノネガウイルス目（Mononegavirales）
科	パラミクソウイルス科（Paramyxoviridae）、パラミクソウイルス亜科（Paramyxovirinae）
属	モルビリウイルス属（Morbillivirus）
ゲノム	直鎖状、非分節、1本鎖RNA、ヌクレオチド約16,000、タンパク質8種をコード
分布	全世界
宿主	ヒト
関連疾患	麻疹
感染経路	感染者の咳やくしゃみから空気感染（飛沫核感染）
ワクチン	弱毒化ウイルス　麻疹・おたふく風邪・風疹の三種混合MMRワクチンとして接種することが多い〔日本では現在MMRの定期接種は中止〕

麻疹ウイルス Measles virus
居座るウイルス

合併症が問題となる

　麻疹ウイルスは伝染力が強く、免疫のない人々の間に急速に広まることが多い。麻疹は、かつてはごくありふれた病気だった。1956年以前に生まれた人は一度かかっているため、たいてい免疫ができている。子どもは麻疹にかかるものだったのだ。麻疹はまず熱と咳と鼻水が出て、その後に全身に発疹ができる。通常は重篤な病気ではないのだが、下痢、脳感染症、失明を含む合併症がしばしば発生し、幼い子どもの場合、約0.2%が死に至る。栄養失調や他の感染症が蔓延している場合、合併症はより多く発生し、死亡率は10%程度になる。ワクチンの効果は非常に高く、先進国では麻疹は珍しくなった。だが、一部の人々の間で反ワクチン運動が起こったため、免疫のない人々が大勢いる場合は今も麻疹が流行ることがある。白血病など他の病気のせいで免疫不全となった子どもたちにとって、麻疹は特に危険である。

　麻疹は英語でmeaslesという。おそらく初期の英語か、オランダ語のmasel（汚点の意）から派生したのだろう。麻疹と風疹は同じものではない。原因となるウイルスが異なる。風疹は子どもがかかるたいては極めて軽くすみ、ほんの2、3日で治ってしまうが、免疫のない妊娠女性がかかると胎児が先天異常となるリスクがある。麻疹ウイルスは牛疫ウイルスから進化した。牛疫ウイルスは根絶し、麻疹ウイルスはヒトにのみ感染するため、このウイルスも根絶可能のはずなのだが、そのためにはワクチン接種を誰もが必ず受ける必要がある。

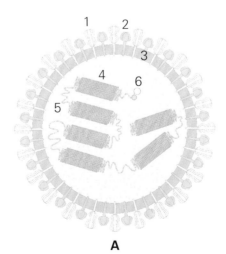

A　断面
1　ヘマグルチニン
2　融合タンパク質
3　脂質エンベロープ
4　マトリックスタンパク質
5　1本鎖ゲノムRNAを取り巻く核タンパク質
6　ポリメラーゼ

◀麻疹ウイルス粒子が壊れ、ウイルスの遺伝物質にタンパク質がらせん状に巻きついたヌクレオカプシド〔5番の部分/黄緑色〕が放出されている。透過型電子顕微鏡写真。

群	第5群
目	モノネガウイルス目(Mononegavirales)
科	パラミクソウイルス科(Paramyxoviridae)
属	ルブラウイルス属(Rubulavirus)
ゲノム	直鎖状、非分節、1本鎖RNA、ヌクレオチド約15,000、タンパク質9種をコード
分布	全世界
宿主	ヒト
関連疾患	おたふく風邪、髄膜炎を起こす場合もあり
感染経路	飛沫(咳、くしゃみ)、濃密な接触。感染力が強い
ワクチン	弱毒化ウイルス 麻疹・おたふく風邪・風疹の三種混合MMRワクチンとして接種することが多い〔日本では現在MMRの定期接種は中止〕

ムンプスウイルス Mumps virus
かつては子どもが普通にかかっていた

予防接種で対応

　子どもがおたふく風邪になると、まず熱と倦怠感が、それから首筋の耳下腺の腫れが生じる。ムンプスとはふくれっ面を意味する昔の言葉で、首筋が腫れた様子からこの言葉が使われた。かつては子どもなら誰もがかかる病気があり、おたふく風邪もそのひとつだったが、1960年代にワクチンが導入されてからは、ほとんどの先進国で発症率が劇的に低下した。成人がおたふく風邪になると、症状はもっと重く、男性の場合は睾丸が腫れて痛み、女性の場合は卵巣が炎症を起こす場合があるが、感染しても何の症状も出ない成人もかなりいる。

　ムンプスウイルスを含むMMRワクチンに反対する運動があった。主な理由はMMRと自閉症を関連づける論文が発表されたからなのだが、この論文は後に誤りであると証明され、米国疾病対策センターも世界保健機構(WHO)もMMRは安全だとみなし、免疫不全患者ではない子ども全員に予防接種を受けさせるよう強く奨励した。おたふく風邪など幼年期にかかるウイルス性疾患はライ症候群と関連づけられてきた。ライ症候群とは多くの臓器が損なわれ、命に関わるおそれのある病気である。ウイルス性疾患の子どもへのアスピリン投与とライ症候群を関連づける研究もあるが、アスピリンを投与していない子どもでもライ症候群になることがある。1960年代、ダグラス・ライ医師が同僚と共にこの症候群について報告したため、彼の名がつけられた。

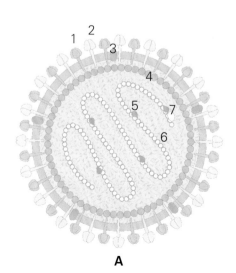

A 断面
1 ヘマグルチニン
2 融合タンパク質
3 SHタンパク質
4 マトリックスタンパク質
5 リン酸化タンパク質
6 1本鎖RNAゲノムを取り囲む核タンパク質
7 リン酸化タンパク質

▶透過型電子顕微鏡によるムンプルウイルス1個の断面。内部コアは黄色と茶色で、外側のエンベロープはオフホワイトで着色されている。エンベロープにはタンパク質のスパイクがいくつも見られる。

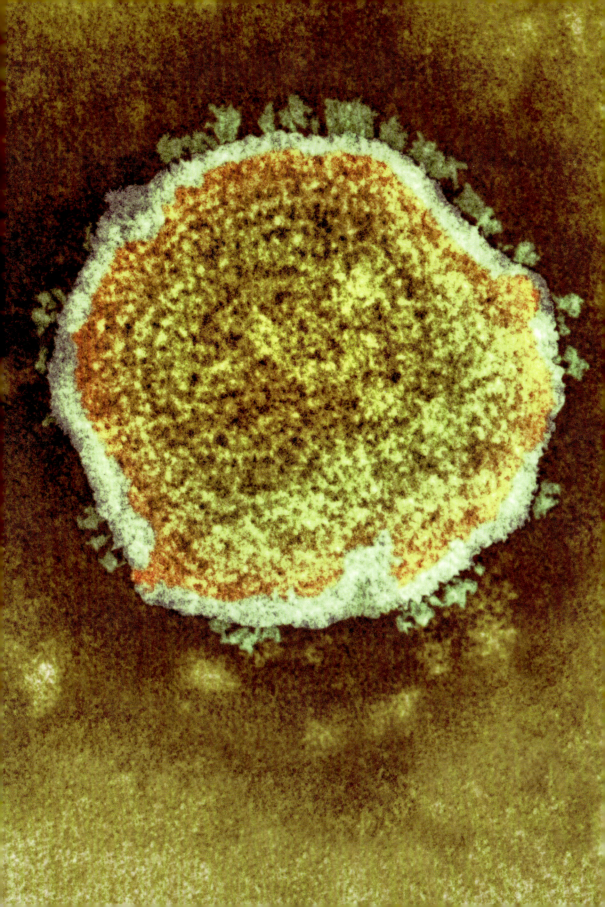

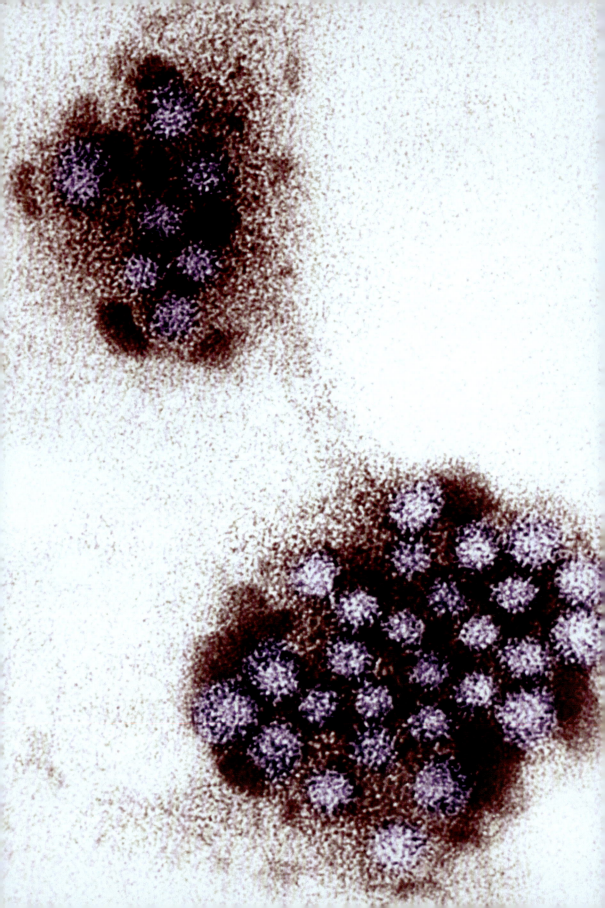

群	第4群
目	未設定
科	カリシウイルス科(Caliciviridae)
属	ノロウイルス属(Norovirus)
ゲノム	直鎖状、非分節、1本鎖RNA、ヌクレオチド約7,600、タンパク質6種をコード(そのうち4種は1つのポリプロテインに含まれる)
分布	全世界
宿主	ヒト。近縁ウイルスは他の哺乳動物に感染
関連疾患	胃腸炎
感染経路	汚染水による糞口感染、または接触
ワクチン	なし

ノーウォークウイルス Norwalk virus
ノロウイルス属の食中毒ウイルス

ウイルス性胃腸炎

ノーウォークウイルスとその近縁ウイルスは、ウイルス性胃腸炎の原因となる。症状には激しい吐き気や下痢が含まれる。腸疾患を成人にもたらす数少ないウイルスのひとつである。食物から感染する場合もある。ちなみに、食物による感染はウイルスだけではない。細菌もあれば、化学的毒素もある(食中毒とも呼ばれる)。ノーウォークウイルスは学校や病院、刑務所、客船など、人との接触が多い場所で急速に拡散する。1968年、オハイオ州ノーウォークの学校で大規模な感染が発生したため、この名がつけられた。その後に多くの近縁ウイルスが報告されている。これらのウイルスグループをノロウイルス属という。

ノロウイルスの感染症はたいてい短期間で終わり、他に病気がない人々にとっては、不快感はあるものの重病にはならないが、高齢者の場合は脱水症により重篤となる場合がある。とにかく予防が第一で、きちんと手を洗う、野菜や果物はしっかり洗ってから食べる、海産物には十分に火を通す、そして感染したら他の人の食事の用意をしないことだ。ノロウイルスは140℃以上の高熱でないと不活性化しなく、人体の外にいても非常に安定しており、最強の感染病原体のひとつと考えられている。

最近、マウスの体内にいる近縁ウイルスが宿主に有益な影響を与えていることが判明した。哺乳類は腸の働きを――腸の構造も免疫反応も含め――「良い」細菌に助けてもらっている。完全な無菌マウスでは、マウスノロウイルスが腸内細菌の役割の一部を担えることがわかった。

A 断面
B 外観
1 カプシドタンパク質
2 1本鎖RNAゲノム
3 キャップ構造
4 ポリA

◀透過型電子顕微鏡で見た2つのノーウォークウイルス群(紫色)。構造上の細部が見えるところもあるが、このウイルスは見た目の構造を定義しづらいのが特徴である。

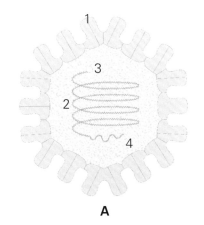

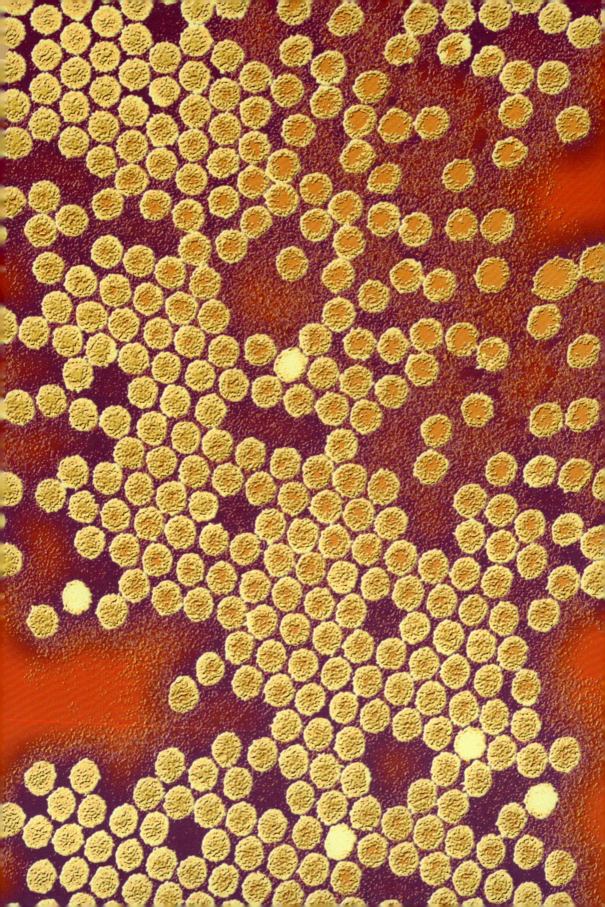

群	第4群
目	ピコルナウイルス目(Picornavirales)
科	ピコルナウイルス科(Picornaviridae)
属	エンテロウイルス属(Enterovirus)
ゲノム	直鎖状、非分節、1本鎖RNA、ヌクレオチド約7,500、1つのポリプロテインにタンパク質11種が含まれる
分布	かつては全世界だったが、現在はごく一部に限定
宿主	ヒト
関連疾患	灰白髄炎(ポリオ)、小児麻痺
感染経路	糞口感染、汚染水
ワクチン	弱毒化ウイルス、不活化ウイルス

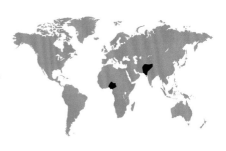

ポリオウイルス Poliovirus
水が媒介、小児麻痺の原因となる

根絶できずにいる病原体

　ポリオウイルスは最も研究されたウイルスのひとつだ。分子ウイルス学では、このウイルスによって研究が進んだケースがいくつもある。感染性クローンが作られた最初のRNAウイルスであり、これをツールとして各ウイルスタンパクの働きを詳しく研究できるようになった。RNAウイルスの進化を知るために、ポリオウイルスは現在でも広く利用されている。

　ポリオウイルスは太古の時代からヒトに感染していたはずだが、20世紀になるまで灰白髄炎(または小児麻痺)は非常にまれであった。その後、年長の子どもや成人が重い病気にかかるようになった。これは人々が飲み水を濾過したり、塩素などの化学物質で消毒したりするようになったことが原因と思われる。それまでは、ほとんどの子どもが幼少期にポリオに感染していた。幼児の場合、目立つ症状はめったに発現せず、一度得た免疫は生涯続く。だが、上水道は浄化されても、下水処理が広く行われるようになるのは1960年代から1970年代になってからであり、飲み水以外の経路でポリオウイルス感染は続いていた。幼少期を過ぎてから初めて感染すると、灰白髄炎がしばしば発症する。フランクリン・D・ルーズベルトは1921年にポリオにかかり、車椅子で生涯を過ごすこととなった。32代目の米国大統領となった彼は「ポリオに対する戦争」を開始し、小児麻痺財団を設立した。現在、この財団はMarch of Dimes(10セント募金)と呼ばれている。ポリオワクチンは不活化ワクチンとして1954年に誕生した。1962年には弱毒生ワクチンを角砂糖にしみこませたものが登場し、これによって予防接種が広まった。現在でもこのワクチンが世界中で広く用いられているが、先進国では不活化ワクチンが使用されている。

　WHOと米国疾病対策センターは2000年までにポリオウイルスの根絶をめざしていたが、目標を達成できなかった。生ワクチンに使われる弱毒化されたポリオ株は、ごくまれにだが灰白髄炎を起こすことがある。今日ではポリオ発症のほとんどが生ワクチンによるものである。

A　断面
B　外観

1　カプシドタンパク質　VP1
2　カプシドタンパク質　VP2
3　カプシドタンパク質　VP3
4　カプシドタンパク質　VP4
5　1本鎖RNAゲノム
6　VPg
7　ポリA

◀ポリオウイルス粒子の透過型電子顕微鏡写真。幾何学的構造であるが、他の正二十面体の小型ウイルス(ヒトアデノウイルスなど)ほど明確ではない。

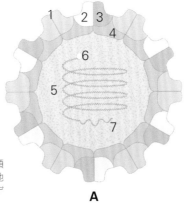

A　　　　　　　　　B

ヒトウイルス　81

群	第3群
目	未設定
科	レオウイルス科(Reoviridae)、セドレオウイルス亜科(Sedoreovirinae)
属	ロタウイルス属(Rotavirus)
ゲノム	直鎖状、11分節、2本鎖RNA、ヌクレオチド合計約18,500、タンパク質12種をコード
分布	全世界
宿主	ヒト。近縁ウイルスは多くの動物の子に感染
関連疾患	小児の下痢
感染経路	糞口感染。たいていは子ども同士、または汚染された表面への直接接触で感染。呼吸器感染の可能性もあり
ワクチン	弱毒化ウイルス

A群ロタウイルス Rotavirus A
小児の下痢の最大原因

排出量の多さが感染の鍵

　A群ロタウイルスへの感染はごく一般的で、予防接種をしていない子どもの90%がたいていは5歳までに感染すると考えられている。ロタウイルスはじつに効率よく感染する。感染者の糞便1gには最高10兆個のウイルスが含まれ、感染にはわずか10個で十分なのだ。水を普通に消毒した程度では役に立たず、対応が困難なウイルスである。何歳でも感染するが、症状が出るのは子どもがほとんどで、幼少期に感染すれば普通はいくらかの免疫が得られる。その後に再び感染しても症状が出ないことが多く、のちの感染に対する免疫力が高まる。先進国では予防接種でかなり対応できているが、その他の国々ではありふれたウイルスである。ロタウイルス感染が問題となるのは、栄養不良や他の感染症疾患にかかっているような場合である。また、ウイルスの変異によって免疫が効かずに大流行する場合もある。ウイルス、特にRNAゲノムを有するウイルスは進化が速く、変異は普通に見られる。変異によって宿主の免疫系を逃れると、その個体は他の個体よりも有利となり、急速に優性株となる可能性がある。

　ロタウイルス性の下痢は子どもがかかる他の多くの病気と似ているため、原因を突き止めるためには臨床検査が必要である。他の病気にかかっていない子どもなら、水分を多く与えるなどの治療でたいてい3日から7日で治る。だが、世界全体でロタウイルスによる死亡は今もなお年間50万人近くもいる。

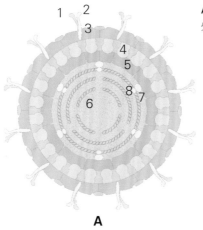

A	断面	中間カプシド
外部カプシド		4　VP6
1　VP8		内部カプシド
2　VP5		5　VP2
3　VP7		6　2本鎖RNAゲノム(11分節)
		7　ポリメラーゼ
		8　VP1

▶透過型電子顕微鏡で見たA群ロタウイルス。外部カプシド上にタンパク質のスパイクがはっきり見える。分節に分かれているRNAゲノムは3層構造のタンパク質で覆われている。

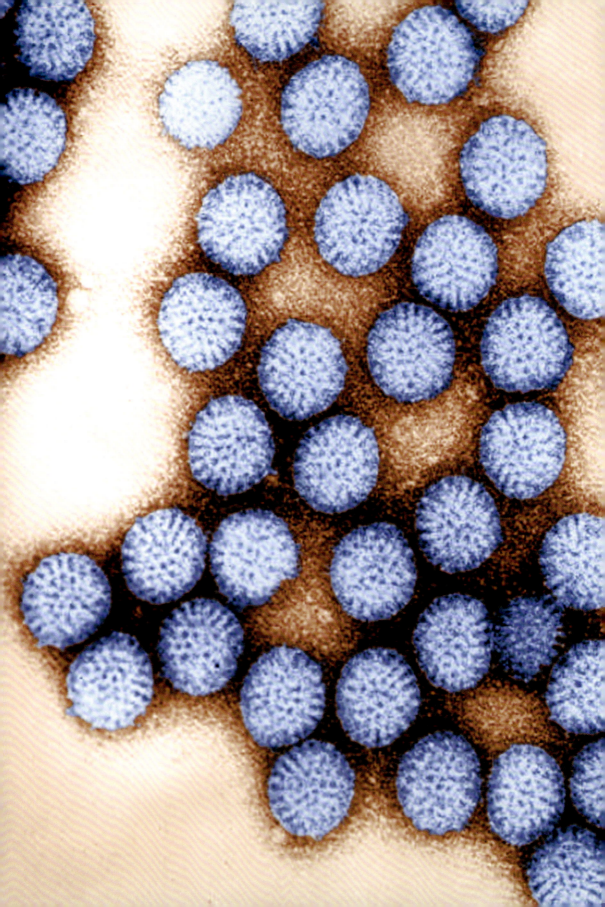

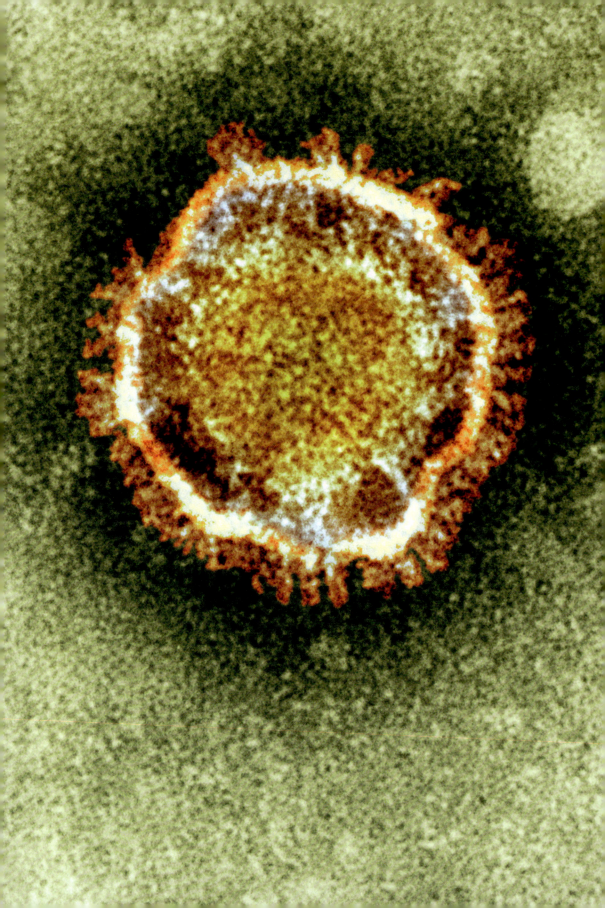

群	第4群
目	ニドウイルス目(Nidovirales)
科	コロナウイルス科(Coronaviridae)
属	ベータコロナウイルス属(Betacoronavirus)
ゲノム	直鎖状、非分節、1本鎖RNA、ヌクレオチド約30,000、タンパク質11種をコード
分布	2004年以来、発症例なし。かつては全世界
宿主	ヒト、ジャコウネコ、コウモリ
関連疾患	重症急性呼吸器症候群(SARS)
感染経路	動物から。呼吸器感染。人と人との接触
ワクチン	認可されたものはない

SARS関連コロナウイルス SARS-related coronavirus
急速に拡散し、そして姿を消した

迅速かつ効果的な対応が功を奏した

　SARS(重症急性呼吸器症候群)は2002年に中国南部で突如出現し、香港に急速に広まり、世界数ヵ所に拡散した。感染すると重症となり、死亡率は他に病気のない成人で10%、高齢者では50%以上となる。分子レベルでの研究では、このウイルスはコウモリ由来で、ジャコウネコ(中国に生息する野生のネコ)から人へ、または人からジャコウネコへと感染したことが示されている。世界に拡散したのは感染者が移動したからで、わずか3ヵ月足らずのうちに32ヵ国に広まったが、公衆衛生関係者もウイルス研究者もこれにすばやく対応した。6ヵ月ほどでウイルスの遺伝子配列がすべて明らかにされ、2、3ヵ月後にはこのウイルスを研究するために複雑なツールが開発された。感染した旅行者に対する対応もすばやく、中国その他の大きな空港では、発熱している旅行者を見抜く作業も行われた。2004年4月までにワクチンが開発され、マウスを使った試験は行われていたのだが、2004年1月以降はSARS発症例が報告されていない(中国と台湾では研究室での感染が何例かあった)。医学界も科学界もかつてないほど迅速な対応をした。このウイルスは突如現れ、そして姿を消した。今日に至るまで、SARS関連コロナウイルスは発見されていない。

　2012年、近縁ウイルスであるMERS(中東呼吸器症候群)関連コロナウイルスがサウジアラビアに出現した。MERSはコウモリからラクダへと感染する。人から人への感染は多くなく、ほとんどの人が感染した動物から直接感染する。

　コロナウイルスは電子顕微鏡で見えると光環(コロナ)のように見えることから、この名がつけられた。RNAウイルスでは最大で、最も複雑なゲノムを有し、ヌクレオチドは最大32,000個である。コロナウイルス科にはヒトや他の動物に感染するものが非常に多く、そのうち6種はヒトに重病をもたらす。

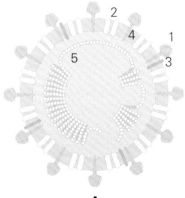

◀透過型電子顕微鏡で見たSARSコロナウイルス粒子。膜の外側に典型的な「コロナ」状のタンパク質が見える。膜の内側では、RNAゲノムが核タンパク質中にきっちり詰めこまれている。

A 断面
1 スパイクタンパク質三量体
2 膜タンパク質
3 ヘマグルチニン/エステラーゼ
4 脂質膜
5 1本鎖RNAゲノムを取り囲む核タンパク質

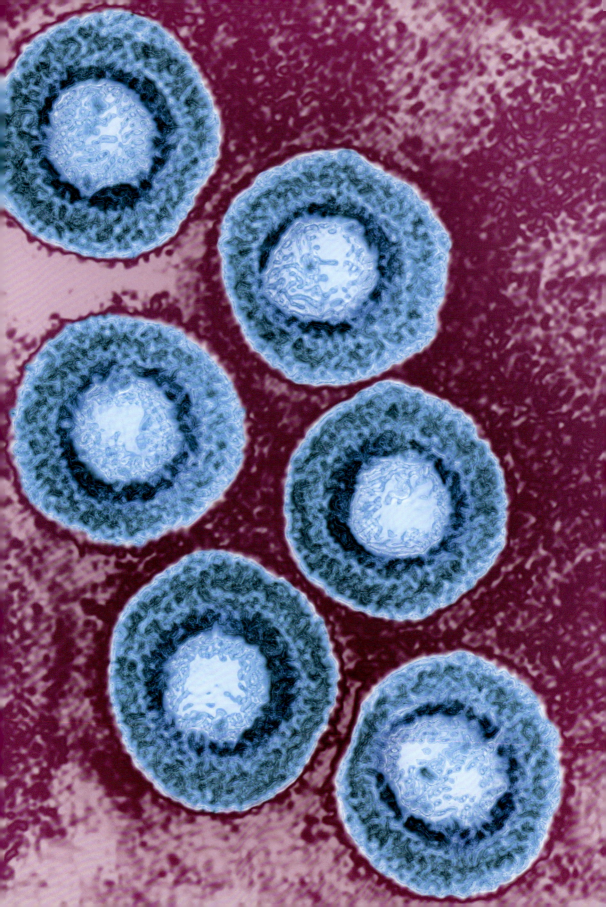

群	第1群
目	ヘルペスウイルス目（Herpesvirales）
科	ヘルペスウイルス科（Herpesviridae）、アルファヘルペスウイルス亜科（Alphaherpesvirinae）
属	バリセロウイルス属（Varicellovirus）
ゲノム	直鎖状、非分節、2本鎖DNA、ヌクレオチド約125,000、タンパク質約75種をコード
宿主	全世界
関連疾患	水痘（水疱瘡）、帯状疱疹
感染経路	感染者の咳やくしゃみから空気感染（飛沫核感染）
ワクチン	弱毒化ウイルス

水痘・帯状疱疹ウイルス Varicella-zoster virus

水痘や帯状疱疹をもたらす

感染したら一生の付き合い

　水痘／水疱瘡（みずぼうそう）は子どもの頃にほぼ全員がかかる病気のひとつだ。一部の国々では予防接種が広く行われている。ウイルスの感染力は強く、学校や地域全体に広がることが多い。症状は軽く、ほとんどの子どもは難なく回復するが、合併症が生じる場合があり、妊娠中の女性が感染すると胎児が先天異常となる可能性もある。このウイルスに感染すると、まず発熱と頭痛が、その後にかゆみを伴う発疹が生じる。発疹は膿疱となり、やがてかさぶたに覆われる。水疱瘡は英語でチキン・ポックスという。なぜチキンなのかは不明だが、昔の英語で「かゆみ」を意味するgiccanがなまってチキンとなったという説が有力である。

　水痘の症状は長続きしないが、水痘・帯状疱疹ウイルスは体外に排出されない。一度感染したらほとんどの人が一生このウイルスを抱えて生きることになる。ヘルペスウイルス科に属する他の多くのウイルスと同様に、このウイルスも神経細胞に潜伏し、後年になって再び活性化すると帯状疱疹が起こる。帯状疱疹は痛みを伴い、たいてい2、3週間、人によってはもっと長引く。また、帯状疱疹に伴う神経痛は何年も続く場合がある。帯状疱疹用のワクチンは、水疱瘡用のワクチンと基本的に同じ（水痘・帯状疱疹ウイルスの弱毒化生ワクチン）で用量が多くなる。

A	内部カプシドの断面
B	ウイルス粒子全体の断面
C	外部カプシドとエンベロープの断面
1	主要カプシドタンパク質三量体
2	ポータル頂点
3	2本鎖DNAゲノム
4	膜タンパク質
5	脂質膜
6	外部カプシド外被
7	内部カプシド外被

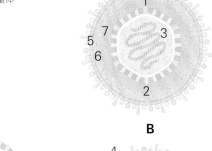

◀この透過型電子顕微鏡写真には、水痘・帯状疱疹ウイルスの異なる断面が写っている。内部カプシド（紺色）はDNAゲノム（空色）を包み、カプシドはマトリックスと膜（外側の青い層）に包まれている。

群	第1群
目	未設定
科	ポックスウイルス科(Poxviridae)、コードポックスウイルス亜科(Chordopoxvirinae)
属	オルソポックスウイルス属(Orthopoxvirus)
種	痘瘡ウイルス
ゲノム	直鎖状、非分節、2本鎖DNA、ヌクレオチド約186,000、タンパク質約200種をコード
分布	絶滅。かつては全世界
宿主	ヒト
関連疾患	天然痘
感染経路	直接接触、感染者の咳やくしゃみから飛沫感染
ワクチン	弱毒化ウイルス

痘瘡(天然痘)ウイルス Variola virus
根絶したヒトの病原体

世界中から一掃されたヒト疾患

　痘瘡ウイルスによりもたらされる天然痘は、死亡率が平均25%と高く、何世紀もの間人々を苦しめてきた。痘瘡ウイルスは英語でVariola virusという。Variolaとはラテン語で「斑点がある」という意味である。また、天然痘をsmall poxと呼ぶのは、痘の大きな梅毒と区別するためである。アジアでは、「人痘接種法」による天然痘予防が10世紀にすでに行われていた。病斑を粉にして鼻から吸引する、または皮膚を傷つけ、そこに病変の一部を入れて軽い病気にかからせ、免疫を得るという方法だった。イギリス人の医者エドワード・ジェンナーは、乳搾りの女性がしばしば牛痘にかかり、軽い病斑が生じるものの、けっして天然痘を発症しないことに気づいた。乳搾りの娘は美しいと言われていたのは、天然痘の跡がないためだったのかもしれない。1796年、ジェンナーは少年の皮膚に傷をつけ、そこに牛痘の病斑を接種したところ、その部分に病斑がひとつだけ現れた。6週間後、彼は少年に天然痘を接種してみたが、なんの症状も現れなかった。牛痘はワクシニアウイルスによってもたらされる。ワクシニア(Vaccinia)は、宿主である牛(ラテン語のvacca)に由来している。これが予防接種の始まりだった。天然痘予防のワクチンは広く普及し、1970年代にこのウイルス根絶が宣言された。

　痘瘡ウイルスのライフサイクルはすべて宿主細胞の細胞質で行われる。このウイルスは研究対象とするにはあまりに危険であり、研究用のストックもほとんどが破壊され、現在は米国とロシアの2ヵ所で保存されているのみであるため、ライフサイクルに関する知見のほとんどは近縁種であるワクシニアウイルスの研究から得ている。ワクシニアウイルスは複製に必要な全てのタンパク質を作るだけではなく、宿主の免疫反応を標的とし、その一部を不活性化させるためのタンパク質も作っている。

　痘瘡ウイルスはヒトに感染するウイルスの中で最大の部類に入る。光学顕微鏡でも見ることができ、最初の巨大ウイルスとなっている。

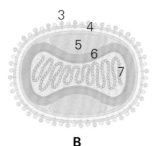

A 外膜のあるウイルス
B 成熟したウイルス粒子

1 外部エンベロープタンパク質
2 外部脂質エンベロープ
3 成熟した粒子の膜タンパク質
4 成熟した粒子の脂質膜
5 側体
6 柵層
7 ヌクレオカプシドと2本鎖ゲノムDNA

▶透過型電子顕微鏡で見た痘瘡ウイルス。ゲノムDNAを取り囲むダンベル形のタンパク質構造(赤色)が鮮明に見える。緑色は内膜、黄色は外膜である。

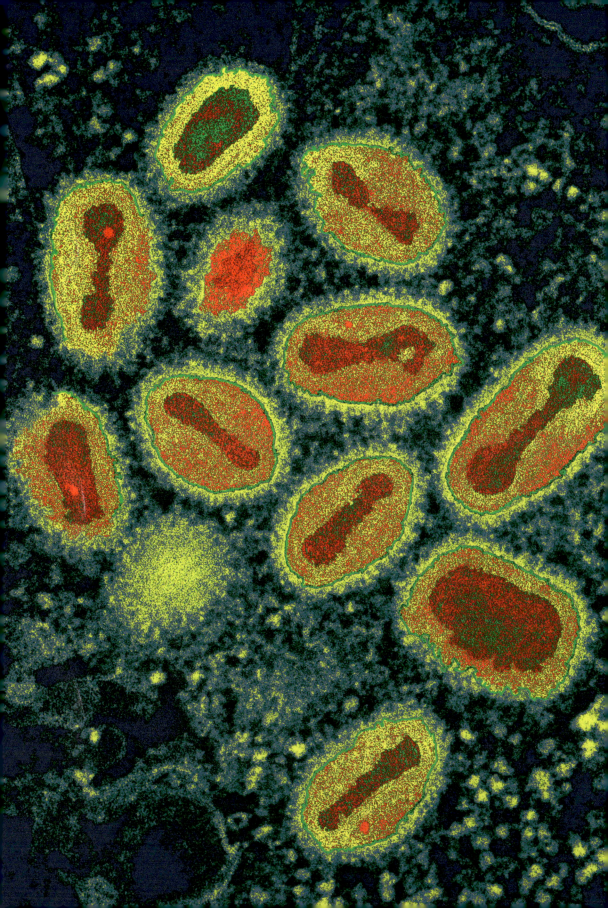

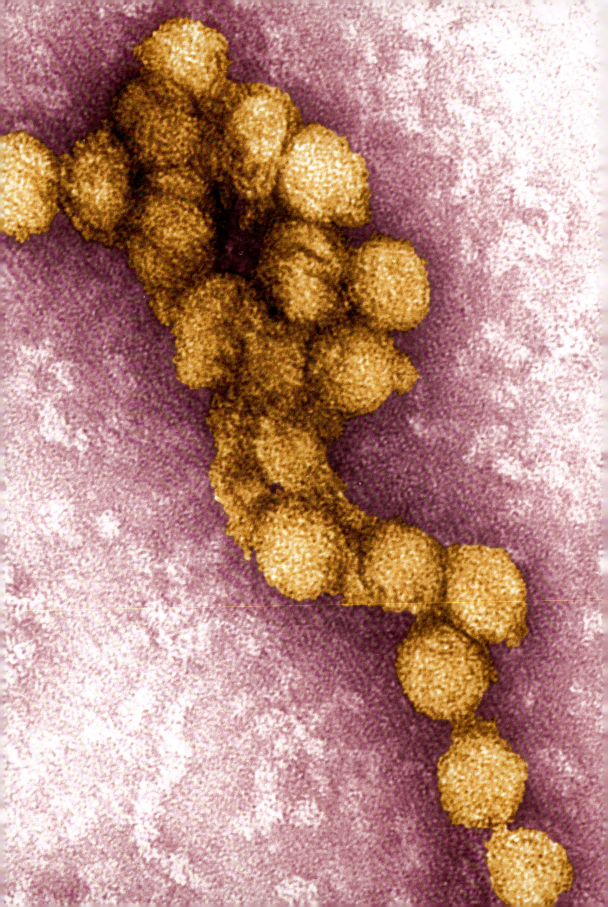

群	第4群
目	未設定
科	フラビウイルス科(Flaviviridae)
属	フラビウイルス属(Flavivirus)
ゲノム	直鎖状、非分節、1本鎖RNA、ヌクレオチド約11,000、1つのポリプロテインにタンパク質10種が含まれる
分布	アフリカ、ヨーロッパ、北米、アジア、中東
宿主	蚊、鳥、ヒト、ウマ
関連疾患	西ナイル熱、西ナイル神経浸潤性疾患
感染経路	蚊。臓器移植や輸血でもおそらく感染
ワクチン	ヒト用はなし。ウマ用はあり

ウエストナイルウイルス West Nile virus
昔から存在するウイルスが新しい環境に出現

たいていは症状が出ないが、髄膜炎の原因になりうる

　ウエストナイルウイルスはヒトの病原体として新しいものではない。最初に発見されたのはウガンダで、1937年のことだった。たいした脅威ではないとみなされていたが、1990年代にアルジェリアとルーマニアで流行した。1999年にはニューヨークに出現し、それ以来北米やヨーロッパ各地に拡散している。一次宿主は蚊で、子孫へと伝播していく。二次的な感染サイクルとして、カラスやツグミの仲間が蚊から感染する。鳥にとっては致命的になることが多く、鳥の死骸が流行の前触れとなる。ヒトやウマは終末宿主である——つまり、ヒトやウマの間でウイルスが伝播することは通常ない。

　ウエストナイルウイルス感染者の約80%はなんの症状も出ない。残り20%のうち、ほとんどはインフルエンザに似た症状で吐き気を伴う。だが、約1%は髄膜炎、脳炎、麻痺などの神経疾患を発症する。2012年にテキサス北部で流行し、地方政府は迅速に殺虫剤を散布したが、この年米国ではウエストナイルウイルス感染により286名が死亡するという最悪の事態となった。

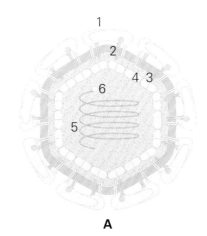

A　断面
1　Eタンパク質二量体
2　マトリックスタンパク質
3　脂質エンベロープ
4　カプシドタンパク質
5　1本鎖ゲノムRNA
6　キャップ構造

◀凝集しているウエストナイルウイルス粒子（茶色）。透過型電子顕微鏡写真。このウイルスの外膜タンパク質は幾何学的な形を作り上げ、正二十面体の小型ウイルスに見られる構造とよく似ている。

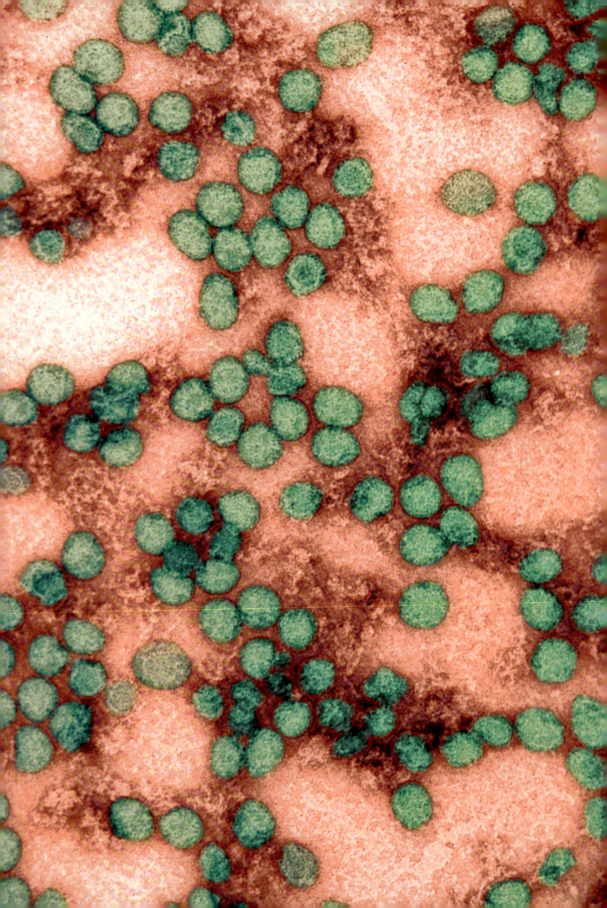

群	第4群
目	未設定
科	フラビウイルス科(Flaviviridae)
属	フラビウイルス属(Flavivirus)
ゲノム	直鎖状、非分節、1本鎖RNA、ヌクレオチド約11,000、1つのポリプロテインタンパク質10種が含まれる
分布	アフリカ、中央アメリカ、南アメリカ
宿主	ヒト
関連疾患	黄熱病
感染経路	蚊
ワクチン	弱毒化ウイルス

黄熱ウイルス Yellow fever virus
最初に発見されたヒトウイルス

人の移動で拡散

　黄熱病は、16世紀まではアフリカの一部の風土病であり、住民は幼い時分に感染していたため、免疫をつけている者が多かった。それが奴隷貿易によって東アフリカから西アフリカへ、さらに南米へと拡散し、17世紀には北米にまで広がった。黄熱病が奴隷貿易に拍車をかけたとも言える。アメリカ大陸の開拓地には、この病気に抵抗力のある労働者が必要であり、条件を満たす者は東アフリカにしかいなかったからだ。20世紀初頭まで、北米では何度も黄熱病が流行していた。黄熱ウイルスを伝播するのが蚊だと突き止めたのはサー・ウォルター・リードだった。蚊がウイルスを媒介することが彼によって初めて証明されたのだ。1905年以降、黄熱病は北米では発生しなくなったが、アフリカやラテンアメリカなど他の地域ではいまだになくならず、毎年約3万人がこの病気で死亡している。

　感染するとインフルエンザに似た症状が出る。たいていはかなり軽度で、期間も短い。だが、感染者の約15%は第2ステージに進んでしまう。この段階になると再び熱が出て腹痛が生じ、重度の肝臓障害となって黄疸が出る。黄疸は典型的な症状で、ここから黄熱と名づけられた。第2ステージでの死亡率は高く、深刻な流行時には50%にもなる。

　ウイルスを媒介するのはヤブカ属のネッタイシマカとヒトスジシマカである。黄熱ウイルスには都市サイクルと森林サイクルがある。都市サイクルでは蚊とヒトとの間での感染だが、森林サイクルでは蚊とヒト以外の霊長類との間での感染であるため、根絶ができない。弱毒化生ワクチンが1937年に開発され、第二次世界大戦中は広く用いられた。2006年には西アフリカで大規模な予防接種キャンペーンが始まったが、一部地域では続いていない。エボラの流行のせいと思われる。

A 断面
1 Eタンパク質二量体
2 マトリックスタンパク質
3 脂質エンベロープ
4 カプシドタンパク質
5 1本鎖ゲノムRNA
6 キャップ構造

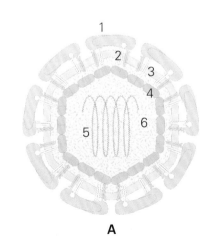

A

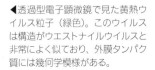

◀透過型電子顕微鏡で見た黄熱ウイルス粒子（緑色）。このウイルスは構造がウエストナイルウイルスと非常によく似ており、外膜タンパク質には幾何学模様がある。

群	第4群
目	未設定
科	フラビウイルス科(Flaviviridae)
属	フラビウイルス属(Flavivirus)
ゲノム	直鎖状、非分節、1本鎖RNA、ヌクレオチド約11,000、1つのポリプロテインにタンパク質10種が含まれる
分布	世界の熱帯・亜熱帯地方
宿主	ヒト、他の霊長類
関連疾患	軽度の熱と発疹。小頭症やギラン・バレー症候群との関連がありうる
感染経路	蚊
ワクチン	なし

ジカウイルス Zika virus
島伝いに世界を巡る

古いウイルスの新たな悪だくみ?

　ジカウイルスが初めて発見されたのはアカゲザルと蚊で、1947年と1948年、ウガンダのジカの森で定期調査を行っていたときだった。ヒトの感染例は1952年に初めて報告されたが、おそらくもっと前から人々の間に広まっていたと思われる。その後20〜30年間は中央アフリカで局地的に、やがてアジアでも感染例が見られるようになった。ウガンダとナイジェリアで過去に感染例があったかを調査したところ、住民のほぼ半数がこのウイルスに感染していたことが判明した。感染者は5人に1人程度の割合で軽いインフルエンザのような症状が出るが、ほとんどの人はなんの症状もない。ジカウイルスの研究はほとんど行われてこなかった。ジカウイルスの症状は軽く、しかもこの地方にはデングやチクングニアなど、もっと深刻な病気をもたらすウイルスがいたからだ。ジカ、デング、チクングニアはすべてネッタイシマカが媒介する。

　ジカウイルスが世界の注目を集めたのは2007年、ミクロネシアで流行したときだ。2013年には仏領ポリネシアで流行した。2014年にはニューカレドニア、クック諸島、イースター島へと渡り、2015年までにブラジルまで行っている。ウイルスは、ゲノムの変化を見れば拡散方法を推定できる。ジカウイルスの場合は、島から島へと渡りながら世界を巡っているようである。どうやってブラジルにたどり着いたのかは不明だが、2014年には太平洋の多くの島国を巡る国際カヌー競技が行われていた。アメリカ大陸のジカはこれが感染源なのかもしれない。ブラジルでは、ジカの流行と乳児の小頭症の関連が見られ、アメリカ大陸の他の国々ではギラン・バレー症候群と呼ばれる麻痺性の病気の急増がジカ感染と一致している。

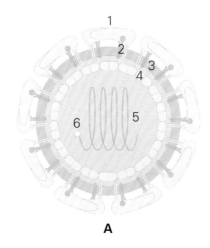

A　断面
1　Eタンパク質二量体
2　マトリックスタンパク質
3　脂質エンベロープ
4　カプシドタンパク質
5　1本鎖ゲノムRNA
6　キャップ構造

▶透過型電子顕微鏡で見た感染細胞内のジカウイルス粒子(青色)。他の近縁ウイルスと同様に、膜タンパク質が幾何学的な構造を作っている。

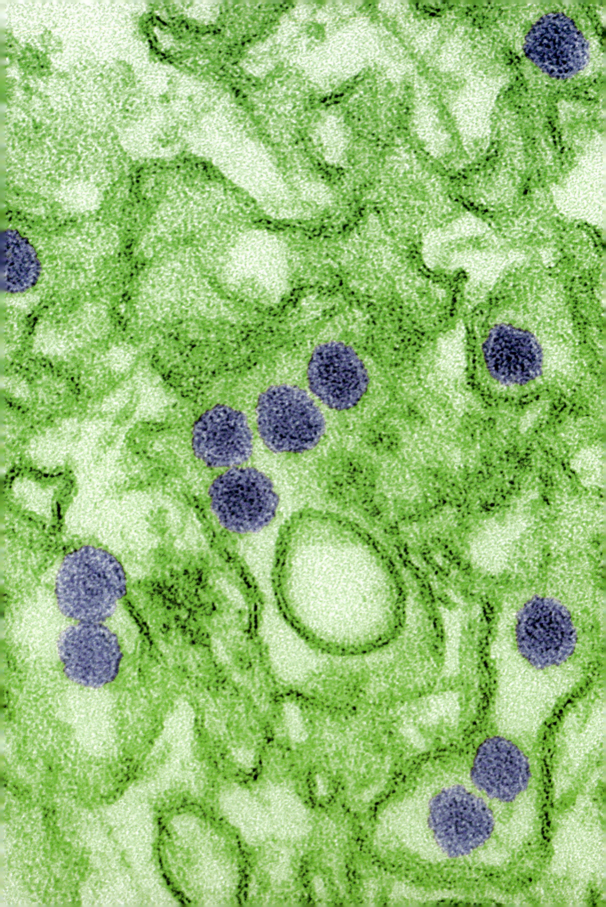

群	第5群
目	未設定
科	ブニヤウイルス科（Bunyaviridae）
属	ハンタウイルス属（Hantavirus）
ゲノム	直鎖状、3分節、1本鎖RNA、ヌクレオチド約12,000、タンパク質4種をコード
分布	北米大陸ほぼ全域
宿主	ヒト（終末宿主）、ネズミ
関連疾患	ハンタウイルス肺症候群
感染経路	ネズミの糞からヒトへ空気感染
ワクチン	なし

シンノンブレウイルス Sin nombre virus
ネズミからヒトへと飛び移るウイルス

人から人へは感染しない

　韓国ではハンタウイルスによる肺疾患が昔から知られていたが、米国で初めて症候群が見られたのは1993年、場所は南西部だった。最初の感染者のひとりの住居近くにいたネズミから、シンノンブレウイルスが分離され、後にこれが病原体と判明した。発症したのはナバホ族の若者数名だった。インフルエンザのような症状が出てまもなく2名が死亡した。初期の頃は死亡率が70％近くにも達し、人々は不安に駆られていた。現在では発症はごくまれとなったが、感染者の約35％が死亡している。このウイルスは農村地方や、ネズミの乾燥した糞をよく見かける場所で最も多い。最初はフォーコーナーズ（Four Corners）ウイルスと名づけられた。発見されたのがユタ、コロラド、ニューメキシコ、アリゾナの4州の境界線が集まる地点の近くだったからなのだが、地元住民の反対に遭い、シンノンブレと改名された。スペイン語で「名無し」の意味である。過去の記録から、この病気は1993年以前にも発症例があることがわかった。当時はウイルス性疾患だと知られていなかった。ナバホ族の間には、ネズミは災いであり病気の元であるという言い伝えがある。

　シンノンブレウイルスはシカネズミを自然宿主とし、人から人へは感染しない。このような感染を終末感染という。北米のさまざまな場所でこのウイルスはシカネズミから見つかっており、ハンタウイルス肺症候群の発症が散発的に起きている。

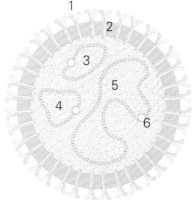

A　断面
1　糖タンパク質GnとGc
2　脂質エンベロープ
核タンパク質に囲まれた1本鎖RNA
　3　ゲノム分節S
　4　ゲノム分節M
　5　ゲノム分節L
6　ポリメラーゼ

訳注：各ゲノムの分節は直鎖だが、実際はポリメラーゼを介して環状になっている。

群	第2群
目	未設定
科	アネロウイルス科(Anelloviridae)
属	アルファトルクウイルス属(Alphatorquevirus)
ゲノム	環状、非分節、1本鎖DNA、ヌクレオチド約3,800、タンパク質2〜4種をコード
分布	全世界
宿主	ヒト、チンパンジー、アフリカのサル
関連疾患	なし
感染経路	体液(唾液を含む)
ワクチン	なし

トルクテノウイルス Torque teno virus
病気をもたらさないヒトウイルス

しつこく人体のあちこちに存在する

　人類の90%はトルクテノウイルスに感染しているが、症状は何も報告されていない。1997年に日本の肝炎患者から発見されたのが初めてだが、このウイルスはなんの病気とも関連が認められていない。霊長類や他の多くの動物でも、トルクテノウイルスや近縁ウイルスは見られる。ブタでは母から子へと伝播する。ヒトもそうではないかと思われているが、証明はされていない。

　さまざまなヒト個体群を対象に、このウイルスの研究調査が行われてきた。トルクテノウイルスは世界中に存在し、あらゆる年齢層の人から見つかっている。ウイルス感染と年齢、性、病気の有無に明らかな関係はないが、個人が持っているウイルス量と免疫機能の低下レベルとは相互関係にあり、免疫抑制者はウイルス量が多い。したがって、トルクテノウイルスは免疫抑制のマーカー〔診断に役立つ特異物質〕として使える可能性がある。たとえば、臓器移植を受けるときは薬で人工的に免疫機能を抑える必要があるのだが、トルクテノウイルス量の計測によって薬の効果を監視できる。

　病原体ではないウイルスはおそらく他にもたくさんいるだろうが、このようなウイルスには今まであまり関心が向けられていなかった。だが、宿主にとって有益なウイルスが近年になっていくつも発見され、非病原性ウイルスへの関心が高まりつつある。現在、細菌を中心とした人体常在菌（マイクロバイオーム）の重要性が見えつつあるが、将来は人体に存在するウイルス集団（ビローム）の重要性も見えてくるかもしれない。

A　断面
B　外観
1　カプシドタンパク質
2　1本鎖DNAゲノム

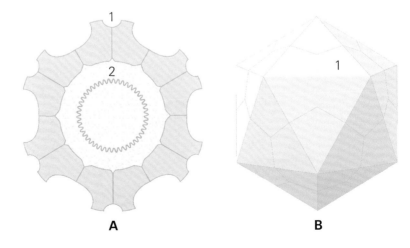

動物ウイルス
VERTEBRATE ANIMAL VIRUSES

はじめに

　本章のウイルスはヒトウイルスとの類似点が多く、なかにはヒトにも感染できるものもあるが、一般的にヒト以外の動物宿主で重要な意味をもつと考えられている。動物ウイルスは多種多様で、全体で見ると主な分類群（イントロダクション参照）すべてにまたがっている。ペットを飼っている人なら、イヌパルボウイルス、ネコ白血病ウイルス、狂犬病ウイルスなどはなじみがあるだろう。このような重い病気にはワクチン接種がなされているからだ。また、ヘビなど変わったペットの飼い主や、釣り人なら知っていると思われるウイルスも本章に登場する。さらに、家畜に感染するウイルスも扱う。牛疫ウイルスは何世紀にもわたり畜産業に壊滅的な被害を与えてきたが、最近になって根絶が宣言された。これはウイルス学におけるまさに画期的な出来事だった。

　野生動物にしか感染しないウイルスは多い。このようなウイルスは、人間にとって重要と思われる動物や家畜に病気をもたらすものではないかぎり、詳しい研究はなされていない。植物や細菌を宿主とするウイルスの多様性については、現在研究が進められているが、動物ウイルスの多様性に関する研究は多くない。理由のひとつに、そのような研究の難しさがある。だが、ウイルスや他の生命体の遺伝子配列を解読する新技術のおかげで、我々の知識は変わりつつある。最近、多様性の見地からコウモリウイルスの研究が行われ、驚くほどの多様さが明らかになりつつある。ヒトや他の動物に病気をもたらす多くのウイルスが、コウモリに対しては病原体となっていない。ただし、コウモリウイルスとしておそらく最も有名な狂犬病ウイルスだけは例外で、このウイルスはコウモリも含め、感染するものすべてに病気をもたらす。概して、動物ウイルスは既知の病因となっていないものが多い。ただし、新種に飛び移り、ウイルスと新たな宿主とが互いにうまく適応できない場合は問題となる。

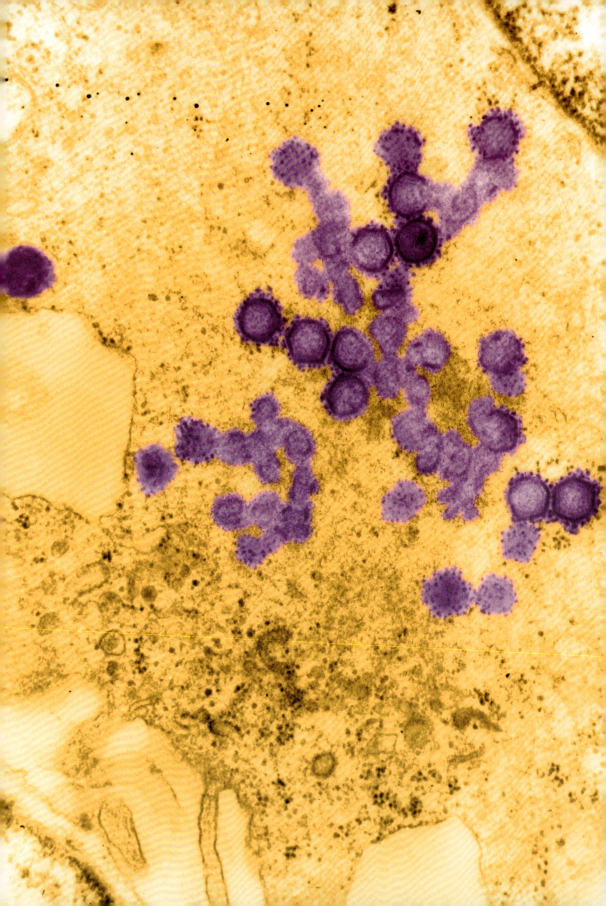

群	第1群
目	未設定
科	アスファウイルス科(Asfaviridae)
属	アスフィウイルス属(Asfivirus)
ゲノム	直鎖状、非分節、2本鎖DNA、ヌクレオチド約190,000、タンパク質150種以上をコード
分布	20世紀半ばまではアフリカに限定、その後イベリア半島に拡散。1971年にはキューバで流行、東欧でも散発的な流行
宿主	飼育および野生のブタ、ダニ
関連疾患	飼育のブタではブタ熱、他の宿主はすべて無症状
感染経路	ダニ
ワクチン	なし

アフリカ豚コレラウイルス African swine fever virus
ブタに重病をもたらす節足動物ウイルス

養豚家にとって深刻な病原体

　アフリカ豚コレラは、20世紀初頭からアフリカで何度も流行し、飼育されているブタに深刻な被害を与えている。問題になったのは、ケニアがブタを輸入したときだった。牛疫ウイルスで多くの畜牛が死んだため、ブタを輸入したのだが、ケニアではイボイノシシやカワイノシシなど野生のブタの仲間がアフリカ豚コレラウイルスを持っていた。飼育用のブタを持ち込むことは、ウイルスにとって新たな種に飛び移るチャンスだったのだ。飼育ブタが感染するとしばしば死に至る。最初は発熱と不活発、次いで食欲喪失、さらに進行すると出血熱となる。症状は「古典的なブタ熱」と同じなのだが、病原体であるウイルスが異なる（近縁種でもない）。アフリカ豚コレラは野生のブタには病気をもたらさない。おそらく野生のブタはこのウイルスの自然宿主であり、ウイルスも野生のブタに適応できている。ウイルスが新しい種の宿主に飛び移ると、深刻な病気をもたらすことがある。残念ながらアフリカ豚コレラの治療法はなく、ワクチン開発も成功に至っていない。感染した個体を取り除くしか打つ手がないのだ。

独特な進化の歴史

　アフリカ豚コレラウイルスは、節足動物が媒介するウイルスの中で唯一の2本鎖DNAウイルスである。2本鎖DNAウイルス（第1群）は、宿主と宿主の接触により伝播する。実際、アフリカ豚コレラウイルスはダニウイルスから進化したと思われる。さまざまな株が発見されているが、アスファウイルス科アスフィウイルス属はこのウイルスしか知られていない。

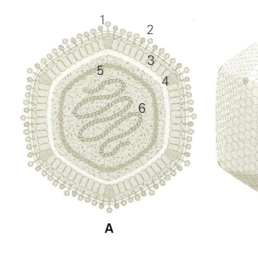

A　断面
B　内部カプシドの外面
1　エンベロープタンパク質
2　外部脂質エンベロープ
3　カプシドタンパク質
4　内部脂質膜
5　マトリックスタンパク質
6　2本鎖ゲノムDNA

◀感染した腎細胞内のアフリカ豚コレラウイルス（紫色）。ウイルス粒子の断面は異なり、膜や内部のタンパク質がはっきり見えている。

群	第3群
目	未設定
科	レオウイルス科(Reoviridae)、セドレオウイルス亜科(Sedoreoviranae)
属	オルビウイルス属(Orbivirus)
ゲノム	直鎖状、10分節、2本鎖RNA、ヌクレオチド合計約19,000、タンパク質12種をコード
分布	現在は高緯度地方を除く全世界で見られる
宿主	ヒツジ、ヤギ、畜牛、野生の反芻動物の一部
関連疾患	ブルータング(青舌病：呼吸器と運動器系の異常)
感染経路	ヌカカ
ワクチン	さまざまな血清型のワクチン

ブルータングウイルス Bluetongue virus
ヒツジなど反芻動物に深刻な病気をもたらす

拡散するアフリカの病気

　ブルータングが初めて報告されたのは18世紀、場所はアフリカだった。家畜・野生どちらの反芻動物も発症が見られた。1905年に病原体のウイルスが発見された。ブルータングはヒツジにとって深刻な病気で、さまざまな症状が出るが、最も目を引くのは青く腫れた舌である。子羊は死亡率が高くなる場合があり、ウイルス株によっては成体でも死亡率が高くなる。また、畜牛もヒツジも感染すると流産する。

気候変動が拡散の原因か

　ブルータングは何十年もアフリカ以外では見つかっていなかった。1924年にキプロスで確認され、1940年に再度流行した。1948年には米国で、1950年代にはスペインとポルトガルで確認され、現在はオーストラリア、南北アメリカ大陸、南欧、イスラエル、東南アジアで存在が確認されている。世界のある地域で分離されたウイルスのゲノム配列はすべて同一だが、他の地域で分離されたものはそれぞれ異なっている。したがって、ウイルスは長年その地域にいながら、最近まで発見されていなかったと考えられる。ブルータングウイルスは媒介者である吸血性のヌカカの生息域にしか存在しない。気候変動により、こうした昆虫が高緯度地方へと進出しているのかもしれない。

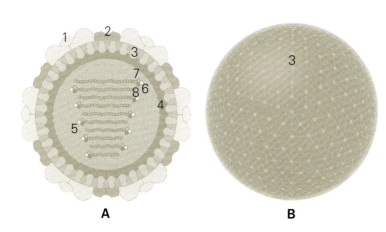

A 断面
B 中間カプシドの外観
外部カプシド
　1　VP2三量体
　2　VP5三量体
中間カプシド
　3　VP7
内部カプシド
　4　VP3
　5　2本鎖RNAゲノム(10分節)
　6　キャップ
　7　VP4
　8　ポリメラーゼ

▶精製したブルータングウイルス粒子。赤紫色の背景にオレンジ色で示されている。

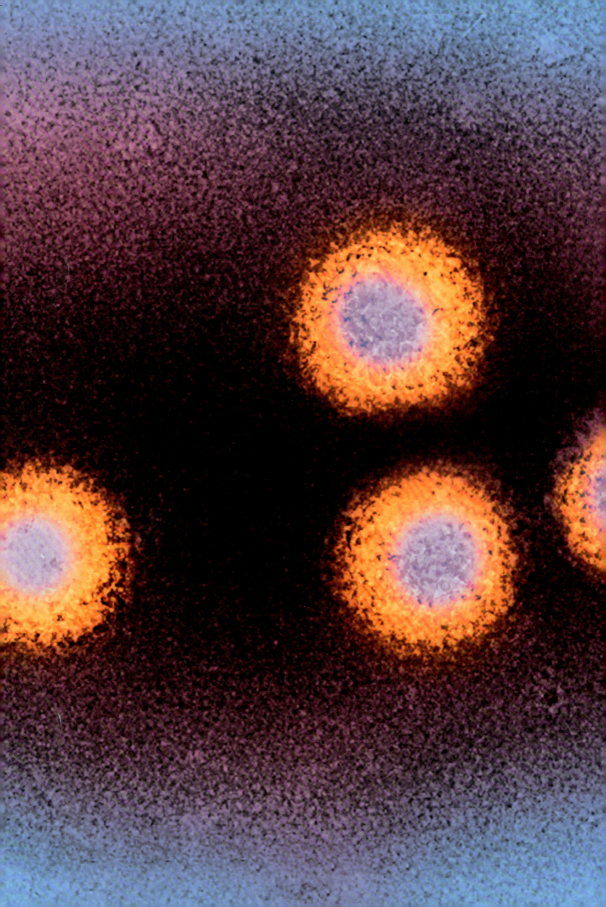

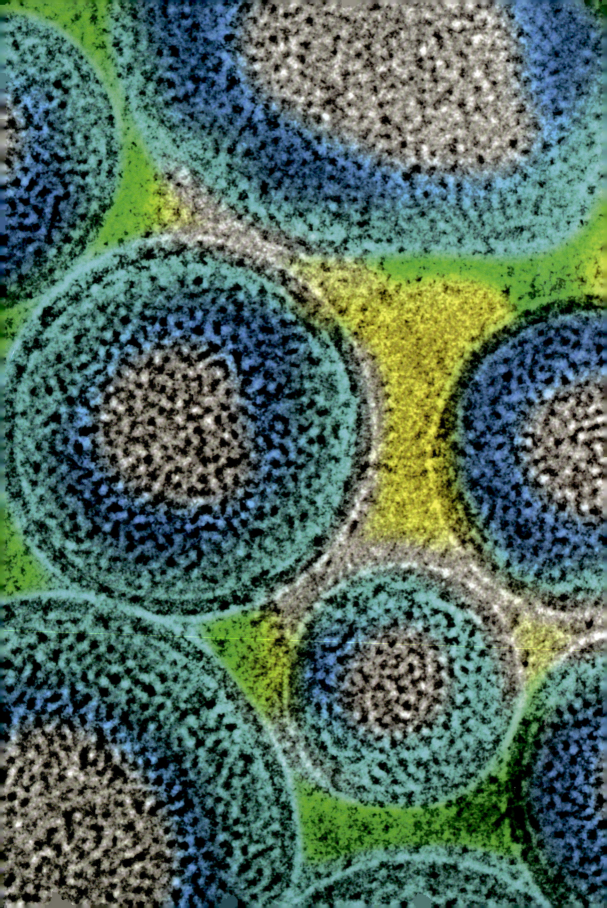

群	第5群
目	未設定
科	アレナウイルス科(Arenaviridae)
属	アレナウイルス属(Arenavirus)
ゲノム	直鎖状、2分節、1本鎖RNA、ヌクレオチド合計約10,300、タンパク質4種をコード
分布	ヨーロッパ、アジア、南北アメリカ
宿主	ボア科ヘビ(捕獲されたボア、ニシキヘビ)
関連疾患	ボア科ヘビの封入体病
感染経路	不明　ダニの可能性
ワクチン	なし

ボア封入体病ウイルス
Boid inclusion body disease virus
ヘビがかかる謎の病気の原因だった

捕獲されたヘビに見られる病気

　1970年代、捕獲されたニシキヘビやボア(ボア科のヘビ)のコロニーに深刻な病気が初めて見られた。ヘビは神経学的変化や食欲不振をきたし、ほとんどが二次感染で死んでしまった。感染したヘビの細胞内には、非常に特異的な変化である封入体〔異常な物質の集積〕が見られたため、このウイルスはボア封入体病ウイルスと名づけられた。コロニー全体が死滅するほどであるため、感染症であることは間違いないのだが、直接伝播するのかどうかはわからない。ダニが媒介すると思われているが、まだ証明されていない。病原体としてウイルスが疑われ、感染したヘビから数種のウイルスが分離されたが、病原ウイルスを特定する十分な証拠が得られたのはつい最近のことだ。

コッホの原則

　ロベルト・コッホはドイツの有名な微生物学者で、19世紀末に多くの細菌性疾患を研究した。彼が開発した基準は「コッホの原則」として知られ、今日でも微生物が病原であると証明するための基準となっている。コッホの原則は4点で、1)感染した個体すべてにその微生物が存在しているが、感染していない個体には存在していないこと、2)感染した個体からその微生物を分離できること、3)健康な個体にその微生物を感染させると同じ病気が生じること、4)その個体から同じ微生物を再び分離できること、である。ボア封入体病ウイルスは、感染したヘビ由来の細胞培養から分離され、健康なヘビに感染させたところ発症した。だが、細胞培養では全プロセスが完結したものの、実験的に感染させたヘビからはウイルスを分離できなかった。これができないと、コッホの原則を完全に満たしたことにならないのだが、コッホの原則は厳密なものであり、現代の微生物学では必ずしも忠実に守られているわけではない。

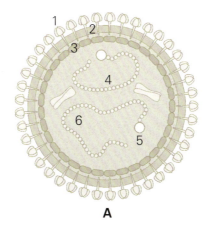

◀ボア封入体病ウイルス粒子のさまざまな断面(青色)。この画像はウイルスを水の中で凍らせ、低温電子顕微鏡法という技術で作成した。これは、非常にもろいウイルスの構造を損ないにくい方法である。

A	断面
1	糖タンパク質
2	脂質エンベロープ
3	カプシドタンパク質
4	核タンパク質に囲まれた1本鎖RNA分節S
5	ポリメラーゼ
6	核タンパク質に囲まれた1本鎖RNA分節L

動物ウイルス　105

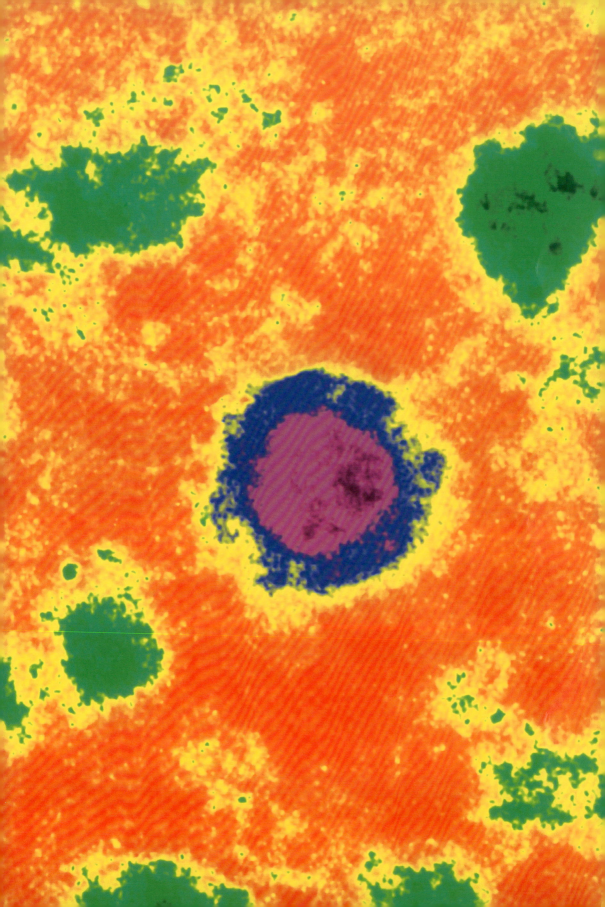

群	第5群
目	モノネガウイルス目（Mononegavirales）
科	ボルナウイルス科（Bornaviridae）
属	ボルナウイルス属（Bornavirus）
ゲノム	直鎖状、非分節、1本鎖RNA、ヌクレオチド約8,900、タンパク質6種をコード
分布	ヨーロッパ、アジア、アフリカ、北アメリカ
宿主	ウマ、畜牛、ヒツジ、イヌ、キツネ、ネコ、鳥、齧歯類、霊長類
関連疾患	ボルナ病
感染経路	鼻汁、唾液
ワクチン	実験段階

ボルナ病ウイルス Bornadisease virus
宿主の行動を変えるウイルス

深刻な神経疾患

　ボルナ病が初めて記述されたのは、18世紀に書かれたドイツの獣医学書だった。ウイルス性と判明したのは1900年頃で、この病気は19世紀から20世紀にかけてずっと研究されてきたが、ウイルスの詳細がわかったのは20世紀末である。このウイルスは深刻な病気をもたらし、ウマやヒツジは急死することがある。ただ、この数十年間はまれにしか発症が見られていない。発症にばらつきがある理由は判明していないが、このウイルスの自然宿主はトガリネズミであると思われ、トガリネズミの生息数の変化や家畜との接触頻度の変化などが関係しているのかもしれない。ラットに実験的に感染させたところ、より攻撃的になり、噛みつく行動を示した。これがウイルス拡散を助長している。不思議なことに、免疫力が低下した動物は感染しても発症しない。このウイルスはヒトの神経疾患に関連しているのではないかという説があったが、証明はされず、近年この説をほぼ否定する証拠が上がった。

ヒトのDNAに見られる初のレトロウイルス以外のRNAウイルス

　21世紀に入り、新技術のおかげでDNA配列の決定は以前よりはるかに安く行えるようになった。初めてヒトゲノム配列が完全に解明されたのは2003年であり、その後さまざまなゲノム配列が解明されてきた。ゲノムにはレトロウイルスの配列が数多く見られる。レトロウイルスは自分のRNAをDNAに転写し、複製中に宿主ゲノムに組み込むからである。だが、ボルナ病ウイルスの配列はヒトゲノムにも、他の霊長類、コウモリ、ゾウ、魚、キツネザル、齧歯類のゲノムにも見られる。どうやって入りこんだのか？　レトロウイルスに力を借りてRNAゲノムをDNAに転写したという仮説がある（証明はされていない）。

A　断面
1　糖タンパク質
2　脂質エンベロープ
3　カプシドタンパク質
4　核タンパク質に囲まれた1本鎖RNAゲノム
5　ポリメラーゼ
6　リン酸化タンパク質

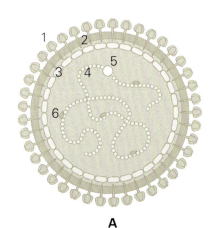

◀細胞内のボルナ病ウイルス粒子。膜は青色、内側の粒子は赤紫色で示されている。

A

群	第4群
目	未設定
科	フラビウイルス科 (Flaviviridae)
属	ペスチウイルス属 (Pestivirus)
ゲノム	直鎖状、非分節、1本鎖RNA、ヌクレオチド約12,000、1つのポリプロテインにタンパク質12種が含まれる
分布	全世界
宿主	畜牛
関連疾患	下痢、粘膜疾患、流産
感染経路	直接感染、性感染、母から子への垂直感染
ワクチン	弱毒化ウイルス、加熱不活化ウイルス

ウシウイルス性下痢ウイルス1型
畜牛のウイルス　　Bovine viral diarrhea virus 1

さまざまな症状をもたらす

妊娠していない成牛は、このウイルスに感染しても症状は軽く、呼吸器疾患、ミルクの生産低下、不活発、咳程度ですむ。症状はウイルス株、牛の年齢、感染ルートによって大きく異なり、概して2才未満の子牛は深刻な症状を起こしやすい。

母子感染がウイルス群を保つ

雌牛が妊娠中のある時期に感染すると流産する場合がある。流産にならずに生まれた子牛は、出生時にはなんの症状もなくても感染しており、一生ウイルスを作っては排出し続け、群れの他の個体に感染させる（子牛はウイルスの母子感染に対してある程度の免疫寛容がある）。したがって、子牛は定期的にこのウイルスの検査を受けている。検査方法はいろいろある。感染した子牛は概して成長が抑制され、他の病気にかかりやすくなるうえに、粘膜疾患を発症することがある。これは非常に深刻で、重度の下痢や粘膜組織に潰瘍や病変が生じ、たいていは死に至る。粘膜疾患の発症のしくみは明らかになっていないが、ウイルスが突然変異によって病原体としての力を増すこともあり、また、子牛が感染後に別の近縁ウイルスに感染することも考えられる。

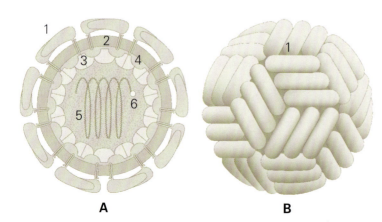

A　断面
B　外観
1　Eタンパク質二量体
2　脂質エンベロープ
3　カプシドタンパク質
4　マトリックスタンパク質
5　1本鎖ゲノムRNA
6　キャップ構造

▶感染した細胞内の牛ウイルス性下痢ウイルス。細胞の小胞体（青色と赤色）の中に小さなウイルス粒が集まり球状をなしている（ピンク色）。

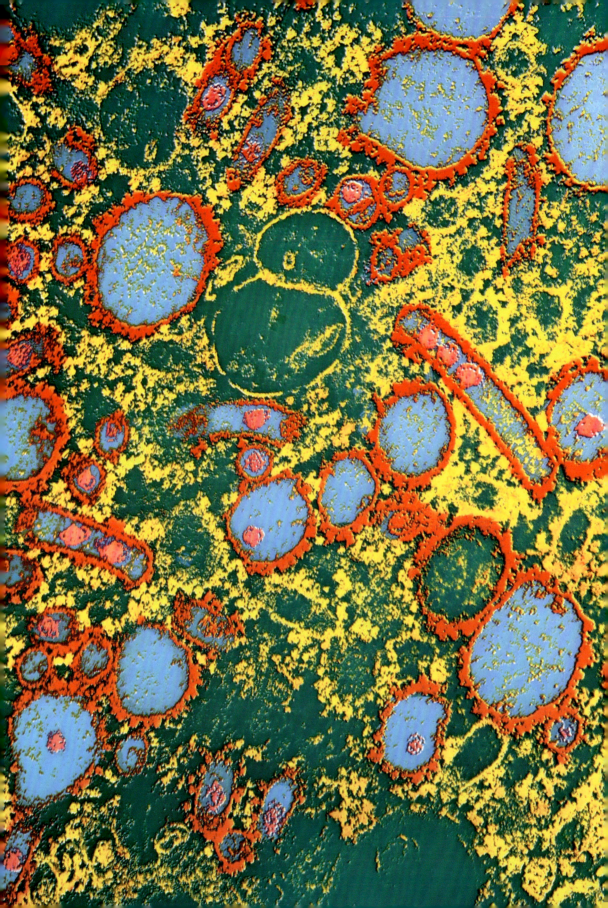

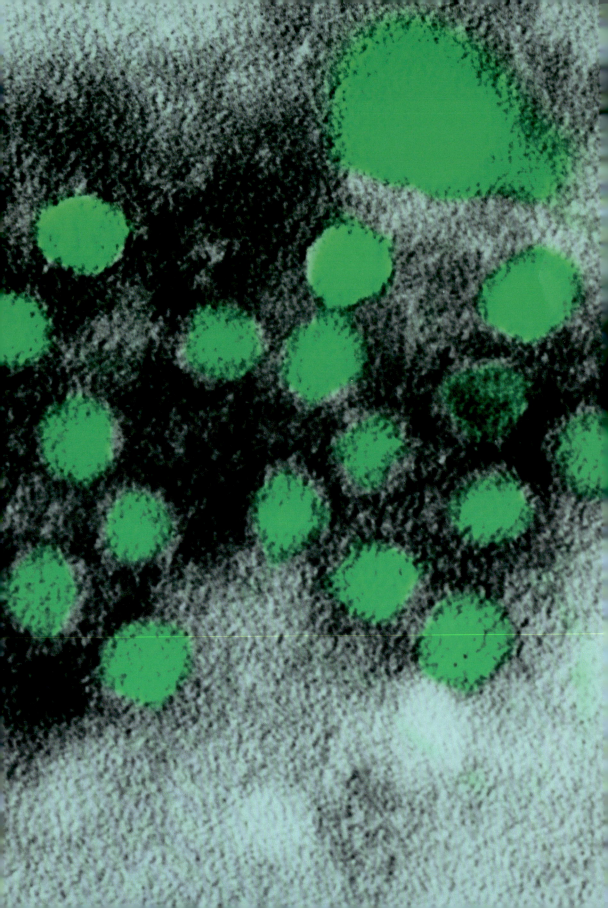

群	第2群
目	未設定
科	パルボウイルス科(Parvoviridae)、パルボウイルス亜科(Parbobirinae)
属	パルボウイルス属(Parvovirus)
ゲノム	直鎖状、非分節、1本鎖DNA、ヌクレオチド約5,000、主なタンパク質3種をコード
分布	全世界
宿主	飼い犬、野生の犬
関連疾患	胃腸疾患
感染経路	ウイルスを含む土、糞便、媒介物との口による接触
ワクチン	弱毒化ウイルス

イヌパルボウイルス Canine parvovirus
猫から犬へ

子犬には大問題

　成犬はこのウイルスに感染してもごく軽い症状ですみ、症状がまったく出ないこともあるが、子犬の場合は深刻で、しばしば死に至る。命を取りとめるためには、獣医による献身的な治療が通常欠かせない。良いワクチンはあるのだが、子犬が離乳後数週間経つまでは投与できない。母胎からの移行抗体がワクチンを不活性化してしまうからである。したがって、この時期の子犬は病気になりやすい。イヌパルボウイルスは非常に安定しており、土の中で1年かそれ以上も過ごせるうえに、物の表面から取り除くのは不可能に近い。感染した犬は、症状が出ないうちからウイルスを体外排出し、回復しても何日かは排出が続くため、検査を受けることが大切だ。犬のブリーダーは自分の施設でイヌパルボウイルスを防ぐよう細心の注意を払い、万一陽性の犬が出た場合は厳重に隔離しなければならない。

猫から移ったウイルス

　イヌパルボウイルスはネコ汎白血球減少症ウイルス（ネコジステンパー）とほぼ同一である。この猫のウイルスは1920年代から知られている。また、近縁のパルボウイルスも他の多くの肉食動物で発見されている。犬のパルボウイルス感染例は1970年代後半から見られるようになった。猫から犬へとウイルスが飛び移ったのはほぼ間違いない。最初の犬パルボウイルスを猫パルボウイルスと比較したところ、ゲノムに小さな変化が2つ見られただけだったからだ。犬に適応したウイルスは、世界中の犬へと急激に拡散した。イヌパルボウイルスは、ウイルスが進化して新たな宿主を得るスピードの速さ、そして新たな宿主を得てから拡散する速さを見せつける好例である。

A　断面
B　外観
1　カプシドタンパク質
2　1本鎖DNAゲノム

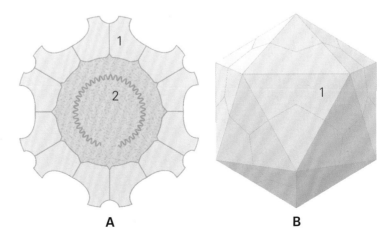

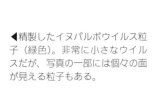

◀精製したイヌパルボウイルス粒子（緑色）。非常に小さなウイルスだが、写真の一部には個々の面が見える粒子もある。

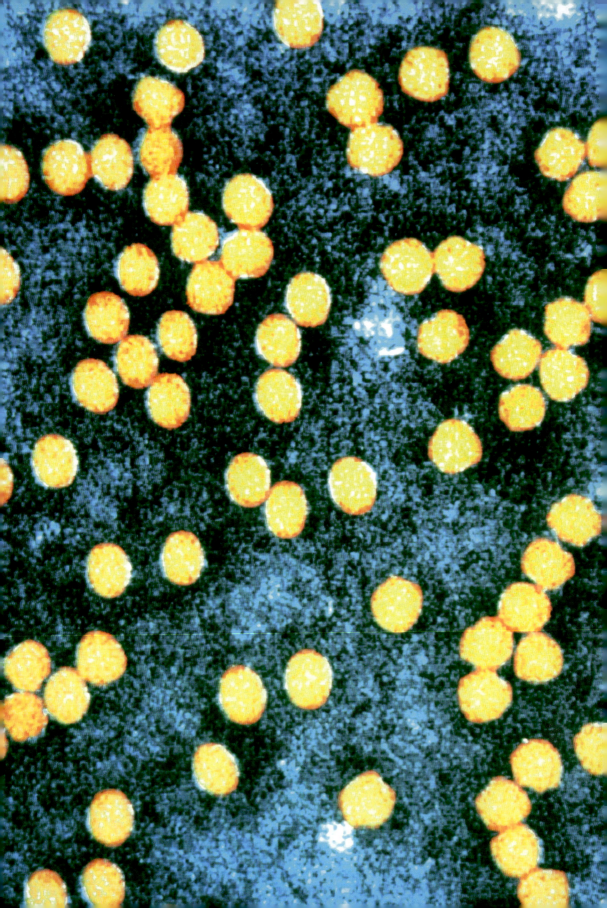

群	第4群
目	ピコルナウイルス目（Picornavirales）
科	ピコルナウイルス科（Picornaviridae）
属	アフトウイルス属（Aphtovirus）
ゲノム	直鎖状、非分節、1本鎖RNA、ヌクレオチド約8,100、1つのポリプロテインにタンパク質9種が含まれる
分布	中東、ヨーロッパ東南、アジアの一部、サハラ以南のアフリカの風土病。他の地域でもたまに流行
宿主	ほとんどの偶蹄類（家畜、野生どちらも含む）
関連疾患	口蹄疫（発熱し、口の中と足に水疱ができる）
感染経路	感染力が高く、空気感染や、あらゆる体液から感染
ワクチン	不活化ウイルス

口蹄疫ウイルス Foot and mouth disease virus
初めて発見された動物ウイルス

昔からある病気だが現代でも猛威をふるう

　口蹄疫はとても古い病気で、16世紀のイタリアで畜牛に流行したという記録が残っている。原因が判明したのは19世紀末だった。口蹄疫をもたらす感染性病原体が、細菌を取り除ける目のとても細かいフィルターを通過できることが判明し、タバコモザイクウイルスに次ぐ2番目のウイルス発見となった。

　このウイルスは感染力が非常に強く、拡散も非常に速いため、口蹄疫が流行すると一大事となりやすい。感染動物を殺処分するしか打つ手がないのだ。早期に発見・対処できた例もあるが、2001年に英国で流行した際は、400万頭以上が殺処分となった。風土病となっているアフリカでは、家畜だけではなく野生動物でも口蹄疫がしばしばみられる。米国では19世紀初頭にこのウイルスが根絶されたが、プラム島（ニューヨーク州ロングアイランドの北東沖にある小島）にある動物疾患研究所では、まだ研究が続いている。この研究所のバイオセーフティー（生物学的研究での安全性対策）はレベル3である（最高はレベル4）。ワクチン接種による予防は功を奏さない場合がある。口蹄疫ウイルスにはいくつか株があり、変わりやすいからなのだが、南米ではワクチン接種が対策として重要な役割を果たしている。

A 断面
B 外観
1 カプシドタンパク質　VP1
2 カプシドタンパク質　VP2
3 カプシドタンパク質　VP3
4 カプシドタンパク質　VP4
5 1本鎖RNAゲノム
6 VPg
7 ポリA

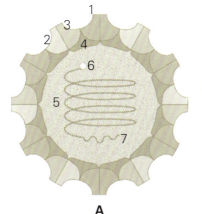

◀精製した口蹄疫ウイルス粒子（黄色）。電子顕微鏡写真。

群	第1群
目	未設定
科	イリドウイルス科(Iridoviridae)
属	ラナウイルス属(Ranavirus)
ゲノム	直鎖状、非分節、2本鎖DNA、ヌクレオチド約106,000、タンパク質97種をコード
分布	南北アメリカ、ヨーロッパ、アジア
宿主	カエル、サンショウウオ、イモリ、ヘビ、トカゲ、カメ、魚
関連疾患	両生類の大量死
感染経路	水、経口摂取、直接接触
ワクチン	なし

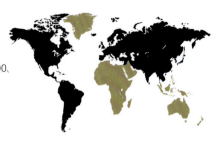

ラナウイルス3型 Frog virus 3
カエルにとって最後の打撃か？

両生類を絶滅に追い込みそうな病原体

　この数十年間に世界中で多くの種のカエルが激減している。原因は主にツボカビという感染力のある菌類である。ツボカビは急速に世界各地に広まった。人の移動と直接・間接的に関連があると思われている。ラナウイルス3型は1960年代初頭、がんの一種を発症していたヒョウガエルから発見された。最初はヒトがんのモデルとなるかと研究されていたが、このウイルスはがんの原因ではないと判明した。ラナウイルスは1980年代半ばまでは、両生類の病気と関連がなかった。1990年代には、ラナウイルス3型関連の大量死が世界各地から報告され、感染例にはカエルの他にイモリ、サンショウウオも含まれていた。現在、ラナウイルスは世界的に分布している。両生類の国際的取引も拡散の一因である。ラナウイルスは数種のカエルの生息数減少の原因となっているほか、100種以上の両生類に病気をもたらし、さらにラナウイルス3型は日本と米国の水産養殖で大きな問題となっている。すでに深刻な状況を引き起こしているこの病原体にどう対処すべきか、多くの保全生物学者にとって重大な課題なのである。

　ラナウイルスはイリドウイルス科に属している。この科のウイルスは、精製すると紫、青、青緑色がかった虹色に見えるため、虹彩の意のイリドと名づけられている。ウイルスの色は色素によるものではなく、非常に複雑なウイルス粒子に光が反射して生じる。

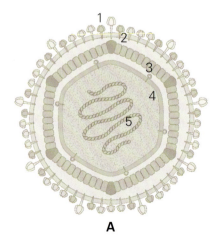

A　断面
B　外部カプシドを示す断面
1　エンベロープタンパク質
2　外部脂質エンベロープ
3　カプシドタンパク質
4　内部脂質膜
5　2本鎖ゲノムDNA

▶感染細胞内のラナウイルス3型（濃い青色に着色）。粒子のひとつは細胞膜から出芽しつつある。

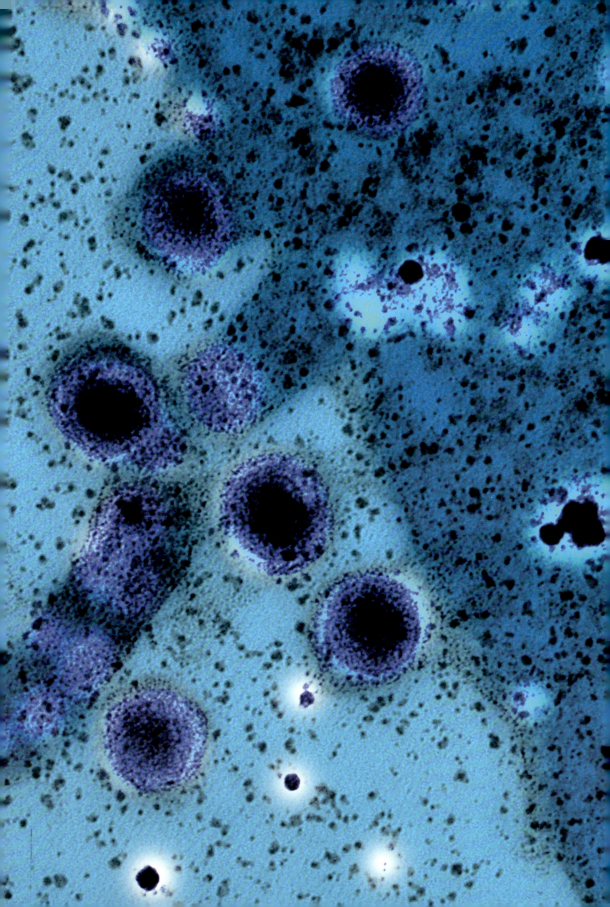

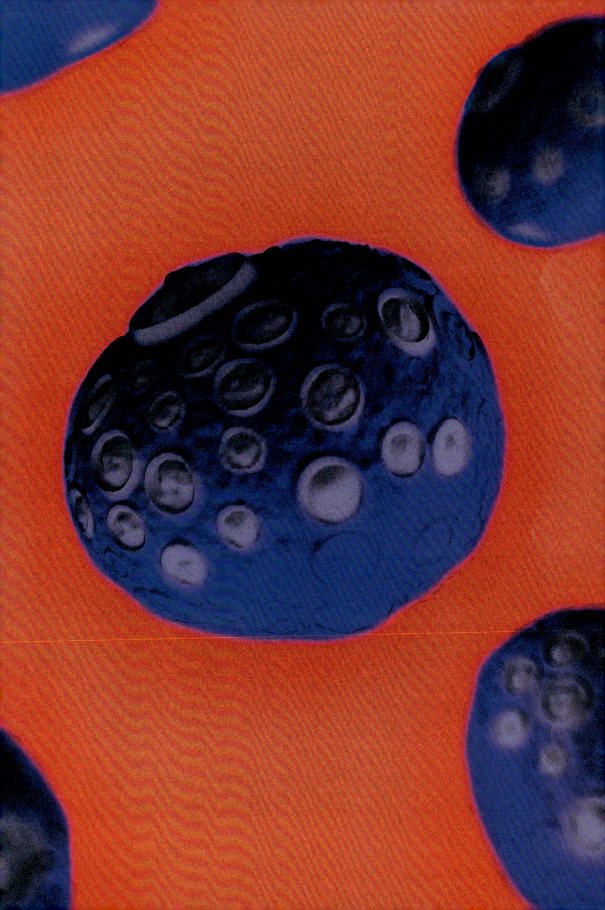

群	第5群
目	未設定
科	オルソミクソウイルス科（Orthomyxoviridae）
属	イサウイルス属（Isavirus）
ゲノム	直鎖状、8分節、1本鎖RNA、ヌクレオチド合計約13,500、タンパク質8種をコード
分布	ノルウェー、スコットランド、英国、フェロー諸島、米国、カナダ、チリ
宿主	大西洋サケ、他のサケ科、他の海産魚
関連疾患	貧血（赤血球疾患）
感染経路	分泌物との接触、海水に運ばれる
ワクチン	不活化ウイルス、遺伝子改変ウイルス

伝染性サケ貧血ウイルス
Infectious salmon anemia virus
ウイルスを排除しない対策法

サケ養殖業にとって脅威

　大西洋サケは集約養殖が行われており、養殖業界にとって伝染性サケ貧血ウイルスは大きな脅威となっている。このウイルスは魚の赤血球に感染する。哺乳類の場合、成熟した赤血球にはDNAがまったく含まれず、通常はウイルスに感染することがないのだが、魚の赤血球には細胞核もDNAも含まれている。感染魚の中には、なんの症状もなく突然死するものもいれば、鰓の色が薄くなり、水面近くを泳ぎ、口をぱくぱくさせて空気を吸うものもいる。

　太平洋サケにこのウイルスを実験的に感染させてみたところ、なんの病気も発症しなかった。また、症状の出ないマスもいる。このような魚はウイルスの保菌者としての役割を果たしているのかもしれない。初めて伝染性サケ貧血が認められたのはノルウェーの養殖サケで、1980年代後半だった。1990年代半ばにはカナダと米国の大西洋岸での養殖サケにも認められた。1990年代末にはスコットランドの養殖サケも発症し、カナダでは流行により何百万匹もが処分された。チリでは2007〜2009年に流行し、サケ養殖業は大打撃を受けた。天然魚に見られる伝染性サケ貧血ウイルスは病原性の弱い株であり、これが進化して養殖魚に深刻な影響を与えるに至ったのだが、スコットランドとフェロー諸島〔スコットランド、ノルウェー、アイスランドの間にある〕では厳重な管理が行われ、ウイルスは排除できないものの、病気の撲滅に成功した。

A　断面
1　ヘマグルチニン
2　ノイラミニダーゼ
3　脂質膜
4　マトリックスタンパク質
5　核タンパク質に囲まれた1本鎖RNAゲノム（8分節）
6　ポリメラーゼ複合体

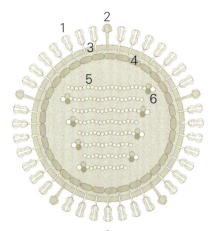

A

◀伝染性サケ貧血ウイルスのモデル（青色）。電子顕微鏡写真とX線結晶解析からの情報を元に構築。

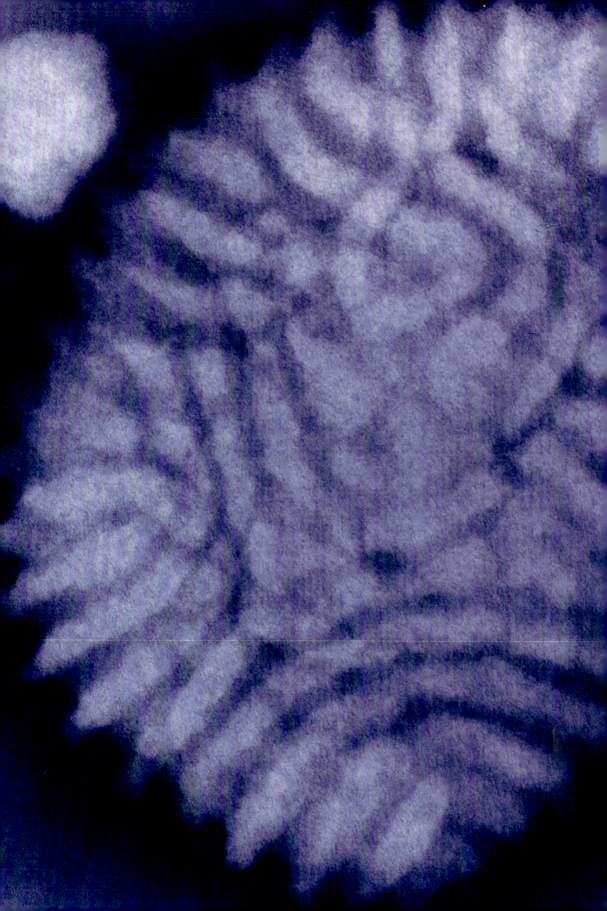

群	第1群
目	未設定
科	ポックスウイルス科(Poxviridae)、コードポックスウイルス亜科(Cordopoxvirinae)
属	レポリポックスウイルス属(Leporipoxvirus)
ゲノム	直鎖状、非分節、2本鎖DNA、ヌクレオチド約160,000、タンパク質約158種をコード
分布	中央・北・南アメリカ、オーストラリア、ヨーロッパ
宿主	ウサギ
関連疾患	飼いウサギの粘液腫症(野生のウサギでは良性)
感染経路	蚊、ノミ。実験研究では直接接触
ワクチン	弱毒化ウイルス、関連ウイルス、遺伝子改変ウイルス

ミクソーマウイルス Myxoma virus
オーストラリアのウサギの生物防除となるか?

ウイルスを使ったバイオコントロールの古典的な実験

　18世紀、英国の入植者がオーストラリアに飼いウサギ(ヨーロッパアナウサギ)を持ち込んだ。19世紀半ばには、野生のウサギ24羽が狩猟用として持ち込まれた。それから60年ほどの間に、ウサギはオーストラリアのほぼ全域に進出し、この国は「グレーの毛布」と呼ばれたこともあった。1950年までに、オーストラリアには何億ものウサギが生息し、在来動物の生息環境や農作物を荒らして生態学的な災害をもたらしていた。

　ミクソーマウイルスでウサギが初めて発症したのは、南米で使われていた実験用のウサギだった(ヨーロッパアナウサギ由来)。南米の野生のウサギから感染したのだ。野生のウサギにはなんの症状も出ないが、飼いウサギがこのウイルスに感染するとたいてい死に至る。外来生物であるウサギを駆除するため、ミクソーマウイルスをオーストラリアに導入する提案が初めてなされたのは1910年頃だった。当時何度も導入試験が行われたが、失敗に終わった。ウイルスの媒介昆虫が不足していたせいと思われる。だが、1950年代、雨の多い夏に蚊が大発生し、ウイルス導入により莫大な数のウサギが死んだ。99%以上のウサギが死んだ地域もあったのだが、一部のウサギは生き延びた。病原性の弱い株に感染していたウサギだ。結局、弱毒株が自然選択され、より免疫寛容のあるウサギが自然選択されて、ウサギの生息数はウイルス導入前よりはるかに減ったものの、このバイオコントロール実験は完全なる成功とはならなかった。この大規模な実験から、ウイルスが出現し宿主に適応するしくみについて、多くのことが見えてきた。一般的に、ウイルスは宿主に100%依存して生きているため、宿主をあまり弱らせてしまうのはウイルスにとって利点とはならない。宿主が病気になり、ウイルスの伝播が損なわれる場合は特にそうである。

A　断面
1　外部エンベロープタンパク質
2　外部脂質エンベロープ
3　タンパク質を含む成熟したビリオン膜
4　側体
5　柵層
6　ヌクレオカプシド
7　2本鎖ゲノムDNA

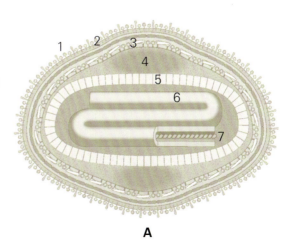

A

◀ミクソーマウイルス。ウイルス粒子の中に不規則な細管構造体が見える。

群	第2群
目	未設定
科	サーコウイルス科 (Circoviridae)
属	サーコウイルス属 (Circovirus)
ゲノム	環状、単分節、1本鎖DNA、ヌクレオチド約1,770、タンパク質3種をコード
分布	全世界
宿主	ブタ(家畜・野生)
関連疾患	ブタサーコウイルス関連疾患
感染経路	直接接触
ワクチン	不活化ウイルス、組換えウイルスタンパク質(ウイルスの構造タンパク質などを遺伝子工学的に大量生産し、ウイルスに似せたもの)

ブタサーコウイルス Porcine circovirus
既知の最も小さな動物ウイルス

良性ウイルスだが、病原性を示す型もある

　非常に小さく単純なウイルスで、世界中のブタに感染している。培養された細胞株で初めて分離された。ブタを検査したところ、世界中のブタで見つかったが、このウイルス関連の疾患は何もなかった。その後、このウイルスに別の型があることが発見された。最初の型と区別するために、今日ではブタサーコウイルス2型と呼ばれている。こちらはブタ、特に子豚に病気をもたらし、衰弱、呼吸困難、下痢の症状が出る。ブタサーコウイルス2型は世界のほぼ全域の家畜に見られ、養豚業に深刻な被害をもたらしてきた。だが、ブタサーコウイルス関連疾患にかかっているブタのほとんどは、他のブタウイルスにも感染しているため、ブタサーコウイルス2型が単独で病気を引き起こすと言えるかどうかは定かではない。

ロタウイルス用ワクチンを汚染したウイルス

　2010年、ロタウイルスによる下痢から守る小児用ワクチンが、ブタサーコウイルスに汚染されていることが明らかになった。汚染されたワクチンの商標は2つ、いずれも広く使われているものだった。ウイルスがどうしてワクチンに混入したのかは不明だが、このウイルス関連の疾患はヒトでは知られていなく、豚肉を食べる人はおそらくこのウイルスにしばしば曝露していると思われる。

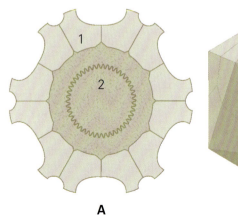

A 断面
B 外観
1 カプシドタンパク質
2 1本鎖DNAゲノム

▶感染細胞内の封入体(青色)内部に並んでいるブタサーコウイルス。

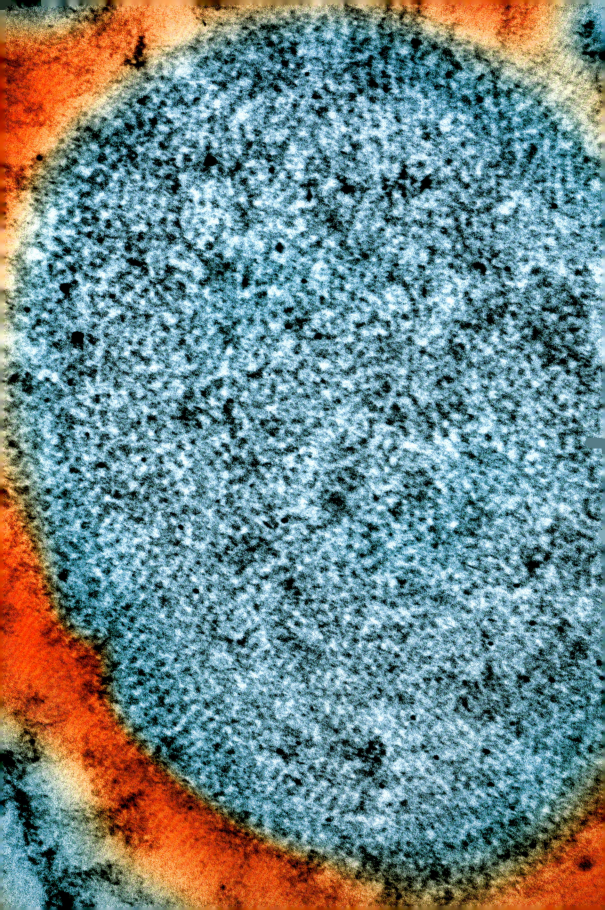

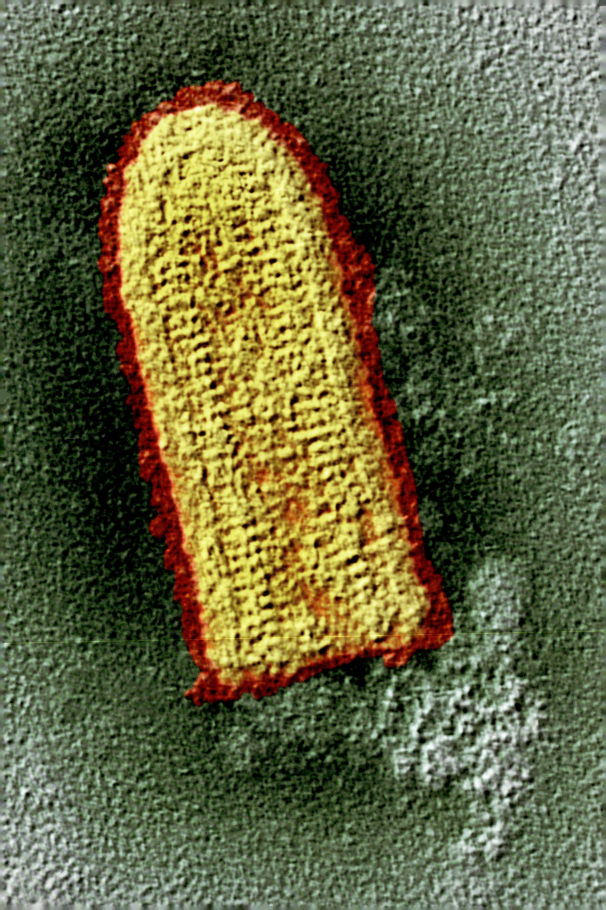

群	第5群
目	モノネガウイルス目 (Mononegavirales)
科	ラブドウイルス科 (Rabdoviridae)
属	リッサウイルス属 (Lyssavirus)
ゲノム	直鎖状、非分節、1本鎖RNA、ヌクレオチド約12,000、タンパク質5種をコード
分布	全世界
宿主	多くの哺乳類
関連疾患	狂犬病
感染経路	咬み傷
ワクチン	弱毒化ウイルス、不活化ウイルス

狂犬病ウイルス Rabies virus
ヒトにもうつる恐ろしい動物の病気

治療法はないが予防接種は有効、感染直後に接種しても効く

　狂犬病ウイルスは恐ろしい病気をもたらし、ほぼ確実に死に至る。かつては恐水病と呼ばれていたこともあった。水に怯えるという明らかな症状があるせいだ。このウイルスはさまざまな野生動物に見られ、ペット等の感染源となっている。野生動物の優勢種は地域により異なり、アライグマの場合もあれば、スカンク、キツネ、ジャッカル、マングースの場合もある。コウモリも狂犬病ウイルスを保有していることがよく知られている。ヨーロッパ、オーストラリア、南北アメリカではペット等の予防接種が行われているため、ヒトの感染はきわめてまれだが、アジアやアフリカの農村部ではヒトでも感染することが多い。ほとんどの場合、ヒトの感染はペットが狂犬病ウイルスの予防接種を受けていない地域で生じている。また、まれな例だが、アメリカ大陸ではコウモリが主な感染原因となっている。コウモリに咬まれても気づきにくいせいと思われる。

　このウイルスに感染すると、ほとんどの宿主は攻撃的になって咬みつく。唾液には高レベルのウイルスが含まれており、こうして感染が広まっていく。狂犬病ウイルスに感染しても、発症には時間がかかるため、感染直後であれば、そして特に感染が限定的とみなされる場合であれば、ワクチン接種の奏効率は非常に高い（中和用血清の注射もしばしば併用される）。毎年、世界中で約1500万人が感染後接種を受けている。WHOの概算では、これにより何十万もの人々が助かっているという。

A 断面
1 糖タンパク質
2 脂質エンベロープ
3 マトリックスタンパク質
4 リボヌクレオカプシド
　（RNAウイルスのカプシド／1本鎖RNAゲノムを取り囲むヌクレオプロテイン）
5 ポリメラーゼ
6 リン酸化タンパク質

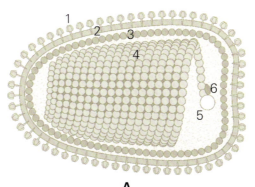

◀弾丸の形をした狂犬病ウイルスの粒子。膜は赤色、内部構造は黄色で示されている。

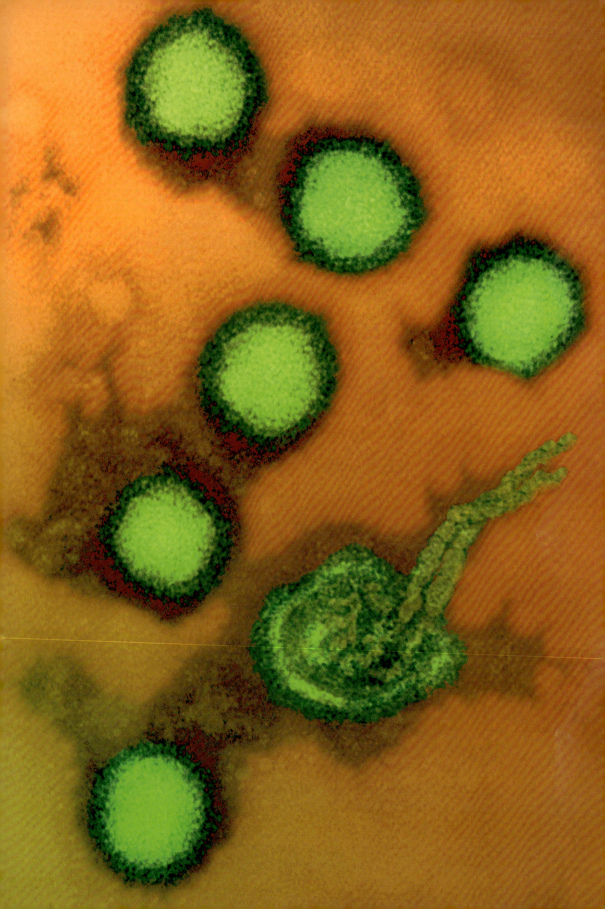

群	第5群
目	未設定
科	ブニヤウイルス科(Bunyaviridae)
属	フレボウイルス属(Phlebovirus)
ゲノム	直鎖状、3分節、1本鎖RNA、ヌクレオチド合計約11,500、タンパク質6種をコード
分布	アフリカ、マダガスカル、中東
宿主	家畜、野生の反芻動物
関連疾患	リフトバレー熱
感染経路	蚊、直接接触
ワクチン	加熱不活化ウイルス、弱毒化ウイルス（家畜用のみ。ヒト用はなし）

リフトバレー熱ウイルス Rift valley fever virus
家畜の病気。たまにヒトも感染

アフリカの家畜には壊滅的な病気

　リフトバレー熱はアフリカの家畜に何度も流行し、深刻な経済的損失をもたらしてきた。流行するときは、たいてい例年にない大雨が降り、ウイルスを媒介する蚊が増えている。最大の流行は1950年代初頭のケニアで、およそ10万頭のヒツジが死んだ。流行と流行のはざまにウイルスがどこにいるのかは不明だが、このウイルスは蚊では親から子へと垂直伝播ができ、野生の反芻動物にも存在している。感染初期には特に目立つ症状が出ないことが多く、そのためしばしば見過ごされてしまう。子羊や子牛にとっては致命的となりやすく、成獣が感染すると流産の原因となりうる。ワクチンは効果があるが、妊娠している動物には使えない。

　ヒトもリフトバレー熱ウイルスに感染する。感染した家畜から蚊が媒介することもあれば、家畜の解体時に直接接触して感染することもある。ヒトの場合は症状が軽く、発熱、脱力感、背痛などで、回復も速い。だが、進行して眼疾患、脳炎、出血熱といった深刻な症状や死を招くこともある。重症例は珍しいが、1970年代にエジプトで大流行した際は600人ほどが死亡した。家畜の場合も、ヒトの場合も、流行は多雨による蚊の発生増加と関連することが多い。

A 断面
1　糖タンパク質GnとGc
2　脂質エンベロープ
　核タンパク質に囲まれた1本鎖RNA
　　3　ゲノム分節S
　　4　ゲノム分節M
　　5　ゲノム分節L
6　ポリメラーゼ

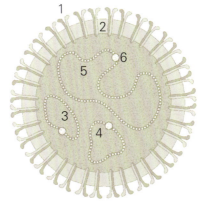

訳注：各ゲノム分節は直鎖だが、実際はポリメラーゼを介して環状になっている。

A

◀リフトバレー熱ウイルス粒子（緑色）。粒子の1つは裂け、中から太く長いゲノムRNAが伸びている。

動物ウイルス　125

群	第4群
目	モノネガウイルス目 (Mononegavirales)
科	パラミクソウイルス科 (Paramyxoviridae)
属	モルビリウイルス属 (Morbillivirus)
ゲノム	直鎖状、非分節型、1本鎖RNA、ヌクレオチド約16,000、タンパク質8種をコード
分布	かつてはアフリカ、アジア、ヨーロッパ、すでに根滅
宿主	偶蹄類、特に畜牛
関連疾患	牛疫
感染経路	直接接触、汚染水
ワクチン	弱毒化ウイルス

牛疫ウイルス Rinderpest virus
動物ウイルスで初めて根絶された

畜牛の最も深刻な病気だったが、2011年に根絶が宣言された

　牛疫については何百年も前から記述が残っている。そのほとんどはおそらく牛疫ウイルスによるものだった。元々はアジアの病気だったのが、畜牛の移動につれアフリカ、ヨーロッパへと拡大したと考えられている。18世紀から19世紀にかけてヨーロッパで何度も流行し、19世紀末にはアフリカでの大流行により、アフリカ南部の畜牛の80〜90%が死んだと推定される。牛に免疫をつけるため、予防接種の試みが始まったのは18世紀のことだった。実験は断続的に繰り返され、1762年には牛疫対策を教えるため、フランスに初めての獣医学校が誕生した。1918年、感染動物の組織を不活性化したものを使った初期のワクチンが開発された。牛疫はじつに深刻な問題となっていたため、20世紀初頭には世界動物保健機構（World Organization for Animal Health）が設立された。対策として莫大数の家畜が殺処分されることもしばしばあった。1957年、効き目の高いワクチンが開発され、本当の疾病対策が実現可能となった。世界的な根絶プログラムが開始されたのは1990年代半ばになってからだったが、このプログラムは大成功を収めた。牛疫の発症例は2001年の記録が最後となり、2011年に牛疫ウイルスは根絶を宣言された。天然痘に次いで2番目の根絶だった。

　牛疫ウイルスはヒトに感染する麻疹ウイルスの近縁種で、麻疹ウイルスの祖先と考えられている。牛疫ウイルスの根絶により、麻疹ウイルスもゆくゆくは予防接種により根絶できると期待が高まっている。

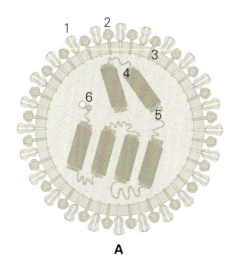

- A　断面
- 1　ヘマグルチニン
- 2　融合タンパク質
- 3　脂質エンベロープ
- 4　マトリックスタンパク質
- 5　核タンパク質に囲まれた1本鎖ゲノムRNA
- 6　ポリメラーゼ

▶牛疫ウイルスに感染した細胞。さまざまな組み立て段階のウイルス成分が見える。最も典型的なのは長いヌクレオカプシド構造で、これが宿主由来の膜でパッケージングされる。膜にはウイルスタンパク質のスパイクがついている。

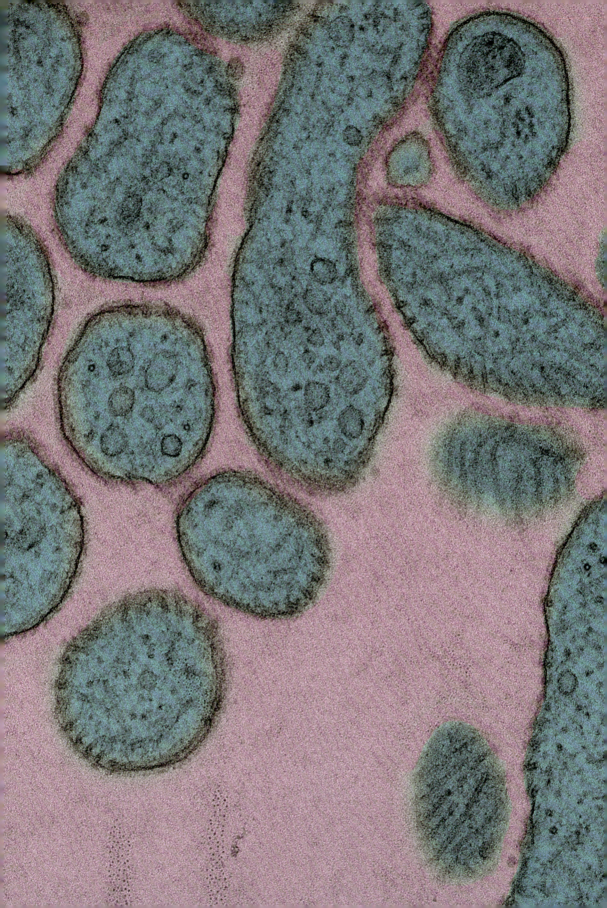

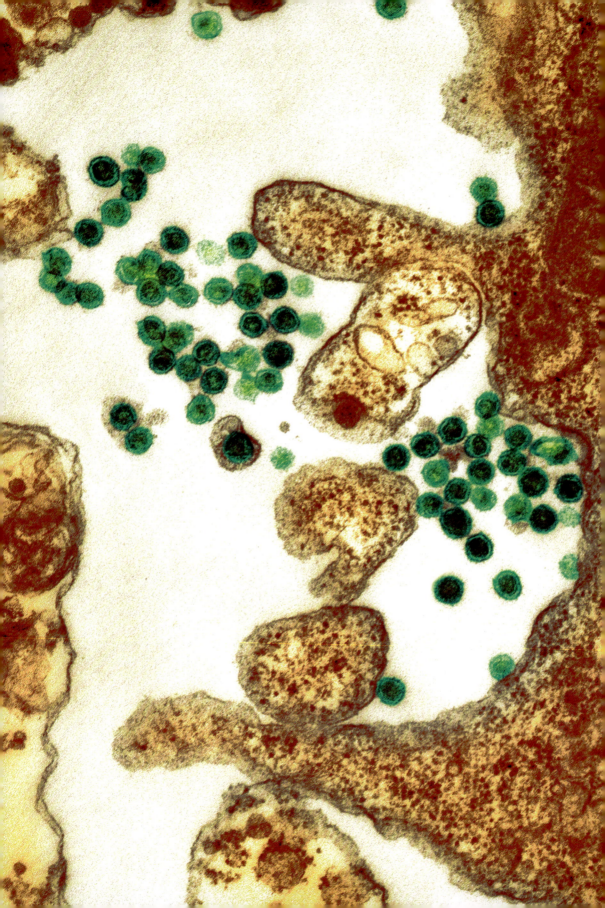

群	第6群
目	未設定
科	レトロウイルス科（Retroviridae）、オルソレトロウイルス亜科（Orthoretrovirinae）
属	アルファレトロウイルス属（Alpharetrovirus）
ゲノム	直鎖状、非分節、1本鎖RNA、ヌクレオチド約10,000、タンパク質10種をコード、そのうち数個は1つのポリプロテインに
分布	全世界
宿主	ニワトリ
関連疾患	肉腫、結合組織の悪性腫瘍
感染経路	親から卵へ。感染したニワトリの糞と接触
ワクチン	実験段階

ラウス肉腫ウイルス Rous sarcoma virus
がんの原因となることが判明した最初のウイルス

3つのノーベル賞をもたらしたウイルス

　ペイトン・ラウスがニワトリにがんをもたらすウイルスを発見したとき、科学界はその考えを受け入れなかった。がんは感染性ではないと考えられていたのだ。ラウスはウイルスの発がん性について研究しようと、何年かウイルスの分離に取り組んでいたが、その後別の研究に移った。ラウスの業績の重要性が評価されたのは1966年、ウイルス発見からじつに55年も経ってノーベル賞を受賞したのだ。1970年にはハワード・テミンとデイヴィッド・ボルティモアが、ラウス肉腫ウイルスのゲノムをコピーする酵素（逆転写酵素）を同時に発見した。この酵素はRNAをDNAへと転写する。DNAからRNAの転写のみが可能で、その逆はないとする当時のセントラル・ドグマをくつがえす発見だった。テミンとボルティモアは逆転写酵素の発見により1975年、共にノーベル賞を受賞した。ラウス肉腫ウイルスは宿主であるニワトリの遺伝子を持っている。ウイルスに発がん性を与えているのはこの遺伝子で、がん遺伝子と呼ばれ、ヒトを含むあらゆる高等生物に存在している。1989年、がん遺伝子を発見したハロルド・バーマスとマイケル・ビショップはノーベル賞を受賞した。

　ニワトリはラウス肉腫ウイルスや近縁ウイルスにしばしば感染する。たいていは発症しないが、悪性腫瘍ができることもある。親から感染している個体や、ある種のニワトリは腫瘍ができやすいが、ヒトにうつることはない。正常細胞ががん細胞に変わるルートはいろいろあり、ウイルスはそのひとつにすぎない。あらゆるがん細胞化を見てみると、ウイルスによるものは自然界ではまれである。

A　断面
1　エンベロープ糖タンパク質
2　脂質エンベロープ
3　マトリックスタンパク質
4　カプシドタンパク質
5　1本鎖ゲノムRNA（コピー2つ）
6　インテグラーゼ〔宿主DNAの切断・再結合に関与する酵素〕
7　逆転写酵素

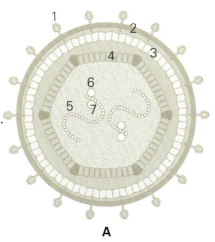

A

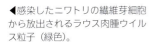

◀感染したニワトリの繊維芽細胞から放出されるラウス肉腫ウイルス粒子（緑色）。

群	第1群
目	未設定
科	ポリオーマウイルス科(Polyomaviridae)
属	ポリオーマウイルス属(Polyomavirus)
ゲノム	環状、非分節、2本鎖DNA、ヌクレオチド約5,000、タンパク質7種をコード
分布	全世界
宿主	霊長類
関連疾患	腫瘍
感染経路	不明。接触によると思われる
ワクチン	なし

サルウイルス40（SV40） Simian virus 40
細胞を培養中に発見されたサルのウイルス

かつてポリオワクチンに混入したウイルス

　サルウイルス40（SV40）は小型のDNAウイルスで、ある特定の状況で腫瘍をもたらす。通常は感染動物の体内に潜伏しており、なんらかの理由で免疫抑制が起きた場合にのみ活性化する。このウイルスは1960年、ポリオ用の弱毒化生ワクチンの一部から発見された。そのワクチンはサル培養細胞で作られていた。後になって、ポリオはヘルパーウイルスがいなければサル細胞で複製できないことが判明した。1961年以前にポリオの予防にソークワクチンを接種した人のほとんどは、SV40をも接種している。また、このウイルスはセービンワクチンにも入っていた可能性がある〔ソークもセービンもポリオワクチン開発者の名前〕。SV40は今日、しばしばヒトにも見られている。潜伏しているようだが、一部の悪性腫瘍との関連を示唆する者もいる。

　1950年代から1960年代にかけて、実験研究用に細胞を培養するという考えが広まった。サル細胞はヒト細胞と似ているため、細胞株の培養によく使われていた。潜伏していたウイルスが培養中に出現することがしばしばあり、発見された順に番号がつけられた。このようなサルウイルスは80ほどあるが、詳しく研究されたのはそのうちのごくわずかで、最も研究されたのがSV40である。このウイルスをハムスターに注入すると腫瘍ができるせいだろう。他のほとんどのサルウイルスは病原性が認められていない。ここからもウイルス研究の偏向が見えてくる。病原性ウイルスは研究されているが、非病原性ウイルスは、自然界では最も一般的だと思われるのだが、無視されてきた。SV40は分子生物学の主な基礎を理解するために重要なツールとなり、哺乳類細胞においてさまざまな遺伝子を研究するためのシステムとして使われてきた。

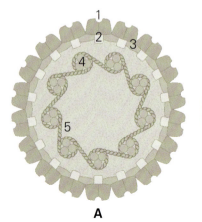

A

B

A 断面
B 外観
1 カプシドタンパク質　VP1
2 カプシドタンパク質　VP2
3 カプシドタンパク質　VP3
4 宿主ヒストン
5 2本鎖ゲノムDNA

▶精製したSV40の粒子（赤紫色）。表面構造の詳細が見える。

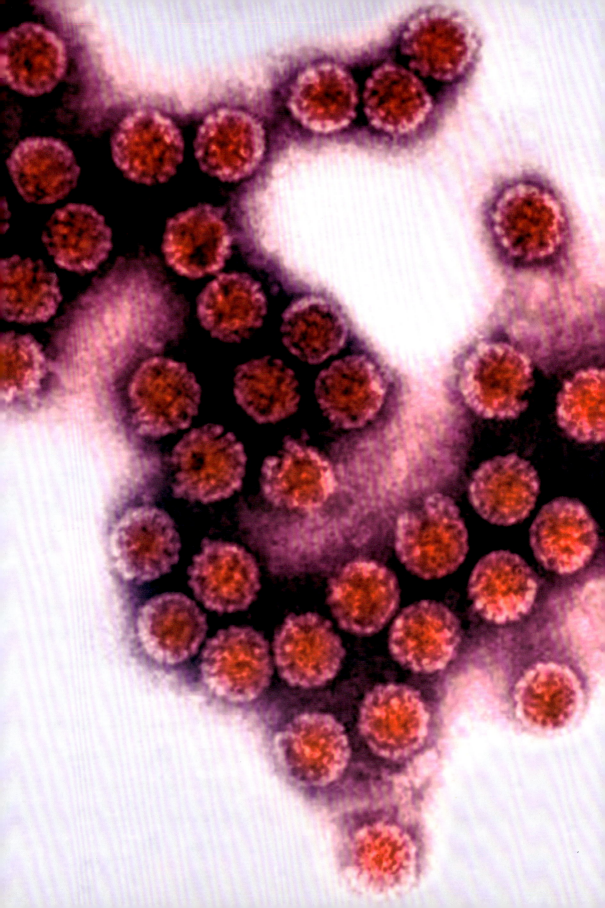

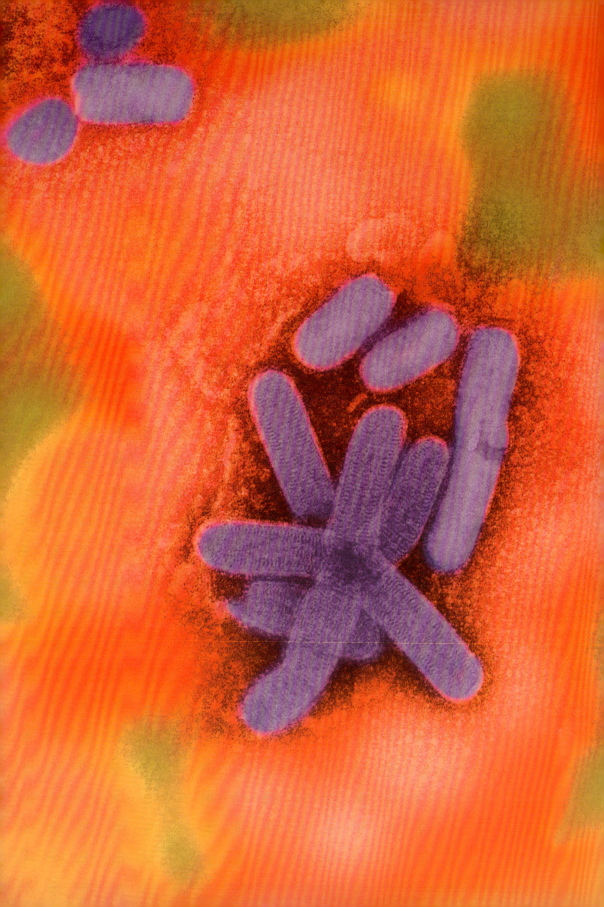

群	第5群
目	モノネガウイルス目 (Mononegavirales)
科	ラブドウイルス科 (Rhabdoviridae)
属	ノビラブドウイルス属 (Novirhabdovirus)
ゲノム	直鎖状、非分節、1本鎖RNA、ヌクレオチド約11,000、タンパク質6種をコード
分布	北半球の海域
宿主	多くの魚類（サケからニシン、ヒラメまで）
関連疾患	出血性敗血症
感染経路	水系感染。魚卵、汚染された釣餌または飼料
ワクチン	開発中

ウイルス性出血性敗血症ウイルス
魚の新たな致命的疾患　Viral hemorrhagic septicemia virus

養殖魚から始まり、拡散し続けている病気

　魚にとって重病である感染性造血器壊死症が初めて記述されたのは1950年代だった。発症により問題となったのはヨーロッパの養殖マスだった。その後、母川回帰した太平洋サケにも同じウイルスが見つかったが、サケにはなんの症状も出ない。野生魚を調査したところ、このウイルスは多くの海産魚に広く存在し、たいていは病気をもたらさないことが判明した。いっぽう、養殖魚では数々のウイルス株が出現し、過去2、30年間に北半球の数ヵ所で病気が発生した。スカンジナビア、イギリス諸島、韓国と日本、米国の五大湖などである。感染魚は不活発になるが、興奮した行動を示すこともある。腹が膨張する場合が多く、眼球が突き出ることもある。このウイルスは今日でも新たな水域で発見されている。野生魚の自然感染からの流出が主な原因である。また、感染魚を人が扱い、生の魚を養殖魚の餌として与えているのも、感染拡大を助長していると思われる。

　重病の流行により、養魚場ではこのウイルスを避けようと、非常に厳格な衛生対策が行われている。また、ウイルスが天然魚に拡散するのを防ぐため、釣りの餌にはウイルスで汚染されていないものを使う、釣り船や複数の淡水湖で使う釣り具は徹底的に洗浄するなどの対策も行われている。

A　断面
1　糖タンパク質
2　脂質エンベロープ
3　マトリックスタンパク質
4　リボヌクレオカプシド（1本鎖RNAゲノムを取り囲む核タンパク質）
5　ポリメラーゼ
6　リン酸化タンパク質

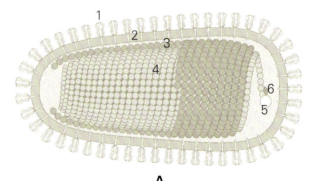

◀ウイルス性出血性敗血症ウイルス粒子（ピンク色）。ラブドウイルス科に典型的な弾丸の形をした粒子の構造がはっきり見える。

群	第6群
目	未設定
科	レトロウイルス科（Retroviridae）、オルソレトロウイルス亜科（Orthoretrovirinae）
属	ガンマレトロウイルス属（Gammaretrovirus）
ゲノム	直鎖状、非分節、1本鎖RNA、ヌクレオチド約8,400、タンパク質3種をコード
分布	全世界
宿主	イエネコ、野生のネコ
関連疾患	貧血、白血病、免疫抑制
感染経路	唾液や尿に口や鼻で接触、垂直伝播（母親から子へ）
ワクチン	不活化ウイルス、遺伝子組換えワクチン

ネコ白血病ウイルス Feline leukemia virus
ネコに血液がんをもたらす

感染後の状態はまちまちで、まったく発症しない場合もある

　ネコ白血病ウイルスに感染した場合、結果は多様であるとしか言いようがない。初めて感染したネコがなんの症状もなく歩き回っていることもあり、このようなネコは他のネコの感染源となる。多くのネコはまず軽い熱が出て、うつらうつらしている。十分な免疫反応がなされない場合は進行し、致命的となる。このウイルスはレトロウイルス（細胞を持つ生物はDNAをRNAに転写するが、レトロウイルスは逆に自分のRNAをDNAへと転写する）であるため、自分のDNAを宿主細胞のゲノムに組み込んで自己複製するのだが、宿主のある特定の遺伝子の近くに組み込んだ場合、白血病が発症する可能性がある。また、ウイルスが宿主細胞からがん遺伝子を得ることもあり、この場合ウイルスは別のサブタイプに変化し、他の細胞内で白血病を起こすことがある。さらに、まれにだが、このウイルスのサブタイプは致命的な貧血をもたらすこともある。

　感染の有無は血液検査でわかる。有病率はヨーロッパや北米では3～4％だが、タイでは25％と高い。地域によっては、予防接種が流行対策となる可能性がある。検査はネコに予防接種する前に行うよう推奨されている。新たにネコをペットとして迎える場合や、屋外で過ごしているネコには特に検査が大切である。ただ、検査の前に予防接種をしても、検査の妨げとはならない。

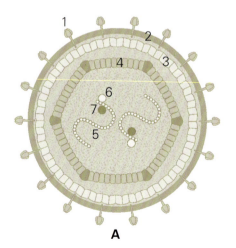

A	断面
1	エンベロープ糖タンパク質
2	脂質エンベロープ
3	マトリックスタンパク質
4	カプシドタンパク質
5	1本鎖ゲノムRNA（コピー2つ）
6	インテグラーゼ
7	逆転写酵素

群	第1群
目	ヘルペスウイルス目（Herpesvirales）
科	ヘルペスウイルス科（Herpesviridae）、ガンマヘルペスウイルス亜科（Gammaherpesvirinae）
属	ラジノウイルス属（Rhadinovirus）
ゲノム	直鎖状、非分節、2本鎖DNA、ヌクレオチド約118,000、タンパク質約80種をコード
分布	東欧で分離。近縁ウイルスは世界中の齧歯類に見られる
宿主	マウス、野ネズミ、他のネズミ科の齧歯類
関連疾患	リンパ腫
感染経路	不明。鼻汁、母乳、性感染の可能性
ワクチン	なし

マウスヘルペスウイルス68型 Mouse herpesvirus 68
ヒトヘルペスウイルス感染の研究モデル

感染期間は長く、病原体にも相利共生にもなりうる

　ヘルペスウイルスは哺乳類にはごくありふれたウイルスで、ほとんどが潜伏して長期感染となる。一部のガンマヘルペスウイルスはヒトの病原体で、特にエプシュタイン・バーウイルス（Epstein-Barr virus）は単核球症の原因となるほか、リンパ腫とも関連がありうる。また、カポジ肉腫関連ヘルペスウイルス（Kaposi sarcoma-associated herpesvirus）は、AIDS関連のがんに見られる。マウスヘルペスウイルス68型はこうしたヒトの病原体と近縁関係にあるため、研究モデルとして使われている。このウイルスは野ネズミから分離されたが、実験用マウスに容易に感染する。マウスに病気を起こすこともあるが、なんの症状も出ないことも多く、相利共生となる場合もある。感染したマウスはリステリア菌やペスト菌などの細菌性病原体に抵抗力がある。リステリア菌は食物が媒介するヒトの病原体としてかなり一般的であり、ペスト菌は腺ペストをもたらす。また、マウスヘルペスウイルス68型はNK細胞を活性化することができる。NK細胞は重要な免疫細胞で、がん細胞を殺したり、病原体を撃退したりといった働きに関わっている。マウスヘルペスウイルス68型は有益なウイルスとして重要な例である。ヒトヘルペスウイルスにも同じような効果があるかどうかはまだわかっていないが、おそらくあるのではないかと思われる。

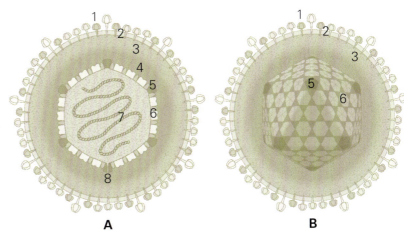

A　断面
B　カプシド外観を示す断面
1　エンベロープタンパク質
2　脂質エンベロープ
3　外部カプシド外被
4　内部カプシド外被
5　カプシドタンパク質三量体
6　主要カプシドタンパク質
7　2本鎖ゲノムDNA
8　ポータル頂点

植物ウイルス
PLANT VIRUSES

はじめに

　植物は動物と異なる点が多く、したがって植物ウイルスも独特の特徴を備えている。動物細胞は細胞膜に覆われているが、植物細胞は細胞膜の外側に細胞壁がある。動物ウイルスの多くは細胞膜を利用して自身をくるみ、それによって宿主細胞に入っていく。植物ウイルスの場合、エンベロープを有するものはほとんどなく、わずかな例外も実際はおそらく昆虫ウイルスで、植物内でも複製できるタイプだ。植物ウイルスにとって、植物の細胞壁の内側へと侵入するのが難題である。侵入しないことには感染できず、侵入後もその植物内を動き回れない。植物ウイルスは植物を食べる昆虫を利用して植物細胞内に入っていく場合が多いが、草食動物、植物の根にコロニーを作る線虫、さらに菌類までも利用することがある。また、これらの生物はウイルスの植物間移動を助けるベクター（媒介者）にもなる。植物は種子を除いてほとんど移動できない。一部の植物ウイルスにとっては、剪定ばさみや芝刈り機、そして植物原料の物理的処理もベクターとなる。

　ベクターのおかげで宿主内に侵入できたとしても、その後ウイルスはどのようにして植物細胞間を移動するのだろう？　ほとんどの植物ウイルスは、移行タンパク質と呼ばれるタンパク質をコードする。このタンパク質には植物細胞をつなぐ小さな気孔の大きさを変える働きがあるため、ウイルスは細胞間を移動できるのだ。完全なウイルス粒子として移動するものもあれば、ゲノムをむきだしのまま移動させるものもある。植物細胞には細胞間で物質を移動させる独自のタンパク質があるため、ウイルスはその遺伝子を宿主から得ることも可能ではあるが、ウイルスと宿主の遺伝子交換はウイルスから宿主へという形がほとんどである。

　植物ウイルスには、自分からは細胞間を移動せず、細胞分裂時に一緒に運ばれていくタイプも多い。このタイプは種子感染によって何世代にもわたって宿主の植物に居座り、持続感染ウイルスと呼ばれる。病原体として知られているウイルスではないため、研究はほとんどなされていないが、植物では非常に一般的に見られ、菌類に感染するウイルスと類似点がある。本章ではこのタイプから2種、イネエンドルナウイルス（Oryza sativa endornavirus）とシロクローバ潜伏ウイルス（White clover cryptic virus）を掲載している。

　動物ウイルスには見られない、植物ウイルス独自の特徴としてもうひとつ、ゲノムのパッケージ方法も挙げられる。ゲノムが分節に分かれている植物ウイルスは、分節ごとに独立した粒子を形成するものが多い。したがって、ごく単純なウイルス粒子からより複雑なゲノムを作ることができるのだが、新たな感染を始めるには異なる分節をもつウイルス粒子をすべて宿主内の一ヵ所に集める必要がある。

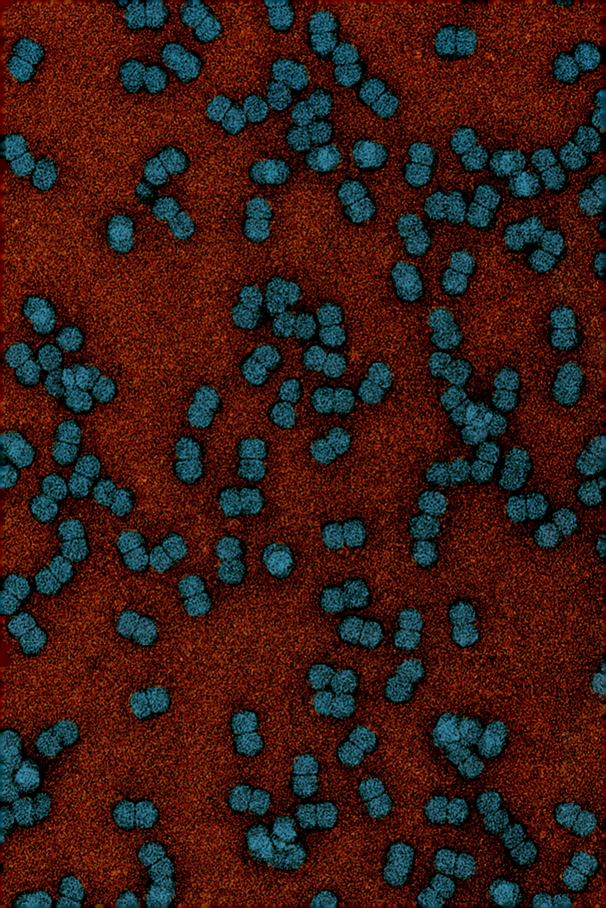

群	第2群
目	未設定
科	ジェミニウイルス科（Geminiviridae）
属	ベゴモウイルス属（Begomovirus）
ゲノム	環状、2分節、1本鎖DNA、ヌクレオチド合計約5,200、タンパク質8種をコード
分布	サハラ以南のアフリカ
宿主	キャッサバ
関連疾患	キャッサバモザイク病
感染経路	コナジラミ

アフリカキャッサバモザイクウイルス
アフリカの主食に大ダメージを与える
African cassava mosaic virus

新しい作物をアフリカに導入したところ、ウイルス病が発生

　キャッサバは南米原産の植物で、16世紀にポルトガル人がアフリカに持ち込んだ。その後は細々と栽培されていたが、20世紀初頭にキャッサバを主食としようという強い働きかけがあった。だが、中央アフリカでは1920年代に入るまでに深刻なモザイク病が広がり、20年代から30年代にかけて、キャッサバモザイク病は何度も流行した。これがウイルス性の病気で、コナジラミが媒介すると判明したのは1930年代だった。モザイク病に抵抗力のあるキャッサバを作る試みがなされ、最初のうちは成功したものの結局は病気にかかり、中央アフリカではキャッサバモザイク病が猛威を振るい続けていた。分子生物学の新技術が開発され、アフリカキャッサバモザイクウイルスは、キャッサバにモザイク病をもたらす近縁ウイルスの1グループだと判明した。いずれもジェミニウイルス科に属している。双子座を意味するジェミニと名づけられたのは、ウイルス粒子が20面体を2つ合体した形であるからだ。アフリカキャッサバモザイクウイルスには、対策を阻む問題がいくつかある。まず、媒介昆虫であるコナジラミが大量に存在していることだ。病気の流行時には特に多い。また、1本の植物に種の異なる2つのウイルスが感染すると、両者の遺伝子を混ぜ合わせたウイルスが新たに誕生することも問題となる。ウイルスのゲノムを調べてみると、こうして誕生したウイルスの多さに気づかされる。新しいウイルスは元のウイルスより病原性が高くなったり、宿主の抵抗を迂回できたりする場合がある。さらに3つ目の問題として、サテライトDNAの存在が挙げられる。これは小さなDNA分子で、ウイルスのパラサイト（寄生体）であり、親ウイルスの複製率を高めることができる。また近縁ウイルスでは、サテライトDNAが植物内にある媒介昆虫の繁殖を高める遺伝子を発現させることが認められている。キャッサバモザイク病は中央アフリカの最も重要な作物のひとつに壊滅的な被害を与えるため、対策として国際的な取り組みが行われている。

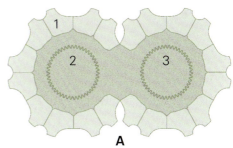

◀精製したアフリカキャッサバモザイクウイルスの粒子（青色）。2つの20面体構造が結合し「双子」となっている。

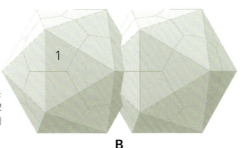

A	断面
B	外観
1	カプシドタンパク質
2	1本鎖DNAゲノム分節A
3	1本鎖DNAゲノム分節B

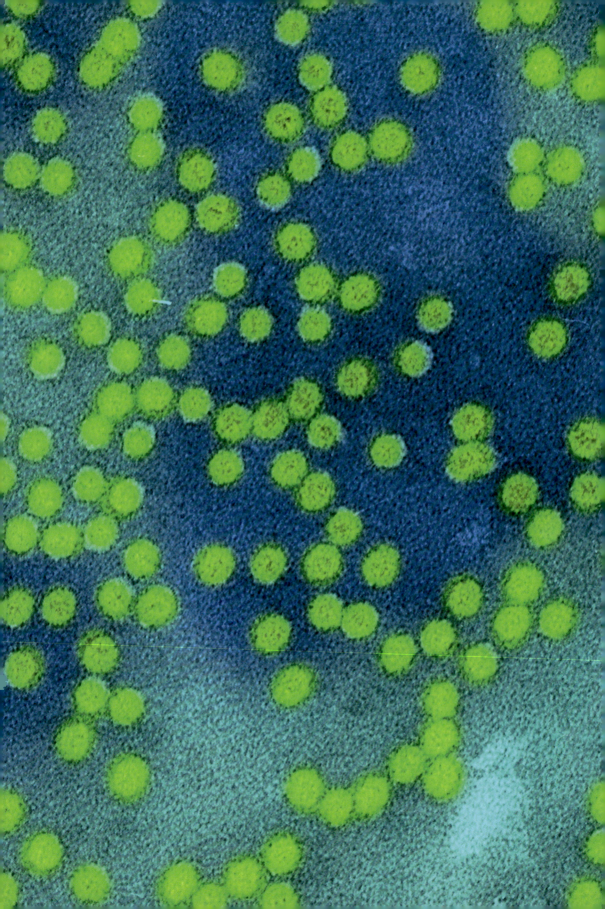

群	第2群
目	未設定
科	ナノウイルス科（Nanoviridae）
属	バブウイルス属（Babuvirus）
ゲノム	環状、6分節、1本鎖DNA、ヌクレオチド合計約7,000、タンパク質6種以上をコード
分布	アジア、アフリカ、オーストラリア、ハワイ
宿主	バナナ、プランタン（バショウ科）
関連疾患	バンチートップ病
感染経路	バナナアブラムシ

バナナバンチートップウイルス
世界の各地でバナナを脅かす
Banana bunchy top virus

フィジーから世界へ

　バナナバンチートップ病は、バナナやプランタンの最も深刻なウイルス性の病気で、バナナを育てている世界のほとんどの地域（アメリカ大陸を除く）で見つかっている。初めて報告されたのはフィジーで1889年だった。当時はウイルスが原因とはわからなかった。ウイルス性の病気だと発表されたのは1940年だが、実際にウイルスが同定されたのは1990年だった。ウイルスは感染バナナの貿易により拡散していく。地域内での拡散はアブラムシが媒介する。バナナのように、種子よりも親株の根元から出てくる新芽で増やす植物の場合、ウイルスの根絶は非常に難しい。このウイルスは世界の多くの地域に拡散したが、中央・南アメリカには媒介昆虫であるバナナアブラムシが見つからず、この地域のバナナが病気を免れているのはそのせいかもしれない。

　バナナバンチートップウイルスには独特の特徴がいくつかある。まず、バナナの師部で一生を過ごすという点である。師部とは、光合成により作られた糖やその他の栄養分を植物全体に行き渡らせるための管で、ウイルスにとってはアブラムシに拾われる機会が限られる。葉の細胞内にいるウイルスなら、アブラムシがちょっと口針を刺した程度でも移れるが、維管束の師部にいるこのウイルスは、アブラムシがじっくり腰を据えて吸汁するときしか移動のチャンスがない。また、このウイルスは6分節のゲノムを1つずつカプシドで包んでいる。だから単純なタンパク質だけでパッケージできるのだろうが、新たな植物に感染するには、異なる分節の粒子が最低でも6個必要となる。なぜこのようなしくみになったのか、まだはっきりとは解明されていない。

A 断面
B 外観
1 カプシドタンパク質
2 1本鎖DNAゲノム分子
　（6分節のうちの1つ）

◀バナナバンチートップウイルスの粒子（緑色）。中に含まれる分節がそれぞれ異なる粒子6つで1つの完全体となるが、電子顕微鏡で見てみると、どれも見た目は同じである。

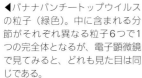
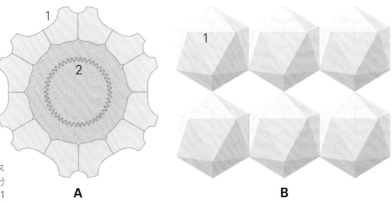

群	第4群
目	未設定
科	ルテオウイルス科（Luteoviridae）
属	ルテオウイルス属（Luteovirus）
ゲノム	直鎖状、非分節、1本鎖RNA、ヌクレオチド約6,000、タンパク質6種をコード
分布	全世界
宿主	オオムギ、エンバク、コムギ、トウモロコシ、コメ、その他イネ科の植物（作物も野生植物も含む）
関連疾患	穀粒の黄化・萎縮（感染しても症状が出ない場合もある）
感染経路	アブラムシ

オオムギ黄萎ウイルス Barley yellow dwarf virus
イネ科の外来植物の侵入を招く

穀物に生じるウイルス性の病気

　初めて発見されたウイルスの宿主がオオムギだったためにこの名がついたが、世界中のさまざまな穀類に病気をもたらすウイルスである。19世紀末から20世紀初頭にかけて、エンバクが畑で赤く変色し、収穫高が激減する「赤いエンバク」病が流行した。原因はこのウイルスだった。作物だけでなく、野生のイネ科の植物にも感染するが、野生の植物はなんの病気にもならず、作物の感染源となることがある。米国西部の一部では、オオムギ黄萎ウイルスがイネ科の外来植物の侵入を助け、在来種が脅威にさらされている。外来種は著しく感染しており、媒介昆虫のアブラムシを惹きつける。在来種はアブラムシによって感染し、ウイルスがもたらす病気に弱い。

　オオムギ黄萎ウイルスは非常によく研究され、アブラムシと密接な関係を築き、ウイルス株によってアブラムシの種類が異なることが判明している。アブラムシがウイルスを得て伝播するには、植物をじっくり吸汁する必要がある。このウイルスを保有しているアブラムシは感染していない植物を好み、ウイルスを保有していないアブラムシは感染している植物を好む傾向があることが実験で示された。このウイルスは確実に拡散できるよう、アブラムシを惹きつける植物性化合物の産生を操作しているのだ。

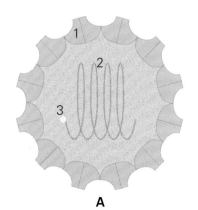

A 断面
B 外観
1 カプシドタンパク質
2 1本鎖RNAゲノム
3 VPg

▶精製したオオムギ黄萎ウイルスの粒子（赤色）。写真に写っている粒子の大半は外面しかわからないが、断面がわかるものも2、3ある。

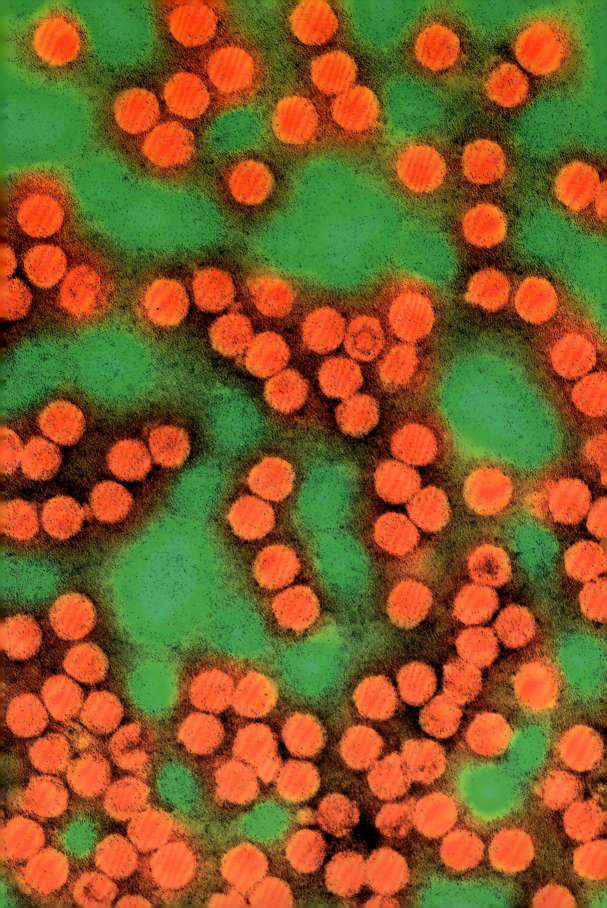

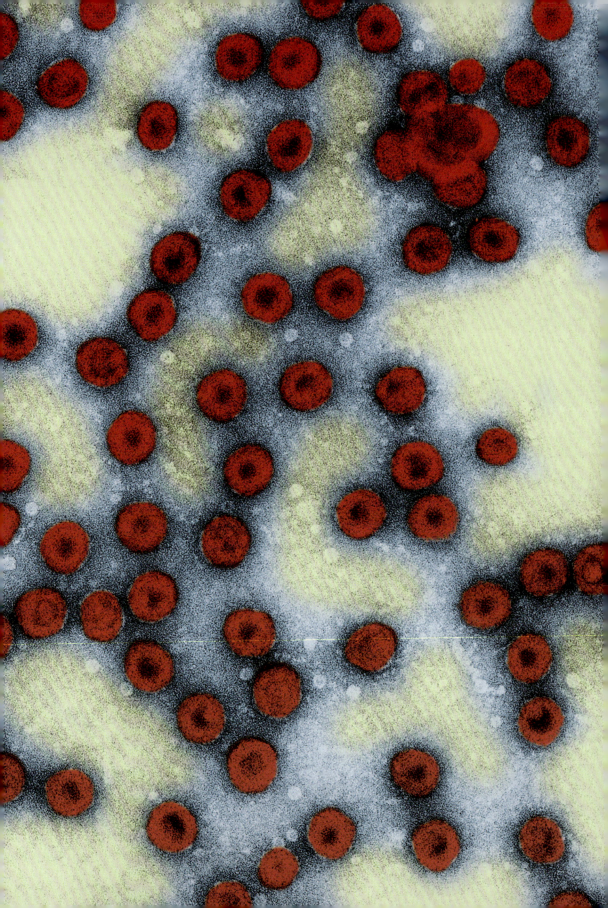

群	第7群
目	未設定
科	カリモウイルス科(Caulimoviridae)
属	カリモウイルス属(Caulimovirus)
ゲノム	環状、非分節、2本鎖DNA、ヌクレオチド約8,000、タンパク質7種をコード
分布	全世界、特に温暖地方
宿主	アブラナ科の植物の大半、ナス科の植物も含まれる場合がある
関連疾患	モザイク病、葉脈透化
感染経路	アブラムシ

カリフラワーモザイクウイルス
Cauliflower mosaic virus
植物のバイオテクノロジーの道を切り開いたウイルス

「初」の多いウイルス

　カリフラワーモザイクウイルスは1937年に記述された。DNAゲノムを持つことが判明した初の植物ウイルスであり、ゲノム配列が決定された初の植物ウイルス、クローンが作られた初の植物ウイルスでもある（クローンは植物に感染させ、子孫を作らせる目的で利用された）。また、複製の際にRNAをDNAへと転写する逆転写酵素を使うウイルスがいると初めてわかったのも、このウイルスだった。これは驚くべき発見だった。というのも、逆転写酵素を使うウイルスはほとんどがRNAゲノムを持っているからだ。カリフラワーモザイクウイルスやその他の近縁ウイルスは、自分のDNAゲノムを完全にコピーしたRNAを作り、そしてDNAに転写し直す。DNAの中にはプロモーターと呼ばれる領域があり、これがRNA合成を指示するのだが、合成の際にプロモーターを認識するのは植物の酵素である。バイオテクノロジーではこの特徴を利用している。由来の異なる遺伝子をプロモーターに結合させ、植物のDNAに導入して、その遺伝子を発現させているのだ。遺伝子組換え植物の大多数は、カリフラワーモザイクウイルスのプロモーターを持っているため、遺伝子組換え植物に不安を抱く人もいる。ただ、ふだん野菜を食べている人は食物に含まれるウイルスにしばしば感染されているので、遺伝子組換え植物ならではの特別なことではない。植物のゲノムに関する最近の研究で、カリフラワーモザイクウイルスの祖先は100万年以上も昔に自然に植物ゲノムに組み込まれたことが判明した。

　カリフラワーモザイクウイルスには、他にも興味深い特徴がある。このウイルスは、アブラムシが吸汁し始めると察知し、アブラムシに付着しやすくなるよう、急いで姿を変えることが最近わかった。アブラムシに付着しやすくなれば、より効果的に拡散できる。また、このウイルスは植物の免疫反応から逃れるため、独特の方法を編み出した。植物はウイルスゲノムの一部と同様の小分子RNAを使い、ウイルスを破壊しようとする。だが、カリフラワーモザイクウイルスはおとりとして小分子RNAをたくさん作り、植物の小分子RNAをすべてそちらに引きつけ、自分のゲノムが標的とならないようにする。

A　断面
1　カプシドタンパク質
2　ウイルス付随タンパク質
3　部分的2本鎖DNAゲノム

◀純化されたカリフラワーモザイクウイルスの粒子。さまざまな断面が見える。この電子顕微鏡写真では、焦点の合っている平面は一定ではない。

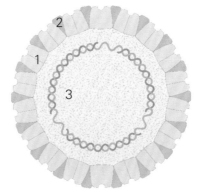

A

群	第4群
目	未設定
科	クロステロウイルス科（Closteroviridae）
属	クロステロウイルス属（Closterovirus）
ゲノム	直鎖状、非分節、1本鎖RNA、ヌクレオチド約19,000、タンパク質17〜19種をコード（一部は1つのポリプロテインに含まれる）
分布	全世界
宿主	かんきつ類数種
関連疾患	高接病（たかつぎびょう）、苗木の黄変、衰弱・枯死
感染経路	アブラムシ

カンキツトリステザウイルス Citrus tristeza virus
世界のかんきつ類の強敵

変異型の多い複雑なウイルス

　カンキツトリステザウイルスが問題になったのは20世紀、かんきつ類の貿易が加速された頃だった。それまでは、かんきつ類の長距離輸送は種子がほとんどだった。このウイルスは種子には感染しない。1930年代、ブラジルで深刻なかんきつ類の病気が流行し、多数の木々が枯死し、栽培農家は大打撃を受けた。原因となったウイルスは、ポルトガル語で悲しみを意味するトリステザと呼ばれた。このウイルスの犠牲となったかんきつ類は世界中で1億本近くに上る。ただ、感染は一様ではない。まったく症状が出ない場合もあり、症状が出ても程度に大きな差がある。しかも、感染した木はたいてい複数のウイルス株を同時に持っている。これが病気の程度にどのような影響を与えるのかは判明していない。かんきつ類の中には、このウイルスに抵抗力がある栽培品種もある。つまり、ウイルスに感染しない、または感染しても病気にならないということだ。

　ウイルスが拡散するには伝播手段が必ず重要な要素となる。カンキツトリステザウイルスの場合、媒介するアブラムシは数種いるが、最も役に立つのはミカンクロアブラムシである。このアブラムシは1990年代にキューバから米国フロリダに入り、そのためウイルスが爆発的に増加し拡散した。また、アジア、サハラ以南のアフリカ、ニュージーランド、オーストラリア、太平洋諸島、南米、カリブ地域でも見られるが、地中海沿岸地方にはほとんどいなく、米国でもフロリダ以外では見られていない。ただ、他の種のアブラムシがこのウイルスを媒介する可能性がある。

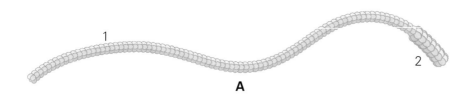

A　断面
1　カプシドタンパク質
2　ガラガラヘビ状構造

▶曲がりくねった棒状のカンキツトリステザウイルス（金色）。一端が太くなったガラガラヘビ状構造が見えるものもある。長さがまちまちなのは、このウイルス粒子はもろく、精製や染色の過程で一部が壊れたからである。

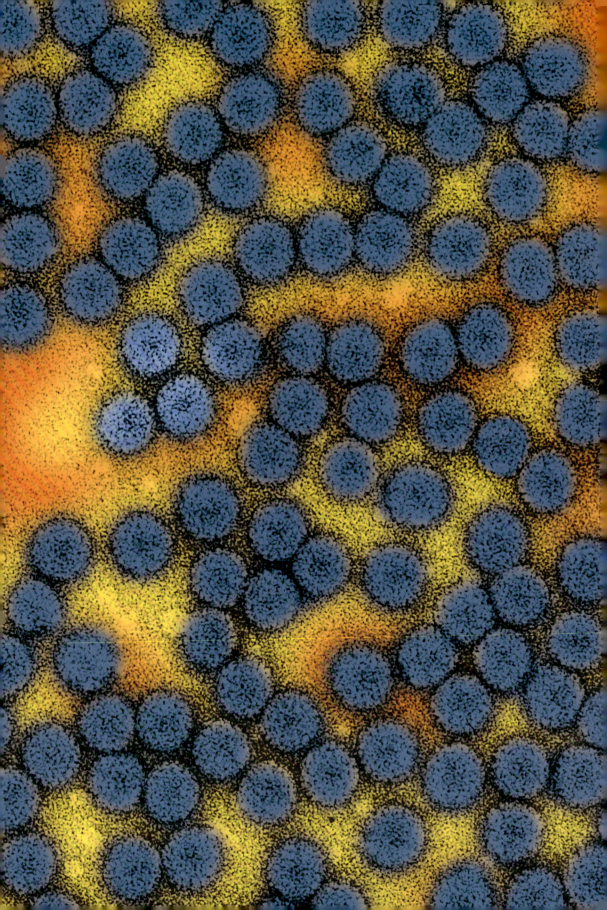

群	第3群
目	未設定
科	ブロモウイルス科(Bromoviridae)
属	ククモウイルス属(Cucumovirus)
ゲノム	直鎖状、3分節、1本鎖RNA、ヌクレオチド合計約8,500、タンパク質5種をコード
分布	全世界
宿主	多くの植物
関連疾患	モザイク病、発育阻止、葉の変形
感染経路	アブラムシ

キュウリモザイクウイルス Cucumber mosaic virus
宿主は1200種以上

進化や基礎ウイルス学の研究モデル

　キュウリモザイクウイルスが初めて発見されたのは1916年、米国ミシガン州のキュウリだった。その後、カボチャやメロンでも発見された。植物ウイルス学が始まって間もない頃は、宿主と症状をウイルス名としていたため、新たな宿主でウイルスが発見されるたびに、新たな名前がつけられることが多かった。既知の植物ウイルスと同じかどうかを調べるツールがなかったからである。のちに分子ツールが開発され、既知のウイルスの約40％が実際はキュウリモザイクウイルスだったことが判明した。このウイルスの宿主として1200種もの植物が報告されており、宿主の多さは現時点ではトップである。キュウリモザイクウイルスは作物にも、園芸植物にも感染し、世界中で深刻な病気をもたらしてきた。媒介するアブラムシは300種を超える。興味深いことに、今日栽培されているキュウリのほとんどの品種は、このウイルスに抵抗力がある。多くの作物に病気をもたらすウイルスだが、干ばつや寒さに対する耐性を植物に与え、厳しい状況下に置かれた植物に恩恵をさずけてもいる。

　キュウリモザイクウイルスは進化の研究で使われた最初のウイルスである。遺伝物質や突然変異がまったく知られていなかった時代、このウイルスを継続的に植物に感染させ、その症状の経時的変化やウイルスの進化を見るという研究が行われていた。変化の原因となる特定の突然変異が突き止められたのは、それからだいぶ経った1980年代だった。キュウリモザイクウイルスはクローンが作られ、ウイルスが宿主とどのように相互作用し、症状を引き起こし、また自身のRNAゲノムがどのようにして進化するのかを研究するための重要なツールとなった。

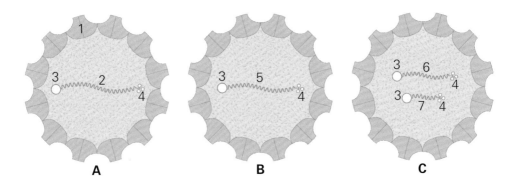

◀精製したキュウリモザイクウイルス粒子（青色）。ここには、それぞれ異なるRNAを内包する3種類の粒子が写っているが、外面からは区別できない。

A RNA1を内包する粒子の断面
B RNA2を内包する粒子の断面
C RNA3と4を内包する粒子の断面図

1 カプシドタンパク質
2 1本鎖ゲノムRNA1
3 キャップ構造
4 tRNA様構造
5 1本鎖ゲノムRNA2
6 1本鎖ゲノムRNA3
7 1本鎖ゲノムRNA4

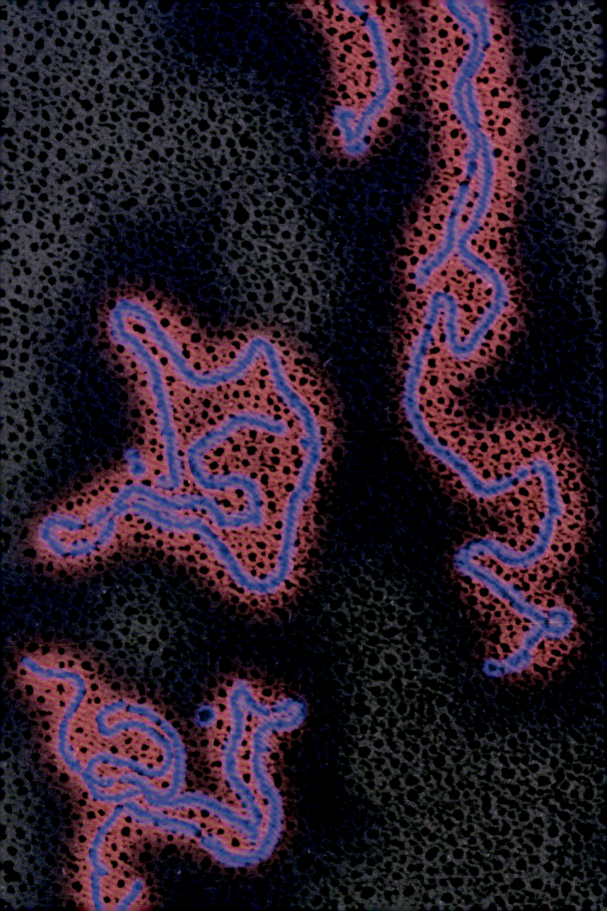

群	第3群
目	未設定
科	エンドルナウイルス科（Endornaviridae）
属	エンドルナウイルス属（Endornavirus）
ゲノム	直鎖状、非分節、2本鎖RNA、ヌクレオチド約13,000、大型のポリプロテインを1つコード
分布	世界中のイネ栽培地域
宿主	ジャポニカ米
関連疾患	なし
感染経路	種子

イネエンドルナウイルス Oryza sativa endornavirus
1万年前から存在するイネのウイルス

宿主植物のほぼ一部となっている謎のウイルス

エンドルナウイルス科はじつに興味深い。さまざまな植物や菌類に感染し、卵菌綱（菌類と似ているが、遺伝学上は近縁ではない）でも1種には感染が確認されている。この科のウイルスはカプシドを持っていないようで、大型の2本鎖RNAしか宿主の中に見られないが、本当のゲノムはおそらく1本鎖RNAである。エンドルナウイルスは植物の持続感染ウイルス、つまり種子を通じてのみ伝播するタイプである。持続感染ウイルスは通常、宿主である栽培品種の個体すべてに見られ、宿主との関係は非常に長期にわたって続く。ジャポニカ米の場合は、世界中で栽培されているイネの事実上すべてがイネエンドルナウイルスに感染している。

イネエンドルナウイルスはジャポニカ米の品種すべてに見られ、近縁ウイルスはイネの祖先であるオリザ・ルフィポゴン（Oryza rufipogon）に見られるが、インディカ米品種には感染していない。ジャポニカ米とインディカ米に系統が分かれたのはおよそ1万年前、イネが栽培化されたときである。したがって、このウイルスは少なくとも1万年前には存在していたことになる。イネエンドルナウイルスは非常に大型のタンパク質をコードする。このタンパク質には、RNA依存RNAポリメラーゼ（ウイルスのRNAを複製するタンパク質）など、既知のタンパク質に類似した領域も含まれている。このウイルスが宿主であるイネにどのような影響を与えているのかはわかっていない。未感染のジャポニカ米品種がなく、比較ができないせいもある。

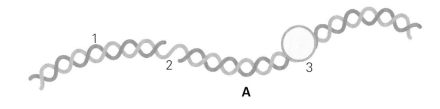

◀ イネエンドルナウイルスは粒子を作らない。この電子顕微鏡写真に写っているのは2本鎖RNAゲノムである（青色）。

A 断面
1 2本鎖RNA複製中間体
2 RNAコード鎖のニック（切れ目）
3 ポリメラーゼ

群	第4群
目	未設定
科	未設定（オーファン）
属	ウルミアウイルス属（Ourmiavirus）
ゲノム	直鎖状、3分節、1本鎖RNA、ヌクレオチド約4,800、タンパク質3種をコード
分布	イラン北西部
宿主	メロンと近縁植物
関連疾患	メロンモザイク病
感染経路	不明

ウルミアメロンウイルス Ourmia melon virus
植物ウイルスと菌類ウイルスから生まれたキメラウイルス

珍しい構造のウイルス

ウルミアメロンウイルスには珍しい特徴が2つある。まず、粒子の形が細長く、大きさが一定していないことである。カプシドタンパク質から基本的なディスク構造が形成されるのだが、その積み重ね方がいろいろあるために大きさが異なる。右頁の電子顕微鏡写真ではカプシドの形が3〜5種類見えるが、一般的な形は2種類のみである。

驚くべき進化の歴史

もう1つの特徴は、その進化の歴史である。ウルミアメロンウイルスのゲノムの研究により、このウイルスは少なくとも2つのウイルス群から誕生したことが判明している。菌類に感染するナルナウイルス（narnavirus）と、植物に感染するトンブスウイルス（tombusvirus）である。第3の祖先もいるかもしれないが、はるか昔のことではっきりしない。2種の植物ウイルスから新たな植物ウイルスが誕生するのは、べつに驚くことではないが、菌類ウイルスが祖先というのは珍しい。自然界では、植物と菌類の間に非常に深い相互作用が見られ、野生の植物すべてとは言えなくてもほとんどに菌類にコロニーが作られ、それが植物にとって重要な恩恵となっている。ウルミアメロンウイルスはそうした相互作用の中から生まれたのだろう。ウイルスのRNA依存RNAポリメラーゼ（ウイルスの複製中にRNAのコピーを作る酵素）は、菌類ウイルス由来である。ただ、菌類ウイルスは宿主の細胞間を動くのに役立つタンパク質を持っていないため、ウルミアメロンウイルスは植物ウイルスからこのタンパク質を手に入れたと思われる。

A

A 外面
1 カプシドタンパク質：ウイルス粒子のカプシドはカプシドタンパク質ディスクで組み立てられている。ディスクの数によってウイルス粒子の形/大きさが異なる。

▶精製したウルミアメロンウイルス粒子（緑色と黄色）。この写真には少なくとも3タイプが写っている。

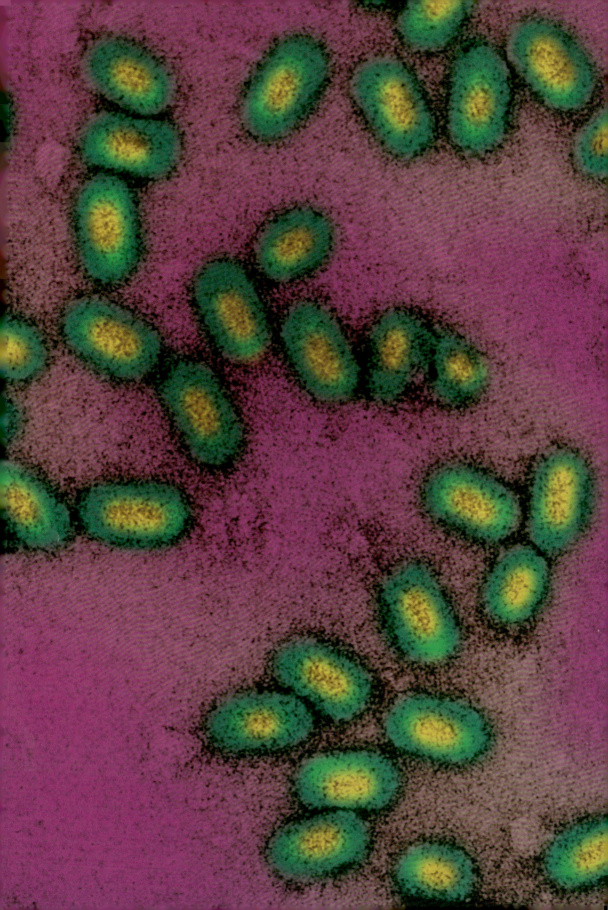

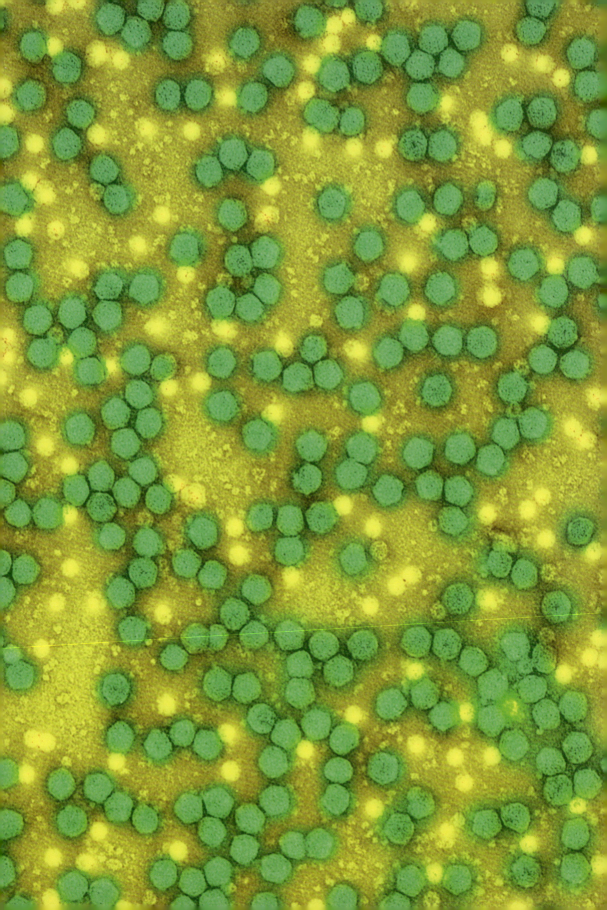

群	第4群
目	未設定
科	1型 ルテオウイルス科（Luteoviridae）、 2型 トンブスウイルス科（Tombusviridae）
属	1型 エナモウイルス属（Enamovirus）、 2型 ウンブラウイルス属（Umbravirus）
ゲノム	どちらのウイルスも直鎖状、非分節、1本鎖RNAを持ち、ヌクレオチド約5,700/4,300、タンパク質5/4種をコード
分布	全世界
宿主	エンドウその他のマメ科植物
関連疾患	ひだ葉、モザイク病
感染経路	アブラムシ

エンドウひだ葉モザイクウイルス
Pea enation mosaic virus
2つで1つのウイルス

ウイルスの相互依存関係

　エンドウひだ葉モザイクウイルスは、実際は2つのウイルスで、互いに相手がいなければ生きていけない関係にある。それぞれ独自のRNA依存RNAポリメラーゼ（複製時にRNAをコピーする酵素）を持っている。エンドウひだ葉モザイクウイルス1型（エナモウイルス）は、両ウイルスのカプシドを作るカプシドタンパク質と、アブラムシに乗り移るためのタンパク質をコードする。エンドウひだ葉モザイクウイルス2型（ウンブラウイルス）は、両ウイルスが植物細胞間を移動し、師部から出るためのタンパク質をコードする。ウイルス2型は機械的伝播に欠かせない。機械的伝播とは、植物がなんらかの形で傷つき、細胞壁が壊れ、そこからウイルスが植物細胞に侵入することである。ウイルス1型とウイルス2型の特徴には関連性がある。ルテオウイルス科のほとんどは師部の内部のみに存在し、師部から出られず、したがって機械的伝播されることもない。葉が1枚傷ついたぐらいでは師部に到達できず、伝播は吸汁するアブラムシに頼るしかないのだ（師部とは管状の組織で、植物はこれを使って光合成の産物を移動させる）。この2つのウイルスは、異なる者同士が深い関係にあるという絶対的共生のすばらしい例である。おそらくは進化の途上にあるのだろう。やがて片方が複製酵素を失い、新たなひとつのウイルスとなるかもしれない。

A　エナモウイルスの断面
B　ウンブラウイルスの断面
1　カプシドタンパク質
2　エナモウイルスの1本鎖RNAゲノム
3　VPg
4　ウンブラウイルスの1本鎖RNAゲノム

◀エンドウひだ葉モザイクウイルスの粒子（緑色）。このウイルスは2種のウイルスから成り、両者が互いに依存しないと感染できない。この電子顕微鏡写真から2種を見分けるのは難しいが、精製方法によっては見分けがつく。

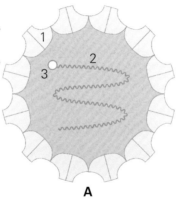

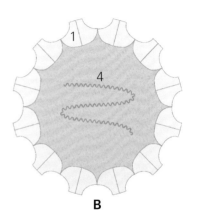

A　　　　　　　　B

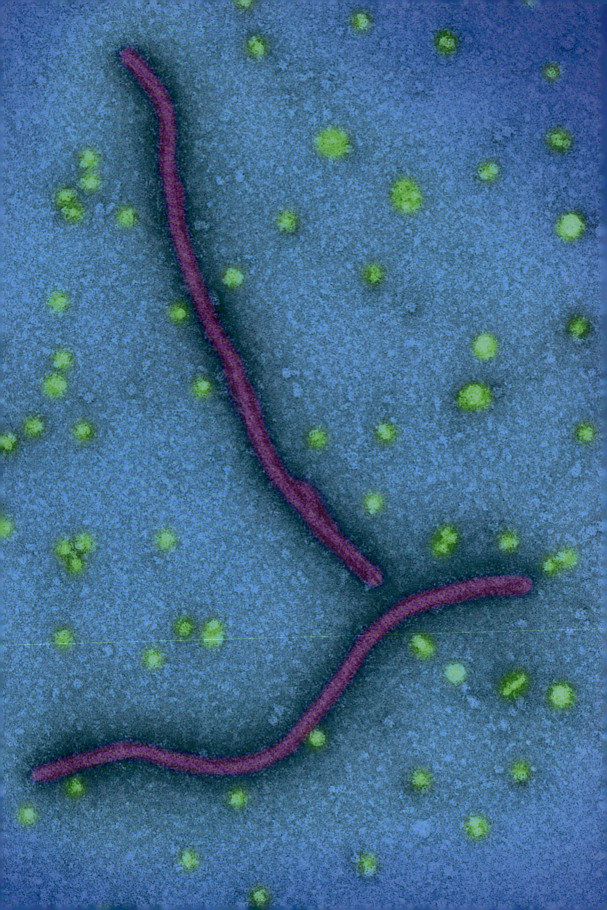

群	第4群
目	未設定
科	ポティウイルス科(Potyviridae)
属	ポティウイルス属(Potyvirus)
ゲノム	直鎖状、非分節、1本鎖RNA、ヌクレオチド約9,800、1つのポリプロテインにタンパク質11種が含まれる
分布	ヨーロッパ大半、カナダ、南米、エジプト、アジア
宿主	核果類
関連疾患	葉や花、外果皮の斑紋
感染経路	アブラムシ

プラムポックスウイルス Plum pox virus
核果類に壊滅的な被害をもたらす

拡散し続けるウイルス

　プラムポックスウイルスは、プラム、桃、アプリコット、アーモンド、チェリーなどの果実に痘（ポックス）のような病変をもたらすため、果実の商品価値はほぼ失われる。病気になった木を見つけ次第伐採するしか効果的な対処法はない。この方法は米国の一部では功を奏し、1999年ペンシルベニア州にこのウイルスが侵入したものの、その後に根絶された。米国では現在、感染の報告はないが、隣国のカナダにはウイルスが存在しているため、米国内に侵入しないよう常に監視する必要がある。

　初めて感染が報告されたのは1917年、ブルガリアのプラムだった。ウイルス性の病気と判明したのは1930年代である。プラムポックスウイルスはヨーロッパ、地中海地方へ、さらに他の国々へと拡散し続けている。感染経路は短距離であればアブラムシ、長距離であれば果実等の輸送である。多くの国々は苗木のチェックや輸入品の検疫などにより、ウイルス拡散の防止に努めている。

　このウイルスは果実産業に大打撃を与えるため、広く研究されてきた。感染する植物の寿命が長いので、比較的長期に及ぶウイルス進化の研究にも使われている。興味深いことに、このウイルスに感染すると数年後には、1本の木の枝ごとに異なるウイルス群が見られる。分離されたウイルス1種のみを感染させても、その後は枝ごとに異なる方法でウイルスが変わっていくのだ。ほとんどの生命体は短期間での進化を観察できないが、ウイルスは進化が速いため、進化のメカニズムを研究するために格好のツールとなっている。

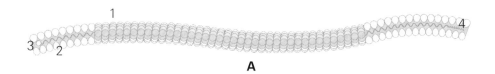

◀精製したプラムポックスウイルス2つ（赤紫色）。細長く屈曲した桿状である。

A　外観と断面
1　カプシドタンパク質
2　1本鎖ゲノムRNA
3　VPg
4　ポリA

群	第4群
目	未設定
科	ポティウイルス科(Potyviridae)
属	ポティウイルス属(Potyvirus)
ゲノム	直鎖状、非分節、1本鎖RNA、ヌクレオチド約9,700、タンパク質11種を1つのポリプロテインからコード
分布	全世界
宿主	ナス科の多くの植物
関連疾患	モザイク病、縮葉モザイク病、生育不全、塊茎に壊疽斑点
感染経路	アブラムシ

ジャガイモYウイルス Potato virus Y
胴枯病と並ぶジャガイモの深刻な病気をもたらす

ジャガイモはウイルスを惹きつける

　世界中でとても大事な主要食糧となっているジャガイモは、種子ではなく塊茎から育つ。栄養繁殖と呼ばれるこの方法で増える植物は、慢性的なウイルス感染にかかりやすい傾向がある。ほとんどのウイルスは高い率で種子に伝播することはない。種子には浄化作用があり、ウイルスを次世代に渡さないようにしているのだ。ほとんどの国では、ジャガイモYウイルスや他のウイルスについて「種芋」を検査し、合格したものだけを流通させている。農家も、家庭菜園を楽しむ人も、合格品を購入して育てるしくみである。種芋生産者はジャガイモの生育期になんらかの症状が出ないか監視している。このしくみは最近までは非常にうまくいっていたが、21世紀に入ってから、ウイルスは再びジャガイモ農家を苦しめている。ウイルスの新しい株が出現し、それに免疫寛容のあるジャガイモの品種がいくつもあったのだ。そのような品種は感染しても病気にならないため、ウイルスの存在を知られずに翌年に持ち越され、免疫寛容のない品種への感染源となる。米国とカナダでは、新種のアブラムシであるダイズアブラムシが侵入したことで、この問題が深刻化した。ダイズアブラムシはジャガイモYウイルスをじつに効率よく拡散する。また、スペイン、フランス、イタリアでも、ジャガイモYウイルスは深刻な問題となっているほか、世界中のピーマンやトマトにも病気をもたらしている。

　ジャガイモYウイルスが発見されたのは1920年代だ。ポティウイルス科の最初のメンバーで、ポティウイルスの名はこのウイルスからつけられた〔potato+y→poty〕。ポティウイルス科には何百種ものウイルスが同定され、植物の病原体として最大かつ最も厄介な科となっている。

A 外観と断面
1 カプシドタンパク質
2 1本鎖ゲノムRNA
3 VPg
4 ポリA

▶精製したジャガイモYウイルスの粒子（赤色）。電子顕微鏡写真。

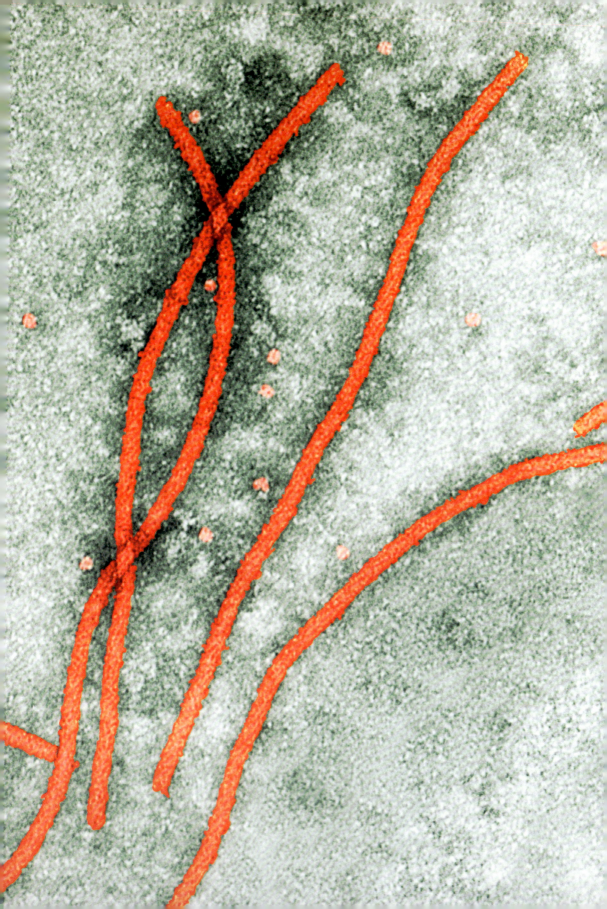

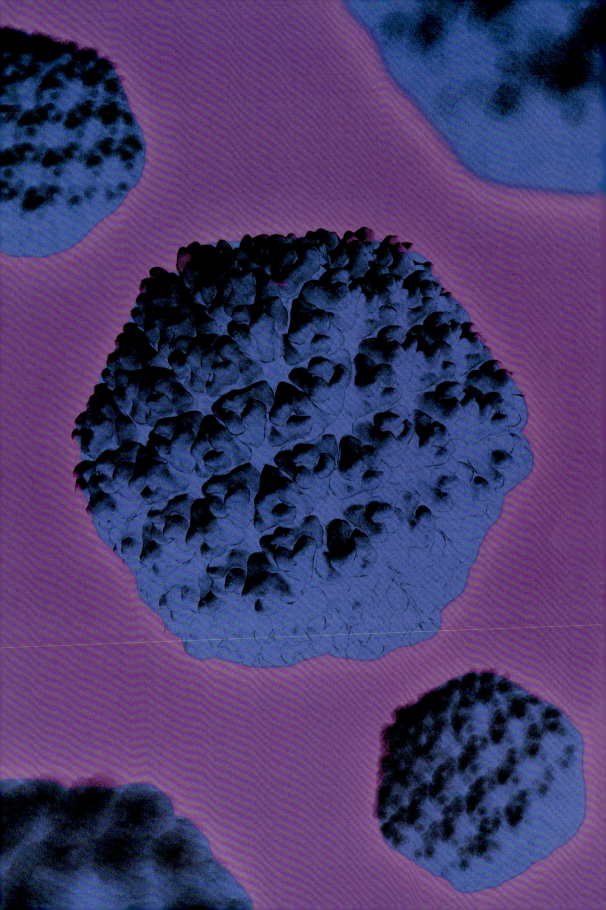

群	第3群
目	未設定
科	レオウイルス科(Reoviridae)
属	ファイトレオウイルス属(Phytoreovirus)
ゲノム	直鎖状、12分節、2本鎖RNA、ヌクレオチド約26,000、タンパク質15種をコード
分布	中国、日本、朝鮮、ネパール
宿主	イネ、イネ科植物、ヨコバイ
関連疾患	生育不全
感染経路	ヨコバイ

イネ萎縮ウイルス Rice dwarf virus
植物宿主には病原体となるが、昆虫宿主には無害

農作業方法の変化により拡散

　イネ萎縮が初めて報告されたのは日本で、1896年のことだった。ウイルス性と判明したのは後年である。これはイネの非常に深刻な病気で、感染すると成長不良となり、コメの産出量が激減する。他のイネのウイルス病と同様に、イネ萎縮病もかつては時々流行する程度だったが、農業が近代化され、広大な範囲で単作が行われるようになると、ウイルスによる病気が増えた。ウイルスにとって感染できる植物が多ければ、それだけ拡散も早くなる。イネ萎縮ウイルスは媒介昆虫（ヨコバイ）にも感染するが、昆虫にはなんの病気も報告されていない。冬の間、感染した昆虫はイネ科の雑草や、コムギなど冬に栽培する作物に止まってじっとしており、イネが育ち始めると田んぼに移動する。二期作を行っている地域では、病気は二期目の方が出やすい。1960年代から1970年代にかけて、二期作に適した改良品種が登場した。媒介昆虫は引き続き食糧源を得ることができるようになり、個体数を高いまま維持し、したがってウイルスも高レベルのまま維持される。殺虫剤を使えばイネ萎縮病の発生を減らせるが、費用がかさむうえに益虫まで殺してしまいかねない。

A　断面
B　中間カプシドの外面
1　P2、外部カプシド
2　P8、中間カプシド
3　P3、内部カプシド
4　2本鎖RNAゲノム（12分節）
5　ポリメラーゼ

◀X線結晶構造回析による情報から描いたイネ萎縮ウイルスのモデル（青色）。

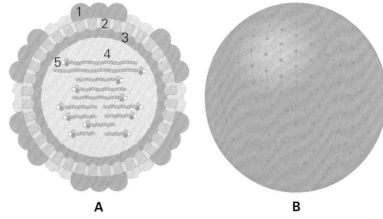

植物ウイルス　**161**

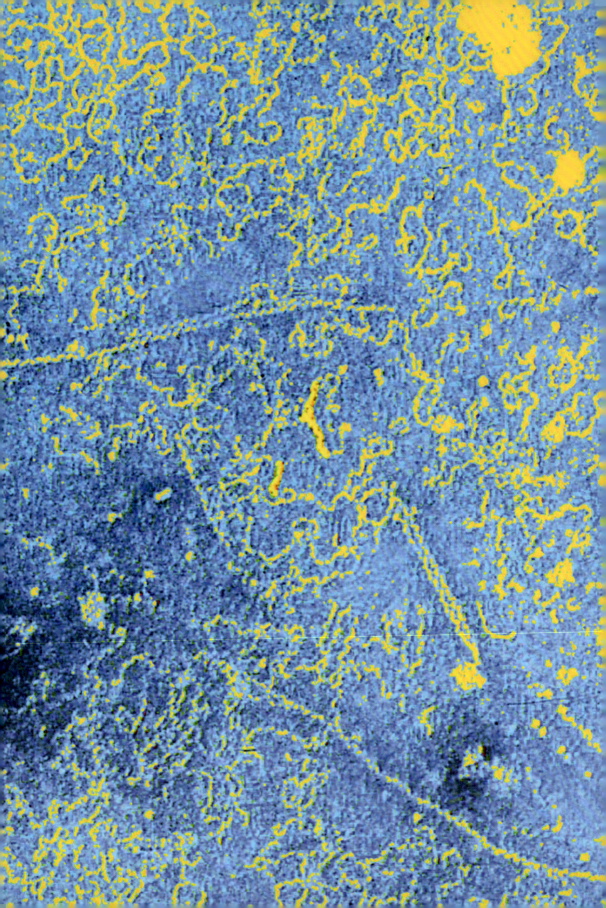

群	第5群
目	未設定
科	未設定
属	テヌイウイルス属（Tenuivirus）
ゲノム	直鎖状、4分節、1本鎖RNA、ヌクレオチド合計約17,600、タンパク質7種をコード
分布	ラテンアメリカ、北米南部
宿主	イネ
関連疾患	イネ白葉病
感染経路	ウンカ

イネ白葉病ウイルス Rice hoja blanca virus
昆虫と植物を宿主とするウイルス

周期的に問題となるイネの病気

　イネ白葉病が初めて見つかったのは1930年代、場所はコロンビアだった。その後、南米の他地域でも見つかり、やがて中央アメリカやキューバに移動した。この病気は発生して2、3年経つと自然に消え、10年かそれ以上経ってから別の地域で発生する。病気が出ている間、イネの収穫量は激減する。周期的に発生することも、遠く離れた地域に拡大することも、最初のうちは理由がわからなかったが、媒介昆虫（ベクター）が特定されて謎が解けた。ベクターであるウンカは、実際にはこのウイルスの宿主である。イネ白葉病ウイルスはウンカの体内で複製し、子孫へと受け継がれていく。植物には感染せず、昆虫ウイルスとして何年も過ごすこともあるのだ。感染したウンカは産卵数が減るため、イネを栽培している地域では、病気の流行が終わる頃にはウンカの数が激減する。また、ウンカのライフサイクルは環境条件によっても左右される。ウンカは高い湿度を好み、灌漑による稲作地域でよく見られる。小さな昆虫だが、1000kmほども一気に飛ぶことができるため、遠く離れた地域に病気が発生する。イネ白葉病ウイルスの防除として、現在ではこのウイルス／ウンカに抵抗力のある品種が開発されているが、完璧な対策とはなっていない。ウイルスにやや抵抗力のある品種はあるのだが、ジャポニカ米に限られ、ラテンアメリカで好まれるインディカ米にはそのような品種がない。

1　核タンパク質に包まれた1本鎖RNA1
2　核タンパク質に包まれた1本鎖RNA2
3　核タンパク質に包まれた1本鎖RNA3
4　核タンパク質に包まれた1本鎖RNA4

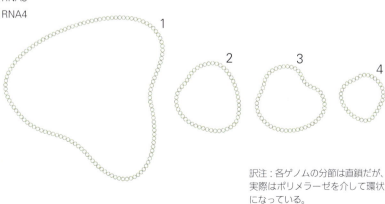

◀イネ白葉病ウイルスは高度に構造化された粒子とはならず、かなり曲がりくねった線状である（この電子顕微鏡写真では黄色）。ウイルスRNAは核タンパク質に包まれている。

訳注：各ゲノムの分節は直鎖だが、実際はポリメラーゼを介して環状になっている。

群	第4群
目	未設定
科	未設定
属	未設定
ゲノム	直鎖状、非分節、1本鎖RNA、ヌクレオチド約1,100、タンパク質2種をコード
分布	カリフォルニア南部、メキシコ北西部
宿主	野生のキダチタバコ
関連疾患	なし
感染経路	自然界では不明。実験では機械的伝播

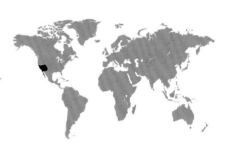

サテライトタバコモザイクウイルス
ウイルスのウイルス　　Satellite tobacco mosaic virus

進化のミステリー

　ウイルスも寄生されることがある。最も多く見られるのが植物で、寄生するものはサテライトと呼ばれている。一部のサテライトはRNA／DNAの小分子であり、自己複製やパッケージング、伝播するためにウイルス（ヘルパーウイルスという）を利用する。このようなサテライトウイルスが初めて発見されたのは1960年代で、植物に見られるものは今までに4つしか見つかっていない。サテライトウイルスはカプシドタンパク質をコードし、自分のカプシドは持っているが、自己複製や植物の内部を移動するためのタンパク質は作れず、こうした機能はヘルパーウイルスに完全に依存している。

　サテライトタバコモザイクウイルスは、タバコモザイクウイルスの近縁種であるタバコマイルドグリーンモトルウイルス（Tobacco mild green mottle virus）に寄生する。実験ではタバコモザイクウイルスもサテライトウイルスのヘルパーとなることが判明しているが、自然界では両者の関係は見られていない。サテライトウイルスは、カリフォルニア南部原産の野生のキダチタバコに感染するウイルスを調査していて発見された。宿主であるキダチタバコはアメリカ大陸から世界へと広められ、ヘルパーウイルスも宿主と共に拡散したが、このサテライトウイルスはアメリカ以外では見つかっていなく、その理由は不明である。タバコマイルドグリーンモトルウイルスとサテライトタバコモザイクウイルスは、実験ではタバコの近縁種にも感染するが、自然界ではキダチタバコ以外の植物では発見されていない。このサテライトウイルスはヘルパーウイルスがもたらす病気にほとんど影響を与えないが、トウガラシではヘルパーウイルスの数が著しく減少し、またトウガラシの品種によって症状が重くなったり軽くなったりする。

　サテライトやサテライトウイルスはどこから来たのだろう？　ヘルパーウイルスとは遺伝子学的になんの共通点もない。ウイルスが退化し、遺伝子の大半を失ったのだろうか？　はるか昔の、生命が誕生した頃の何かを示しているのか？　この謎を解いた人はまだいない。

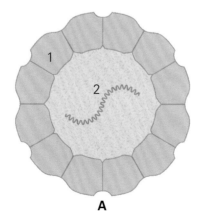

A　断面
1　カプシドタンパク質
2　1本鎖RNAゲノム

▶小さな丸い粒子はサテライトタバコモザイクウイルス、細長い粒子はヘルパーウイルスであるタバコマイルドグリーンモトルウイルスである。サテライトウイルスはヘルパーウイルスがいなければ複製できない。

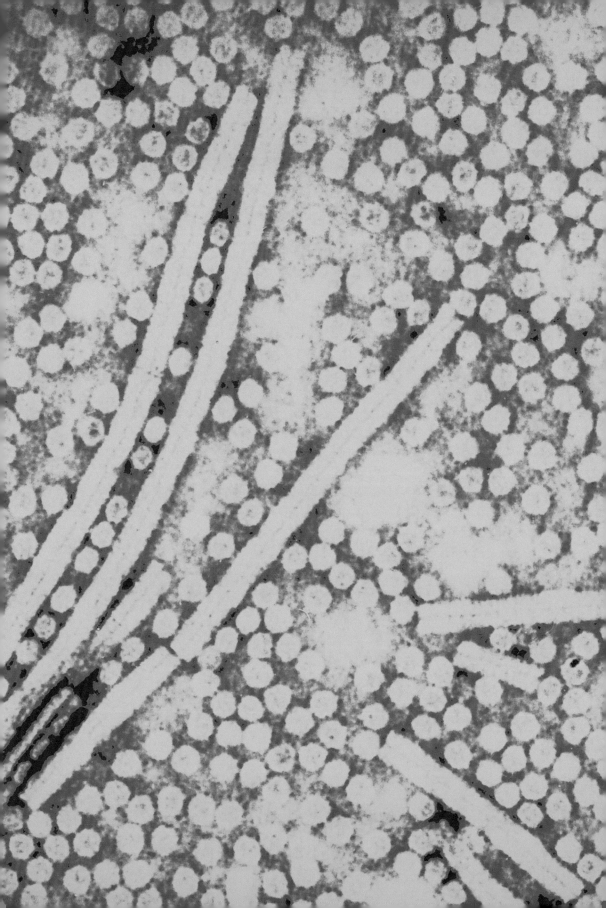

群	第4群
目	未設定
科	ポティウイルス科(Potyviridae)
属	ポティウイルス属(Potyvirus)
ゲノム	直鎖状、非分節、1本鎖RNA、ヌクレオチド約9,500、1つのポリプロテインにタンパク質11種が含まれる
分布	アメリカ大陸全域、ハワイ
宿主	ナス科の植物や雑草
関連疾患	葉にエッチングのような模様、生育不良、葉脈透化、斑点
感染経路	アブラムシ

タバコエッチウイルス Tobacco etch virus
このウイルスから植物の獲得免疫系が明らかにされた

分子生物学の重要なツール

　植物を病原性の弱いウイルス分離株に感染させると、強い株に対する免疫をつけられる、と植物ウイルス学者はだいぶ前から知っていた。ちょうど弱毒化したウイルスをヒトや動物に予防接種するようなものだ。ウイルスを同定する良い技術がなかった時代には、新たに発見されたウイルスが既知のウイルスと同じ種かどうかを調べるために、この方法が用いられていた。だが、植物の獲得免疫のしくみが明らかになったのは1992年だった。タバコエッチウイルスを使った研究により、植物の免疫にはウイルスの完全体でもウイルスタンパク質でもなく、ウイルスのRNAだけが関与していることが判明し、RNAサイレンシングの発見の糸口となった。RNAサイレンシングとは、非常に特異的な方法でRNAを標的とし、その発現を抑制する現象で、今日では多くの生物がこのメカニズムを有していることが知られている。ウイルスに対する防御として重要であるが、他の遺伝子発現の制御にも使われている。

　タバコエッチウイルスは、RNAに基づく植物の免疫系の発見に貢献したばかりではない。他にも植物ウイルス学の多くの側面——アブラムシはどのようにして植物ウイルスを伝播するのか、ウイルスは植物細胞にどのような影響を与えるか、ウイルスのポリプロテインが感染サイクルに必要な小型のタンパク質に切り分けられるしくみ、そして近年では、ウイルスが長期間に進化していくしくみなど——を理解する上で重要なモデルとなってきた。

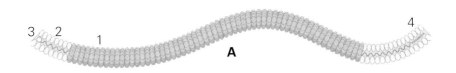

◀タバコエッチウイルスは感染した植物細胞の細胞質内で、このような興味深い構造を形成する。この構造物を風車状封入体という（黒色）。

A　外観と断面
1　カプシドタンパク質
2　1本鎖ゲノムRNA
3　VPg
4　ポリA

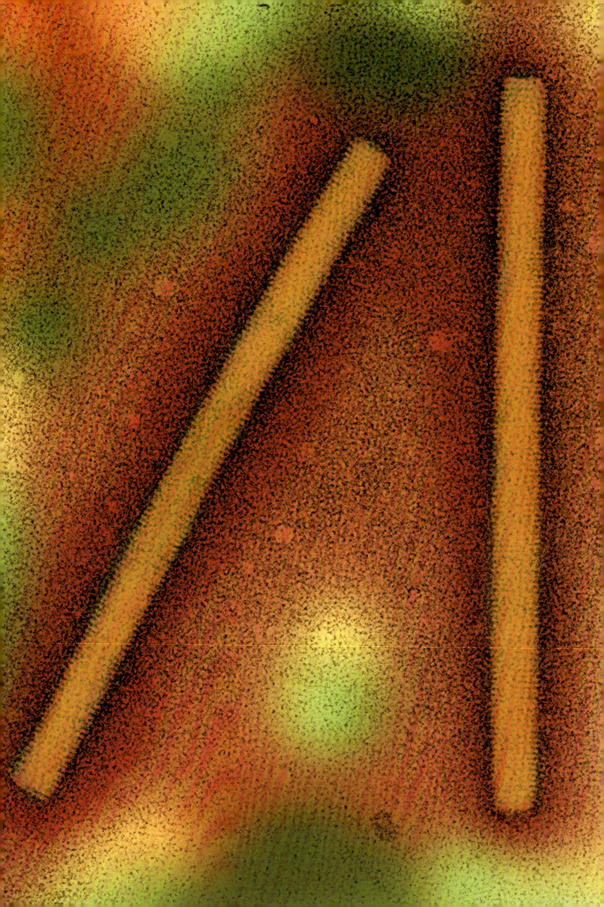

群	第4群
目	未設定
科	ビルガウイルス科(Virgaviridae)
属	トバモウイルス属(Tobamovirus)
ゲノム	直鎖状、非分節、1本鎖RNA、ヌクレオチド約6,400、タンパク質4種をコード
分布	全世界
宿主	多くの植物
関連疾患	モザイク状の葉、重度の生育不良、一部の宿主には致命的となる
感染経路	機械的伝播

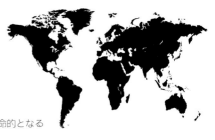

タバコモザイクウイルス Tobacco mosaic virus
ウイルス学を誕生させたウイルス

分子生物学はウイルス研究によってもたらされたものが多い

　19世紀末、オランダの研究者がタバコに見られる新しいモザイク病について記述した。この病気は、感染した植物の汁で感染させることができる。感染病原体は細菌を取り除ける非常に目の細かいフィルターを通過できることが、ロシアとオランダで証明された。これは新しいタイプの感染病原体だとオランダの研究者は気づき、ウイルスと命名した。タバコモザイクウイルスは、初めて発見されたウイルスであるだけではない。RNAの遺伝特性、遺伝子暗号（タンパク質を作るためのRNA使用法）、巨大分子が植物細胞内で動くしくみなど、このウイルスによって初めて明かされたものは数多い。また、構造が決定された初のウイルスでもある。DNA構造の研究で有名なロザリンド・フランクリンは、タバコモザイクウイルスの模型を作っており、これは1958年のブリュッセル万国博覧会で展示された。さらに、遺伝子組換え作物づくりに初めて使用されたウイルスでもある。遺伝子組換えの原理を実証するため、タバコモザイクウイルスのカプシドタンパク質の遺伝子を組み込んだタバコを作ったところ、ウイルスに抵抗力があることが示された。

　タバコモザイクウイルスは多くの作物や園芸植物に感染する。トマトが感染すると致命的となりかねない。タバコ製品にも含まれていることが多く、しかも非常に安定しており、ヒトの腸を通過しても感染力を失わない。したがって喫煙者はこのウイルスを容易に伝播できるのだ。幸い、現代のトマトはこのウイルスに抵抗力のある栽培品種が多いが、系統の古い在来品種は抵抗力のないものがほとんどである。

◀棒のような形のタバコモザイクウイルス粒子。この電子顕微鏡では、2色で示した2つの粒子にカプシドタンパク質のサブユニット〔タンパク質複合体を形成する個々のタンパク質〕まで見てとれる。

A 外観
B 断面
1 カプシドタンパク質
2 カプシドタンパク質の内側でコイル状になっている1本鎖RNAゲノム

群	第4群
目	未設定
科	トンブスウイルス科（Tombusviridae）
属	トンブスウイルス属（Tombusvirus）
ゲノム	直鎖状、非分節、1本鎖RNA、ヌクレオチド約4,800、タンパク質5種をコード
分布	南北アメリカ、ヨーロッパ、地中海沿岸地方
宿主	トマトおよび自然界の近縁数種
関連疾患	生育不良、奇形、黄変
感染経路	種子、機械的伝播

トマトブッシースタントウイルス
用途の広いウイルス
Tomato bushy stunt virus

小型で単純なウイルスだが影響力は大きい

　このウイルスに感染したトマトが初めて報告されたのは英国で、1930年代だった。その後、世界の他の地域でも見つかっている。トマトだけではなく、トウガラシやナスなど近縁種にも感染することがある。実験では、他の多くの植物にも感染できる。

　トマトブッシースタントウイルスは、既知の植物ウイルスの中で最小の部類に入る。1978年、高分解能構造が決定された最初のウイルスである。以前の構造モデルではわからなかった詳細が、高度な分析法により明らかになったのだ。このウイルスはゲノムもやはり小型で単純なので、ウイルスと宿主との相互作用や、ウイルスの進化のしくみを調べるさまざまな研究に利用されてきた。実験室の環境では、このウイルスは酵母細胞に感染できるため、ウイルスのライフサイクルの多様な側面で遺伝学や細胞生物学の研究に役立っている。酵母はさまざまな遺伝子を欠損した何千もの変異体が、実験用モデルシステムとして開発されてきた。酵母は比較的単純な真核生物（動植物と同じように細胞核をもっている生物）であり、このシステムによってウイルスと宿主がどのように共存しているのか、新たな知見が数多くもたらされた。

　材料工学の世界では、植物ウイルスが非常に役に立つナノ粒子であると少し前から着目されてきた。現在、トマトブッシースタントウイルスはナノテクノロジーの分野での利用が開発されつつある。

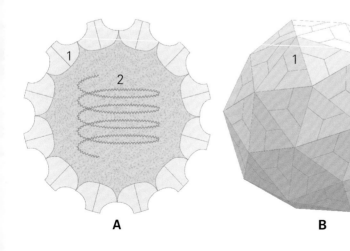

A 断面
B 外観
1 カプシドタンパク質
2 1本鎖RNAゲノム

▶青緑色で示されたトマトブッシースタントウイルスの粒子。この高倍率の電子顕微鏡では、粒子表面のタンパク質ひとつひとつを見分けることができる。

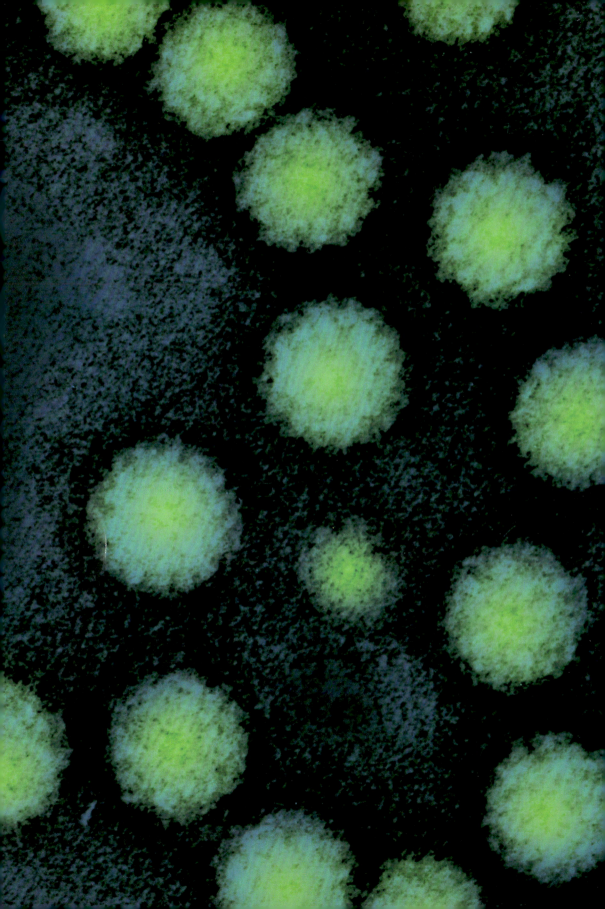

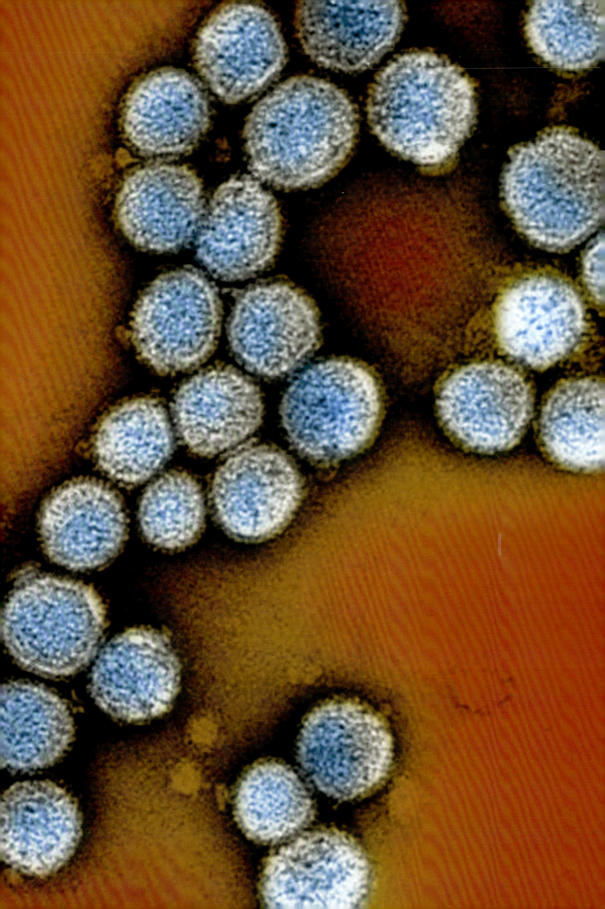

群	第5群
目	未設定
科	ブニヤウイルス科（Bunyaviridae）
属	トスポウイルス属（Tospovirus）
ゲノム	直鎖状、3分節、1本鎖RNA、ヌクレオチド合計約16,600、タンパク質6種をコード
分布	全世界
宿主	植物1,000種以上、アザミウマ
関連疾患	しおれる、斑点が生じる、成長阻害、壊死
感染経路	アザミウマ

トマト黄化えそウイルス Tomato spotted wilt virus
動物ウイルス科に属する植物ウイルス

昆虫も宿主

　トマト黄化えそウイルスは1915年、オーストラリアで発見された。同様のウイルスは植物では長年発見されてこなかったが、現在では近縁の植物ウイルス10種以上が同定されている。このウイルスは多くの重要な作物に病気をもたらし、多大な損害を与える。このウイルスが属しているブニヤウイルス科は、昆虫や動物に感染するものがほとんどであり、トマト黄化えそウイルスは昆虫ウイルスでもある。このウイルスのように脂質エンベロープを有する植物ウイルスは非常に数が少ない。エンベロープは動物ウイルスにとっては細胞内に入り込む格好の手段となるのだが、細胞壁に囲まれた植物に感染する場合はこれといった利点が見当たらない。トマト黄化えそウイルスはアザミウマと複雑な関係を築いている。アザミウマは植物の汁を吸うごく小さな昆虫で、植物にウイルスを媒介する。アザミウマに食害された植物はこの虫が嫌う化合物を作り、幼虫にとっては魅力のない存在となるのが普通だが、トマト黄化えそウイルスに感染した植物は、アザミウマの幼虫が喜ぶものとなる。このウイルスは植物を利用し、媒介昆虫を助けてやっているのだ。また、ウイルスにとってアザミウマのオスはメスよりも役に立つため、トマト黄化えそウイルスに感染したオスは食害の頻度が高くなり、したがって植物に感染させるベクターとしての役割をせっせとこなすことになる。動物に感染する他のブニヤウイルスでも、やはり宿主でありベクターでもある昆虫の行動に影響を与えるものがある。たとえばラクロスウイルス（La Crosse virus）は蚊が媒介してヒトに脳炎を起こす病原体だが、このウイルスは蚊がヒトを刺す頻度を上げさせ、自身の拡散に役立てている。

A　断面
1　糖タンパク質GnとGc
2　脂質エンベロープ
　　1本鎖RNAは核タンパク質に囲まれている
3　ゲノム分節S
4　ゲノム分節M
5　ゲノム分節L
6　ポリメラーゼ

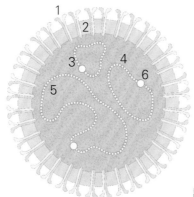

◀トマト黄化えそウイルスの粒子（青色）。ウイルスの外膜に糖タンパク質のスパイクが組み込まれているのがわかる。

A

訳注：各ゲノム分節は直鎖だが、実際はポリメラーゼを介して環状になっている。

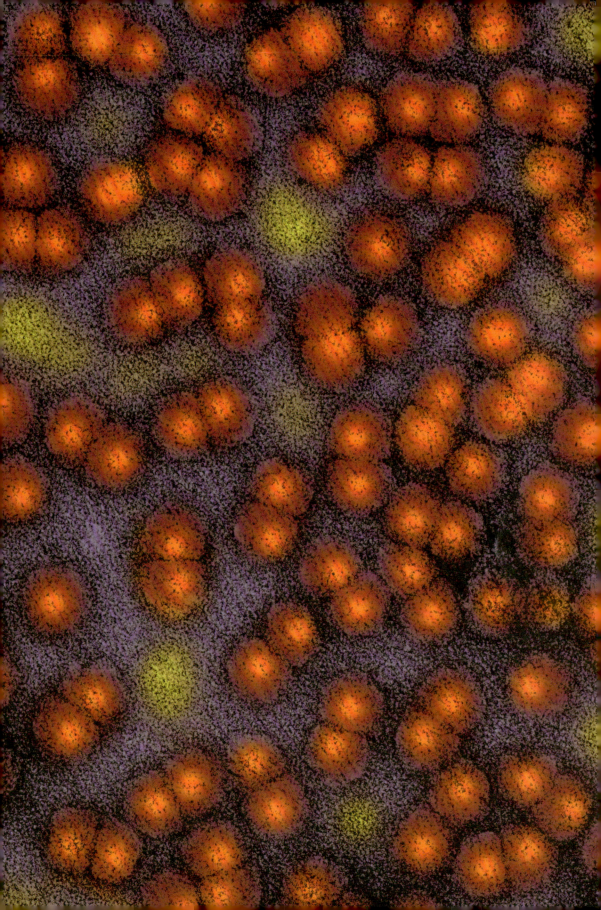

群	第2群
目	未設定
科	ジェミニウイルス科（Geminiviridae）
属	ベゴモウイルス属（Begomovirus）
ゲノム	環状、非分節、1本鎖DNA、ヌクレオチド約2,800、タンパク質6種をコード
分布	中東から全世界のトマト生産地へ
宿主	トマト
関連疾患	黄化、モザイク、生育不良、葉の変形、生産量低下
感染経路	コナジラミ

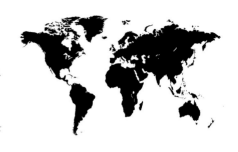

トマト黄化葉巻ウイルス Tomato yellow leaf curl virus
作物を移動させると新しいウイルスに感染する

「新世界」の作物に感染する「旧世界」のウイルス

　ベゴモウイルス属のウイルスは、ほとんどが2分節のDNAを有しているが、なかには非分節のタイプもいる。そのようなウイルスは概して西半球では見られないため、「旧世界」のウイルスと呼ばれている。では、旧世界のウイルスがなぜ新世界の作物に感染するようになったのだろう？　要因は2つある。1つは、数世紀前に南米原産のトマトが全世界で栽培されるようになったことだ。これにより、おそらくは中東の野草を宿主としていたウイルスがトマトに感染するチャンスを得た。病気が初めて報告されたのは1930年代で、当時は現在のイスラエル周辺だけの問題だった。2つ目の要因は、1990年代にバイオタイプBと呼ばれるコナジラミの一種が世界の熱帯・亜熱帯地方に広がったことだ。バイオタイプBは他のコナジラミよりも多様な植物を餌とする。ウイルスが野草からトマトへと広まる手助けをしたのは間違いない。1990年代にはコナジラミがあちこちの地域に出現したため、トマト黄化葉巻ウイルスもトマトの原産地である西半球を含め、トマトを栽培する多くの地域に急速に拡大していった。近年では、バイオタイプBのいる地域にはこのウイルスだけでなく、多くの近縁ウイルスも見つかっている。こうしたウイルスは複数種が1本の植物で発見されることもあり、各ウイルスの一部を使って進化した新種のウイルスも誕生している。さらに、ウイルスに感染した植物がバイオタイプBのコナジラミにとってより良い宿主となり、産卵数の増加や孵化率の上昇が見られるケースもある。こうしてバイオタイプBのコナジラミが増え、ウイルスもますます拡散することとなる。

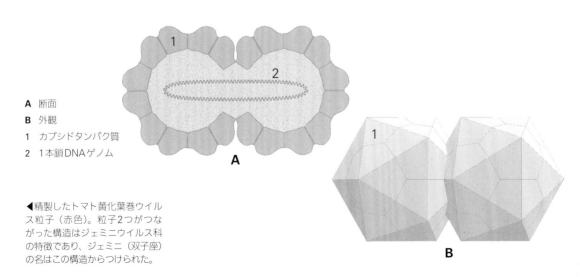

A　断面
B　外観
1　カプシドタンパク質
2　1本鎖DNAゲノム

◀精製したトマト黄化葉巻ウイルス粒子（赤色）。粒子2つがつながった構造はジェミニウイルス科の特徴であり、ジェミニ（双子座）の名はこの構造からつけられた。

群	第3群
目	未設定
科	パルティティウイルス科（Partitiviridae）
属	アルファパルティティウイルス属（Alphapartitivirus）
ゲノム	直鎖状、2分節、2本鎖RNA、ヌクレオチド合計約3,700、タンパク質2種以上をコード
分布	全世界のクローバ生育地
宿主	クローバ
関連疾患	なし
感染経路	100%種子感染

シロクローバ潜伏ウイルス
White clover cryptic virus
クローバにとって有益なウイルス

持続感染する植物ウイルス

　作物でも野生の植物でも持続感染ウイルスはごく一般的である。持続感染ウイルスは宿主植物の全細胞に見られ、種子を通じて子孫へと受け継がれていく。おそらくはこうして何千年も受け継がれているのだろう。病原体とはみなされず、したがって今まであまり研究されてこなかった。野生の植物を対象としたウイルス研究では、パルティティウイルス科が最も一般的に見られる場合がある。この科に属しているのは持続感染ウイルスで、ゲノムが2つのRNAに分かれて（part）いるため、パルティティ（partiti）と命名された。

　シロクローバ潜伏ウイルスは非常に単純なウイルスで、コードするタンパク質はカプシドタンパク質とポリメラーゼ（RNA複製を行う酵素）の2種類しかない。シロクローバは他のマメ科の植物と同じように根に根粒を持ち、細菌と共生関係を築いている。根粒は窒素を固定することができる。つまり、大気中の窒素を、植物が利用できる形に変えられる。これは植物にとって重要なプロセスだが、窒素を固定するには莫大な資源が必要である。シロクローバ潜伏ウイルスのカプシドタンパク質遺伝子には、カプシドを形成するだけではなく、植物の根粒を作るための遺伝子を抑制する働きもある。ただし、これが発現するのは土壌に窒素が十分あるときだけである。ウイルスのカプシドタンパク質が根粒を抑制するしくみは明らかになっていないが、植物にとっては必要のない時に根粒を作らなくてすむのは大いに助かる。このように、持続感染ウイルスが宿主に有益な効果をもたらすケースは他にもあるかもしれないが、研究されている持続感染ウイルスはごくわずかである。

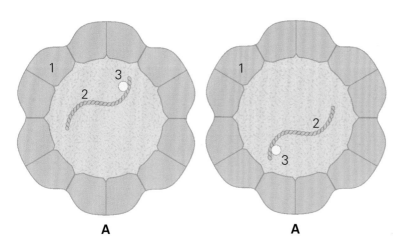

A	断面
1	カプシドタンパク質
2	2本鎖RNAゲノム（2分節のうちの1つ）
3	ポリメラーゼ

▶青緑色の背景に映し出されたシロクローバ潜伏ウイルス粒子（黄褐色）。電子顕微鏡では見分けがつかないが、このウイルスには異なるゲノムRNA分節を備えた2種類の粒子がある。

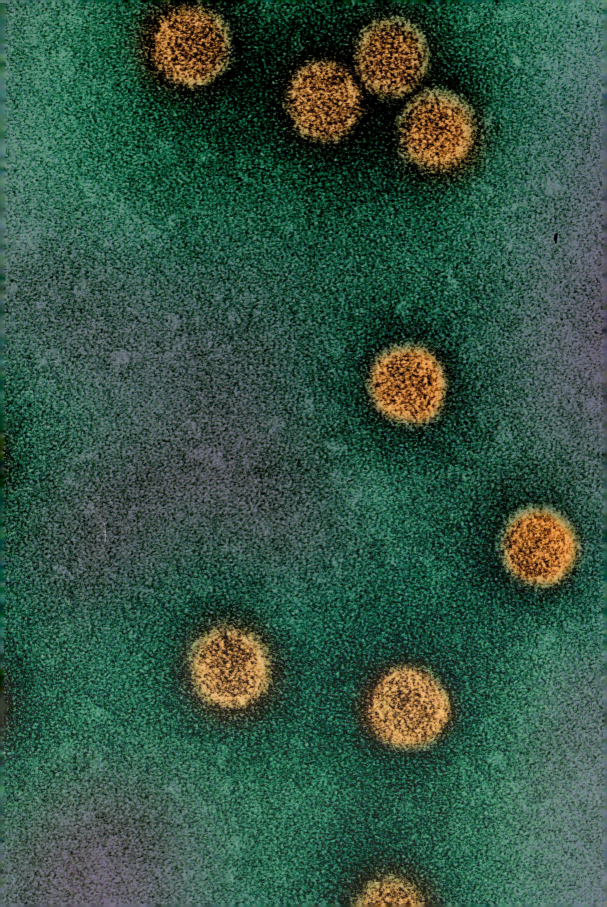

群 第2群
目 未設定
科 ジェミニウイルス科（Geminiviridae）
属 ベゴモウイルス属（Begomovirus）
ゲノム 環状、2分節、1本鎖DNA、ヌクレオチド合計約5,200、タンパク質8種をコード
分布 南米熱帯地方
宿主 マメ科植物（野生種を含む）
関連疾患 ゴールデンモザイク病
感染経路 コナジラミ

ビーンゴールデンモザイクウイルス
植物の新しい病気
Bean golden mosaic virus

タンパク源として重要なマメ科植物に深刻な影響

　ジェミニウイルスは新たに出現した植物ウイルスの中で最も重要な部類に入る。その多くは数種のコナジラミが媒介し、病気が世界的に出現したのはコナジラミの生息範囲が拡大したからである。ビーンゴールデンモザイクウイルスが初めて報告されたのは1976年、コロンビアのマメ類だった。現在、この病気はラテンアメリカでのマメ栽培で最も深刻な問題となっており、生産量の低下は何十万トンにも上ると推定される。ラテンアメリカでは、マメは非常に重要な主要生産物である。また、北米や中央アメリカでは、このウイルスの近縁種が同様の問題を引き起こしている。この病気が増えている原因のひとつとして、大豆の栽培が大幅に増加していることが挙げられる。大豆は媒介昆虫であるコナジラミにとって最良の宿主であり、おそらくはコナジラミが増える原因となっている。マメ類の育種プログラム用に使われるマメはじつに多種多様だが、ビーンゴールデンモザイクウイルスに抵抗力のある種はひとつも見つかっていない。別の対策法として、コナジラミの駆除もあるが、お金がかかるうえに環境にも優しくなく、殺虫剤に耐性のあるコナジラミが出現するのは目に見えている。近年は遺伝子操作によるマメのウイルス抵抗株の作成が研究の中心となっている。遺伝子操作を行ったウイルスのごく一部を植物ゲノムに組み込み、植物の自然免疫系を発動させる。この戦法は温室および屋外での試験では成功し、マメのウイルス抵抗株はブラジル政府から承認を受けている。

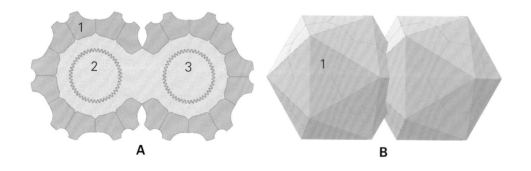

A 断面　　1 カプシドタンパク質
B 外観　　2 1本鎖DNAゲノム分節A
　　　　　3 1本鎖DNAゲノム分節B

群	第4群
目	未設定
科	ポティウイルス科(Potyviridae)
属	ポティウイルス属(Potyvirus)
ゲノム	直鎖状、非分節、1本鎖RNA、ヌクレオチド約9,600、タンパク質10種以上をコード
分布	トルコから全世界へ
宿主	チューリップ、ユリ
関連疾患	なし。チューリップに美しい色のバリエーションをもたらす
感染経路	アブラムシ

チューリップモザイクウイルス
バブル経済をもたらしたウイルス
Tulip breaking virus

美しい縞模様のチューリップを作るウイルス

　17世紀、オランダではチューリップがもてはやされ、チューリップ狂なる言葉まで使われるほどだった。チューリップはトルコ原産だが、オランダの愛好家たちが夢中になったのは縞模様の入った新しいタイプのチューリップだった。球根1個が荷を山積した商船1隻分の価格で売られたこともあったという。だが、美しい模様入りのチューリップは必ずしも安定して模様が入るわけではない。なかには模様が消え、元の単色に戻ってしまうチューリップもある。このため球根の売買に投機が行われ、縞模様入りの可能性に賭けて巨額のお金が費やされた。このチューリップ狂が最初のバブル経済だと言われている。17世紀の有名な絵画には美しいチューリップを描いたものが数多く、チューリップ熱はやがて欧州の大半へと広がっていった。

　これほど人々に愛される縞模様ができる原因はウイルスだと判明したのは20世紀に入ってからだった。実際、ウイルスが色素の産生を阻害し、そのために花や葉の色が変わることはよくある。ツバキの花もウイルス感染によって美しい斑入りとなる。観賞用アブチロンの葉にまだら模様が入るのも、ウイルス感染のせいだ。もっとも、現在市販されている縞模様入りのチューリップは、ウイルスではなく品種改良されたものが一般的である。色の不安定さも、世代を経るにつれ縞模様が消えやすいこともウイルスが原因だと判明したため、チューリップには頑健性が求められるようになり、ウイルスによる縞模様はかつてほどには珍重されなくなった。

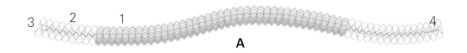

A 外観と断面
1　カプシドタンパク質
2　1本鎖ゲノムRNA
3　VPg
4　ポリA

植物ウイルス

無脊椎動物ウイルス
INVERTEBRATE ANIMAL VIRUSES

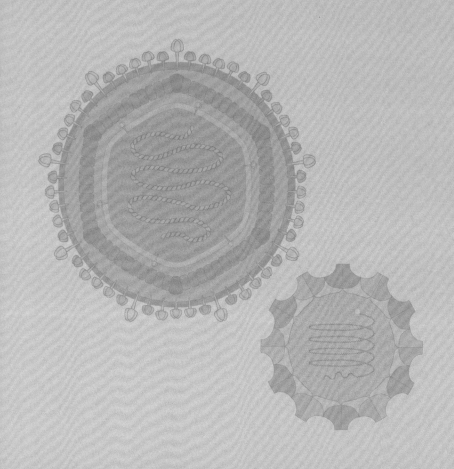

はじめに

　本章に登場するウイルスは、ほとんどが昆虫ウイルスである。宿主である昆虫が多種多様であるため、昆虫ウイルスも多種多様であり、真核生物ウイルスの中で大きなグループをなしている。宿主が生きていくために欠かせないものから、ある条件下では宿主にとって有益となるもの、恐ろしい病原体となるものまで、本章ではさまざまなウイルスを紹介する。寄生バチを宿主とするポリドナウイルス科は大きなグループで、宿主の一部へと進化を遂げ、鱗翅目の宿主の幼虫が生き延びるために不可欠な存在となった。また、アブラムシに有益となるウイルス、遺伝モデルの研究対象としてよく使われるショウジョウバエに有益となるウイルスも発見されている。

　昆虫ウイルスは、最近になって注目されるようになった。昆虫も植物や一部の動物、そして菌類と同じような免疫反応を示すことがわかったからだ。この反応はRNAサイレンシングと呼ばれる。宿主がウイルスのゲノムを異物と認識し、小分子RNAを産生してウイルスのRNAに結合させ破壊するというもので、さまざまなシステムにおける正常遺伝子の発現調節にも使われる。バイオテクノロジーではこの反応を利用した研究が行われている。ある特定の遺伝子をサイレンシングして影響を調べることで、その遺伝子の機能が見えてくる。世界規模でミツバチの数が減っていることも、昆虫ウイルスへの関心が高まるきっかけとなった。ミツバチは多くの重要な作物の受粉に大きな役割を果たしているからだ。

　昆虫に感染するウイルスの中でも、イリドウイルス科は興味深い。色のあるウイルスは現在ではこの科しか知られていない。イリドウイルス科に属するウイルスは多く、青、緑、赤とさまざまな色があり、これに感染した宿主にはウイルスの色が現れる。ウイルス粒子が非常に複雑な結晶構造をしているため、光の反射によって色が見えるのだ。

　本章では昆虫だけでなく、最近発見された線虫ウイルス、そしてエビウイルス2種も扱っている。エビウイルスは、世界の食卓に提供されるさまざまな種類の養殖エビに感染する。天然のエビからは発見されないが、集約的な養殖が行われるようになると出現するのだ。養殖魚に感染する一部の魚ウイルスと同じで、遺伝学的に類似している生物を狭いスペースで多数育てる単一養殖は、新たな病気の出現のきっかけとなるようである。この現象は植物の単作や家畜業でも見られる。

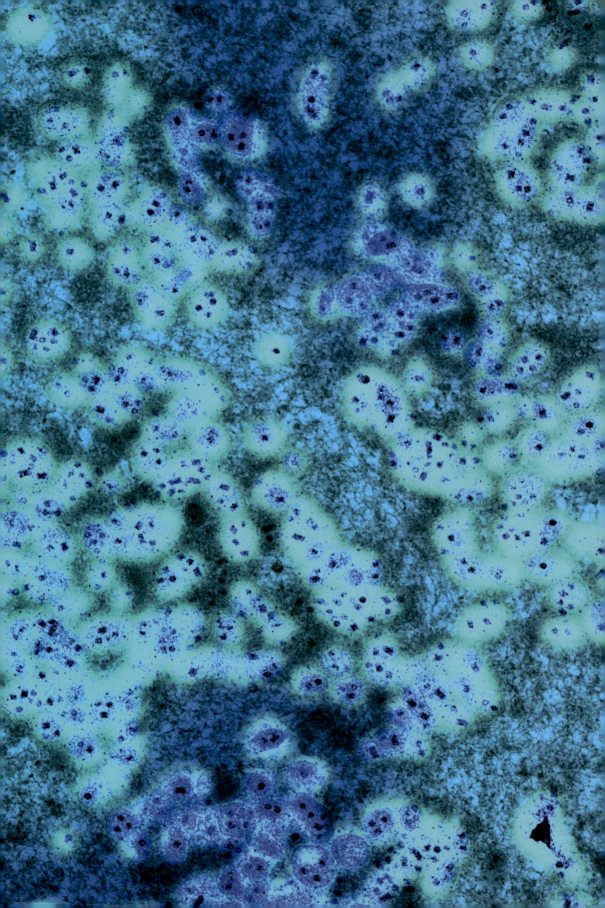

群	第1群
目	未設定
科	ポリドナウイルス科（Polydnaviridae）
属	ブラコウイルス属（Bracovirus）
ゲノム	環状、35分節、2本鎖DNA、ヌクレオチド約728,000、タンパク質220種以上をコード
分布	北米、中米
宿主	寄生バチ（*Cotesia congregata*）
関連疾患	なし。ハチには有益。イモムシの免疫抑制
感染経路	垂直伝播。イモムシに産みつけられるハチの卵の中に入っている

コマユバチブラコウイルス
Cotesia congregata bracovirus
寄生バチが生き延びるために欠かせないウイルス

最大のウイルス科のひとつ

　ブラコウイルス属は興味深い。何十万年も前からコマユバチ科（Braconidae）のハチに感染し、どの種のハチも独自のウイルスを持っている。寄生バチは全体で18,000種ほどが報告されており、まだ発見されていない種も数多いと思われる。したがって、ポリドナウイルス科に属するウイルス種も莫大な数に上る。寄生バチは捕食寄生と呼ばれる〔宿主を必ず殺す寄生者の意〕。ハチは生きているイモムシに卵を産みつけ、イモムシを孵化器とする。無事に孵化するためには、ウイルスの力が欠かせない。ウイルスの中にはハチの遺伝子が入っており、ウイルスはハチの卵と共にイモムシの体内に送りこまれる。ハチが産卵すると、ウイルス内部のハチの遺伝子はイモムシの体内に入り、イモムシの免疫系を抑制するタンパク質を作らせる。このタンパク質がないと、ハチの卵は死んでしまうのだ。

長い年月を経て有益な関係へと進化

　コマユバチ科のハチは例外なくコマユバチブラコウイルスの近縁ウイルスを持っているため、ウイルスがハチに初めて感染したのは1億年ほど前だと考えられている。長い年月を経て、ウイルスとハチの関係は徐々にハチに有益な形へと進化していった。ウイルスの遺伝子はハチゲノムに組み込まれ、ハチの遺伝子がウイルス粒子内に入れるようになった。今ではウイルスが本当に独立した個体なのか、ハチの一部と考えるべきなのか、はっきりわからない関係となっている。

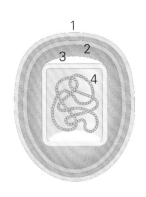
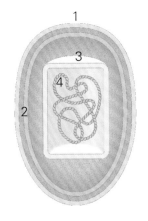
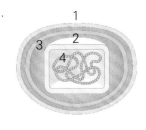

◀ハチのカリックス組織内に見えるコマユバチブラコウイルス粒子。背景色の濃いエリアでは、膜構造の内部にウイルスのヌクレオカプシドが見える。

特徴的な変異体3種の断面
1　外部脂質膜
2　内部脂質膜
3　ヌクレオカプシド
4　ハチのDNA

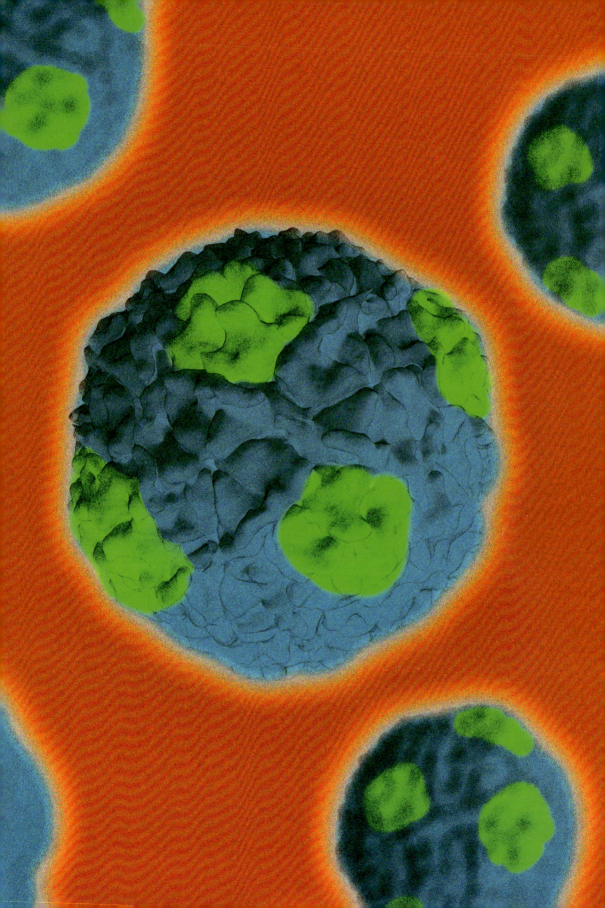

群	第4群
目	ピコルナウイルス目(Picornavirales)
科	ジシストロウイルス科(Dicistroviridae)
属	クリパウイルス属(Cripavirus)
ゲノム	直鎖状、非分節、1本鎖RNA、ヌクレオチド約9,000、2つのポリプロテインにタンパク質8種が含まれる
分布	全世界
宿主	ハエ、ナンキンムシ、ハチ、ガ、コオロギ
関連疾患	症状がない場合が多い。昆虫の麻痺
感染経路	ウイルスを含むものを摂取

コオロギ麻痺ウイルス Cricket paralysis virus
コオロギだけが致命的となる昆虫ウイルス

ウイルスタンパク質を作る新たな方法

　コオロギ麻痺ウイルスが初めて発見されたのは1970年代だった。オーストラリアの実験室で飼育されているコオロギの若虫が麻痺になり、コロニーの95％が死んだ。電子顕微鏡でウイルスのような粒子が発見され、これを分離してコオロギの幼虫に注入したところ、同じ病気が発現し、麻痺がウイルスによるものだと判明した。その後、ニュージーランド、英国、インドネシア、米国でも、このウイルスによりコオロギのコロニーが全滅する例が見つかった。このウイルスはミツバチなど他の多くの昆虫でも見られるが、なんの症状も出ない場合がほとんどである。

　ウイルスは自分のタンパク質を作るためにさまざまな戦法を使う。小型のRNAウイルスは、ポリプロテインと呼ばれる大きなタンパク質を1つ作り、その後にこれを切り分けるものが多い。2つの異なるポリプロテインを作るウイルスは、コオロギ麻痺ウイルスが初めてだった。ポリプロテインから作られるタンパク質は、たとえ異なる分量をウイルスが必要としても、どれも同じ分量になってしまう。たとえば、ウイルスにとってカプシドタンパク質のコピーは大量に必要だが、RNAを複製する酵素（タンパク質）はごくわずかですむ。この分量の問題は、異なるポリプロテインを2つ作ることで解決できる。コオロギ麻痺ウイルスは、大量に必要なタンパク質は1つのポリプロテインから、少量のみ必要なタンパク質はもう1つのポリプロテインからと使い分けている。この方法によりタンパク質をより効率的に作ることができ、少量のみを必要とするタンパク質を作りすぎなくてすむ。また、RNA複製用のタンパク質は、宿主にとって有毒となる場合がある。植物を宿主とするポティウイルスはポリプロテインを1つしか作らないが、有毒なタンパク質を隔離する方法を編み出し、宿主細胞を殺さないようにしている。

A 断面
B 外観
1 カプシドタンパク質　VP1
2 カプシドタンパク質　VP2
3 カプシドタンパク質　VP3
4 1本鎖ゲノムRNA
5 VPg
6 ポリA

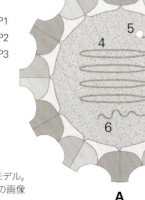

◀コオロギ麻痺ウイルスのモデル。X線結晶回折と電子顕微鏡の画像から描き、青と緑に着色した。

A　　　　　　**B**

群	第4群
目	ピコルナウイルス目(Picornavirales)
科	イフラウイルス科(Iflaviridae)
属	イフラウイルス属(Iflavirus)
ゲノム	直鎖状、非分節、1本鎖RNA、ヌクレオチド約10,100、1つのポリプロテインにタンパク質8種が含まれる
分布	全世界
宿主	ミツバチ、スズメバチ、他のハチ、ハナアブ、カブトムシ、アリ
関連疾患	羽変形。一部のハチには症状がない
感染経路	ハチの間では糞便から口腔を介して感染。卵による伝播。ダニが伝播

羽変形病ウイルス Deformed wing virus
蜂群崩壊症候群の謎を解く鍵の1つ

寄生虫との相互作用でウイルスの生態が変化

　ミツバチが大量に姿を消す蜂群崩壊症候群は世界的な問題であり、農業にとっては死活問題となっている。ミツバチは多くの作物、特にヨーロッパ原産の作物に受粉しているからだ。この症候群により、コロニー内のほとんどの働き蜂が姿を消し、巣には女王蜂と世話係の蜂だけが残される。たいていの場合、巣には大量の食糧も残されている。これは非常に複雑な問題であり、バロアダニ(*Varroa destructor*)が絡んでいる(Varroaはイタリアの養蜂家で、初めてこのダニを発見した)。ダニはもともとトウヨウミツバチに寄生していたのだが、1970年代に世界に広まり始め、セイヨウミツバチのコロニーに感染するようになった。このダニが寄生していなければ、ミツバチは成長のどの段階で羽変形病ウイルスに感染しても明らかな症状は出ず、コロニーに深刻な影響も出ないのだが、ダニが寄生している場合は、蛹の段階でウイルスに高レベルの感染をして死ぬことが多く、成虫になっても羽が変形して飛べない。詳しいしくみはまだ判明していないが、何百万匹ものミツバチが失われる背景には、ミツバチとダニとウイルスの間に密接な関係があることは明らかである。

　羽変形病ウイルスは他の昆虫にも発見され、おそらくこのダニにも感染していると思われる。マルハナバチなど他のハチも感染するが、病気の症状は見られない。今日、世界中の食卓に上る作物の約60%はアメリカ大陸原産で、このような作物は通常マルハナバチや他の昆虫、鳥、風によって受粉している。

A 断面
B 外観
1 カプシドタンパク質　VP1
2 カプシドタンパク質　VP2
3 カプシドタンパク質　VP3
4 1本鎖ゲノムRNA
5 VPg
6 ポリA

▶羽変形病ウイルス粒子。宿主細胞の中で結晶のように並んでいる。

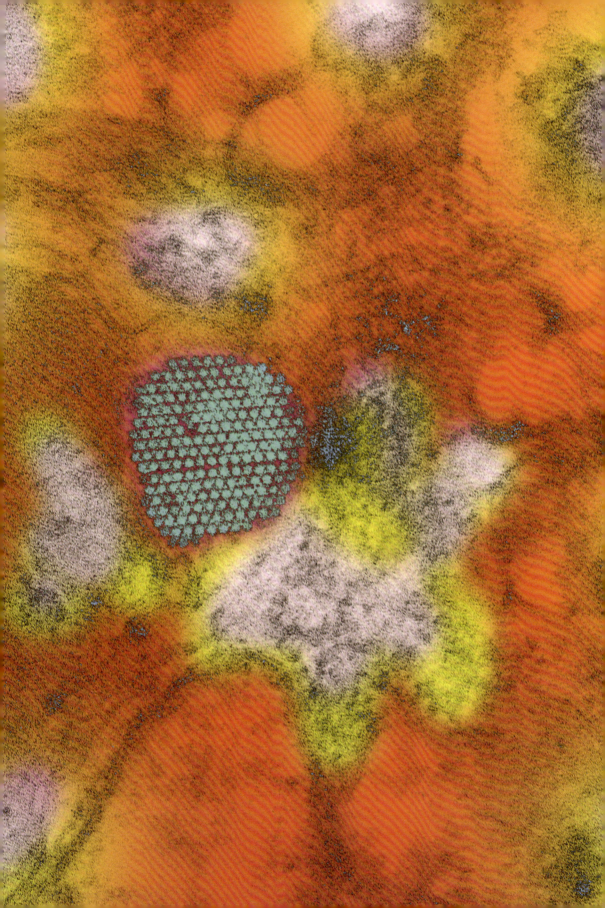

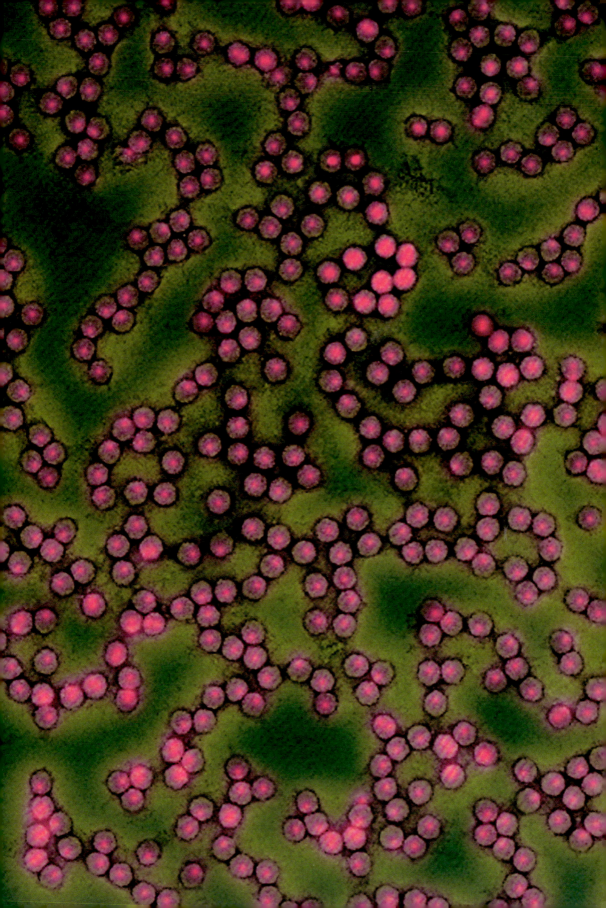

群	第4群
目	ピコルナウイルス目（Picornavirales）
科	ジシストロウイルス科（Dicistrovirus）
属	クリパウイルス属（Cripavirus）
ゲノム	直鎖状、非分節、1本鎖RNA、ヌクレオチド約9,300、2つのポリプロテインにタンパク質6種が含まれる
分布	全世界
宿主	ショウジョウバエ
関連疾患	有益な場合もあれば、死因となる場合もある
感染経路	自然界では摂取、実験では注入

ショウジョウバエCウイルス Drosophila virus C
ライフスタイルを切り替え、有益にも死因にもなるウイルス

ショウジョウバエの遺伝モデル系となったウイルス

　ショウジョウバエは遺伝学研究のモデル系として長年使われてきた。ゲノムサイズはかなり小さく、ライフサイクルが短いため、異種交配が非常にしやすい。ショウジョウバエCウイルスは1970年代、ショウジョウバエの遺伝的性質を研究していたフランスの実験室で発見された。有益（相利共生）とされるウイルスは、このウイルスが最初である。感染したショウジョウバエは成長が速く、産卵数も多い。だが、幼虫が感染すると、このウイルスは病原体となり、死をもたらすこともある。ショウジョウバエのコロニーでは、幼虫の病気よりも生殖の速さの方が重視される場合、このウイルスの存在は全体としては有利と言えよう。

　実験としてウイルスを成虫に注入すると、成虫は死に至る。そこで、このウイルスを有益と見なすべきかどうかで論争が生じたのだが、ショウジョウバエは他の感染したハエにより汚染されたものを摂取してこのウイルスを得るのが普通である。また、有益な効果は気温に左右されることが研究により明らかになった。気温が低いと効果はあまり認められない。さらに、ショウジョウバエの中でもある特定の系統は効果に違いをもたらすことができる。こうした研究とその知見から、ウイルスと宿主の相互関係が微妙なバランスで成り立っていることがうかがわれる。

A 断面
B 外観
1 カプシドタンパク質　VP1
2 カプシドタンパク質　VP2
3 カプシドタンパク質　VP3
4 1本鎖ゲノムRNA
5 VPg
6 ポリA

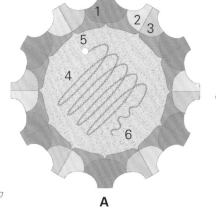
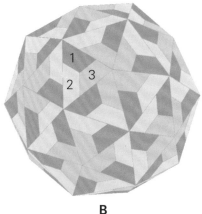

◀精製したショウジョウバエCウイルスの粒子（ピンク色）。

A　　　　**B**

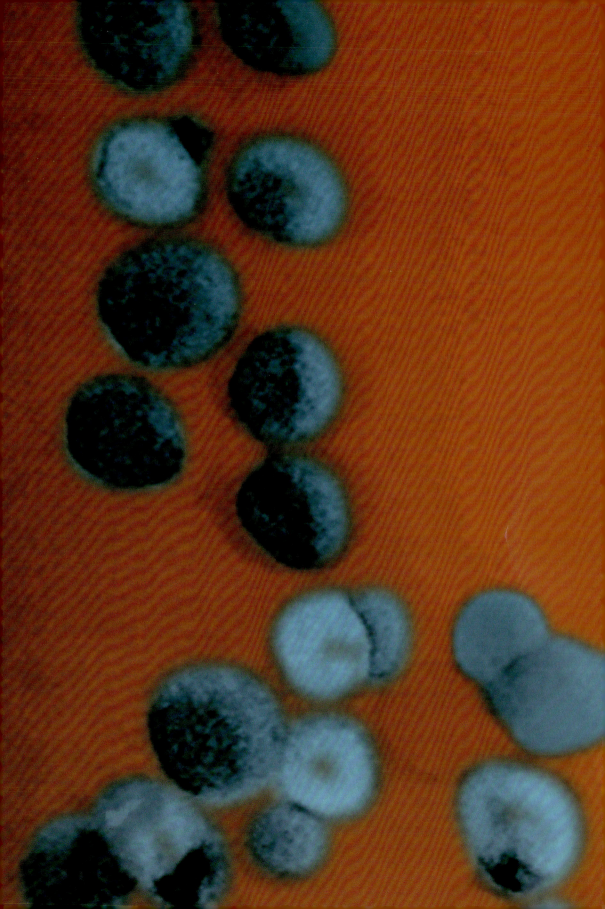

群	第2群
目	未設定
科	パルボウイルス科（Parvoviridae）
属	未設定
ゲノム	直鎖状、非分節、1本鎖DNA、ヌクレオチド約5,000、タンパク質4種をコード
分布	英国。ヨーロッパの他地域にも分布の可能性あり
宿主	オオバコアブラムシ
関連疾患	なし
感染経路	植物の汁を摂取、一部は垂直伝播

オオバコアブラムシデンソウイルス
アブラムシに翅を与えるウイルス　Dysaphis plantaginea densovirus

植物をベクターとして利用する有益な昆虫ウイルス

　アブラムシは無性生殖集団をなすことがよくある。無性生殖とは1つの個体が交尾することなく、単独で体の一部から新しい個体を生み出す生殖法で、子は親と遺伝的に同じクローンである。アブラムシのように非受精卵を使う場合は単為生殖と呼ばれ、一部の昆虫では一般的に見られている。オオバコアブラムシ（*Dysaphis plantaginea*）のコロニーでは、ほとんどの個体は翅がなく、体は明るい茶色で、多くの子孫を生むのだが、色が濃く翅のある小型の個体が出現することがある。有翅虫が生み出す個体数は少ないが、子の大きさは普通である。オオバコアブラムシはオオバコアブラムシデンソウイルスに感染すると色が濃くなり、翅が生じる。そして、植物を吸汁する際にウイルスの一部を植物の中に置いていく。ウイルスは植物の中では複製を行わず、少量のままとどまっている。有翅虫がウイルスを直接子孫に渡すことはなく、翅のない非感染個体の方が優勢である。生み出す個体数が多いからだ。翅がなければ別の植物に移動できないため、アブラムシの密度が高まる。すると、再び有翅虫が出現する。おそらく、植物の汁の中にひっそり隠れていたウイルスを幼虫の頃に得ていたのだろう。小型で色が濃く、翅の生えた成虫となって別の植物に移動し、新たなコロニーを築き始め、そして同じサイクルが繰り返される。したがって、このウイルスは昆虫のコロニーにとっては有益な存在なのだ。効率よく繁殖できる翅のない個体がコロニーの主体となり、有翅虫はたまにしか出現しない。アブラムシが増えすぎると、ウイルスを獲得して有翅虫となる確率が上がる。

A 断面
B 外観
1　カプシドタンパク質
2　1本鎖DNAゲノム

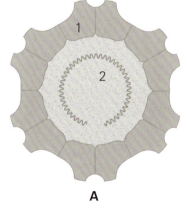

◀青に着色したオオバコアブラムシデンソウイルスの粒子。電子顕微鏡では明瞭に見えないものもあるが、一部の構造はこの写真でも見えている。

A　　　　　　　　　　**B**

無脊椎動物ウイルス　**191**

群	第4群
目	未設定
科	ノダウイルス科(Nodaviridae)
属	アルファノダウイルス属(Alphanodavirus)
ゲノム	直鎖状、2分節、1本鎖RNA、ヌクレオチド約4,500、タンパク質4種をコード
分布	ニュージーランド
宿主	コガネムシの幼虫。実験ではさまざまな宿主に感染
関連疾患	発育遅延
感染経路	摂取

フロックハウスウイルス Flock house virus
実験ではさまざまな宿主に感染する昆虫ウイルス

ウイルスと宿主細胞との相互作用を教えてくれるウイルス

　フロックハウスウイルスは1980年代、ニュージーランドで牧草の害虫であるコガネムシの幼虫から発見された。最初のうち、このウイルスは害虫駆除の目的で研究されていたが、やがてウイルスと宿主の相互作用のいくつかの側面を知る上で重要なモデルとなった。ゲノムが非常に小さいため遺伝学研究を行いやすく、昆虫以外のさまざまな生物にも感染できる。植物細胞や酵母細胞にも、ウイルスRNAを直接注入することで感染させられるのだ。おかげで、一部のウイルスが宿主細胞に侵入するしくみが解明された。フロックハウスウイルスは宿主細胞の外膜に接すると、自身のごく一部を切り離す。この小さなタンパク質が外膜に穴を開け、ウイルスが侵入できるようにするのだ。また、RNAサイレンシングという昆虫や植物の免疫系の研究でも、このウイルスは重要な役割を果たしてきた。このような免疫系では、宿主がウイルスRNAに結合する小分子RNAを作り、これが標識となってウイルスRNAを破壊する。昆虫や植物がウイルスから身を守るために欠かせないプロセスなのだが、ウイルスはこの免疫反応を抑制するタンパク質を作って対抗することが多い。このプロセスを解明するために、フロックハウスウイルスがRNAサイレンシングの抑制に用いるタンパク質が利用されてきた。

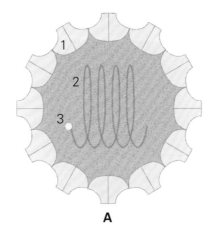

A 断面
1 カプシドタンパク質
2 1本鎖RNAゲノム
3 キャップ構造

▶フロックハウスウイルス粒子。この遠視顕微鏡写真では、結晶のように並んでいる。

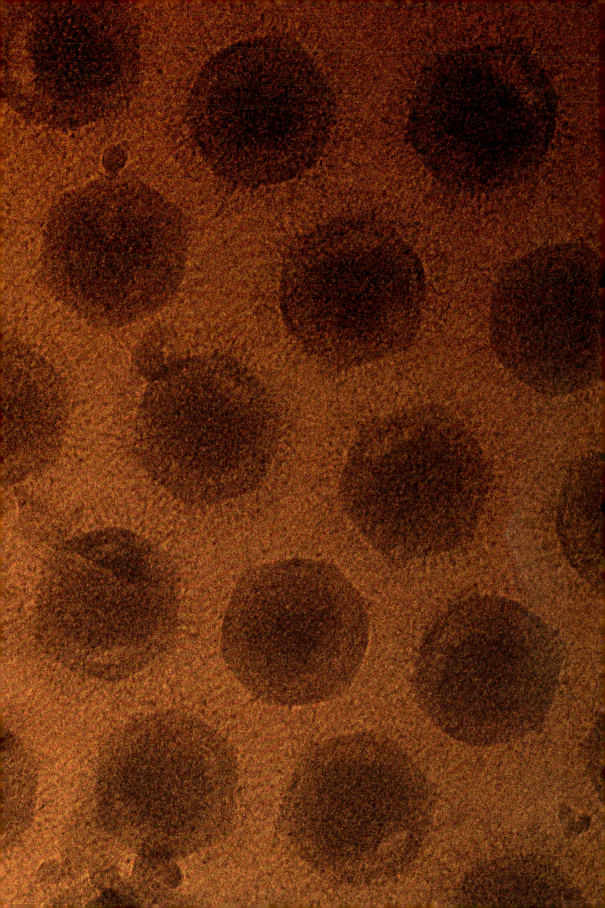

群	第1群
目	未設定
科	イリドウイルス科(Iridoviridae)
属	イリドウイルス属(Iridovirus)
ゲノム	直鎖状、非分節、2本鎖DNA、ヌクレオチド約212,000、最高でタンパク質468種をコード
分布	日本、米国。近縁ウイルスは全世界
宿主	ニカメイガ、ツマグロヨコバイ、軟体動物。実験ではほとんどの昆虫が宿主となる
関連疾患	病気にはならないことが多いが、致命的にもなりうる
感染経路	摂取

昆虫虹色ウイルス6型 Invertebrate iridescent virus 6
宿主を青くするウイルス

色を持つ不思議なウイルス

　1954年、虹色に輝く青い水生昆虫からウイルスが発見された。これが最初に発見されたイリドウイルスだった。ほとんどのウイルスには色がない。本書のようなカラー写真もあるが、特徴を見やすくするために着色されている。動植物の世界では、色を持つためにはふつう色素が必要で、複雑なプロセスを伴っている。色は交尾相手を惹きつける、鳥やハチに受粉させる、植物の葉緑素のように光のエネルギーを取りこむなど、特定の目的のために使われる。ウイルスは色を使う必要がないため、ほとんどのウイルスには色がないのだが、昆虫虹色ウイルス6型や近縁ウイルスには色がある。色素による色ではなく、ウイルス粒子の複雑な結晶構造がある特定の波長の光を反射して色が見えるのだ。生物学ではこれを構造色という。構造色はチョウや甲虫の翅、貝殻、その他多くの生物で見られる。

　昆虫虹色ウイルス6型は日本で、イネにつく昆虫から発見された。自然界では他に何種かの昆虫からも見つかっているが、実験では主な昆虫すべてに感染できることが判明している。ただ、実験による感染ではしばしば致命的となるが、自然界では重い病気になることははるかに少なく、なんの症状も出ない場合が多い。

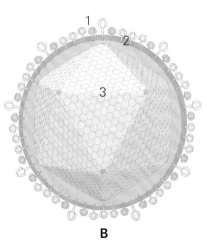

A　断面
B　カプシドの外面を示した断面
1　エンベロープタンパク質
2　外部脂質エンベロープ
3　カプシドタンパク質
4　内部脂質膜
5　2本鎖ゲノムDNA

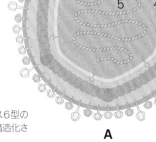

◀並んでいる昆虫虹色ウイルス6型の粒子。外部膜構造も、内部の構造化されたコア粒子も見える。

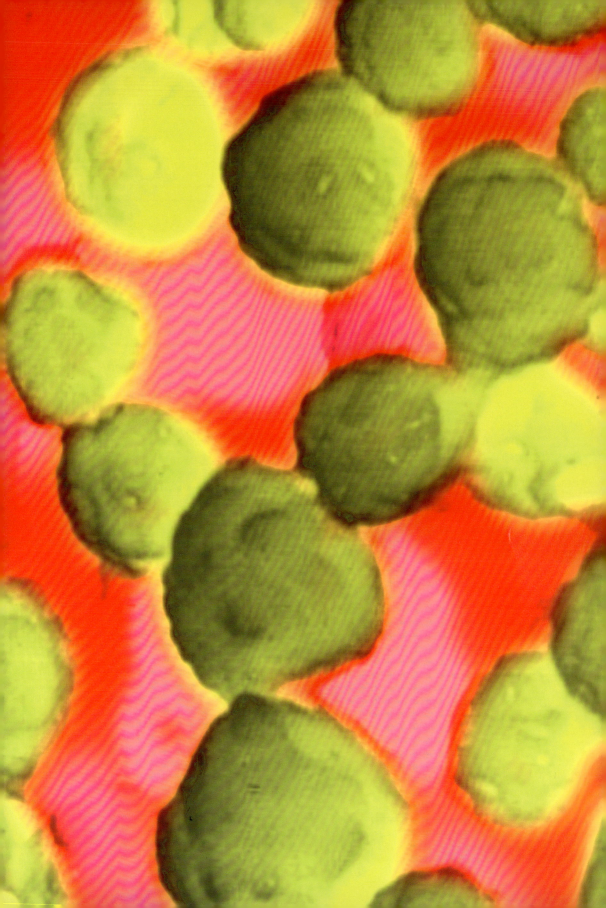

群	第1群
目	未設定
科	バキュロウイルス科（Baculoviridae）
属	アルファバキュロウイルス属（Alphabaculovirus）
ゲノム	環状、非分節、2本鎖DNA、ヌクレオチド約161,000、タンパク質163種をコード
分布	アジア、ヨーロッパ、北米
宿主	ヨーロッパ型マイマイガ
関連疾患	梢頭病
感染経路	摂取

マイマイガ核多角体病ウイルス
Lymantria dispar multiple nucleo-polyhedrosis virus
害虫対策としての生物防除剤

より拡散するために宿主の行動を変えさせるウイルス

マイマイガ核多角体病ウイルスは、さまざまな昆虫に感染する数多くの近縁ウイルスの1つである。バキュロウイルスは大型で、研究が進み、バイオテクノロジーの世界では用途が多い。ヨーロッパ型マイマイガやアメリカタバコガを含む害虫対策用に、非常に効き目のある殺虫剤や生物防除剤として使用されるものもある。また自然界では、ある種の昆虫が増えすぎた場合、何百万匹をも一掃する個体数抑制剤にもなっている。

バキュロウイルスが昆虫に梢頭病をもたらすことは、100年以上前から知られていた。マイマイガの幼虫は捕食者から身を守るため、葉の裏に隠れるものだが、このウイルスに感染した幼虫は死ぬ間際に木のてっぺんへと上っていく。宿主が死ぬと、ウイルスは宿主の体全体を液状化する。何十億ものウイルスが液体と共に木の葉に降り注ぎ、それを次の幼虫が摂取する。最近、幼虫の行動を変える原因となる遺伝子が特定された。

A 出芽ウイルス
B 封入体ウイルス

1 糖タンパク質
2 脂質膜
3 キャップ
4 2本鎖DNAゲノム
5 カプシドタンパク質
6 カプシドベース
7 封入体膜

◀ヨーロッパ型マイマイガ核多角体病ウイルスの封入体（黄色）。ウイルスのヌクレオカプシドはこの内部に保護されている。宿主が死に、ウイルスが他の宿主に伝播するというとき、封入体は取り去られる。

無脊椎動物ウイルス 197

群	第4群
目	未設定
科	未設定
属	未設定
ゲノム	直鎖状、2分節、1本鎖RNA、ヌクレオチド合計約6,300、タンパク質3種をコード
分布	フランス
宿主	C・エレガンス(*Caenorhabditis elegans*)
関連疾患	腸疾患
感染経路	おそらく摂取

オルセーウイルス Orsay virus
線虫から発見された最初のウイルス

ついに発見されたウイルス

　線虫はごく小さな細長い虫で、地球上最も数の多い動物と考えられている。C・エレガンス（*Caenorhabditis elegans*）は最も重要な動物モデル系の1つで、遺伝、免疫、発生生物学のさまざまな側面での研究に利用されている。この小さな虫は扱いやすく、さまざまなコロニーが世界中に存在している。モデル系の多くがそうであるように、線虫の自然史はほとんど知られていなく、実験室で飼育している線虫からはウイルスがまったく発見されてこなかったため、線虫にはウイルスがいないのではないかと考える人もいた。だが最近、野生のC・エレガンスの個体群が発見され、線虫に感染するウイルス探しの熱が再燃した。そして2011年、野生の線虫から初のウイルスが報告された。フランスの町オルセーの近くで、腐りかけのリンゴから分離された線虫だった。感染している線虫は、腸細胞に顕微鏡でもわかる数々の異変が見られた。このオルセーウイルスはC・エレガンスの多くの系統に感染できるが、近縁種の線虫には感染しない。もっとも、線虫の変異体で免疫系が一部欠損しているものは、オルセーウイルスに感染しやすい。

　C・エレガンスからウイルスが発見されたことで、動物とウイルスの相互作用研究に申し分ない新たなモデル系が開発された。他種の線虫は作物の根に感染し、植物ウイルスを伝播することもあり、作物に深刻な損害を与えている。したがって、このような線虫に感染できるウイルスを開発し、生物防除剤として、または無毒性の生物殺虫剤として利用できるかもしれないという期待が芽生えている。

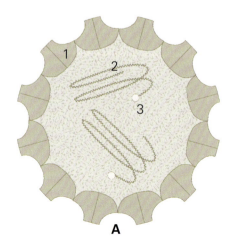

A 断面
1 カプシドタンパク質
2 1本鎖RNAゲノム（2分節）
3 キャップ構造

▶精製したオルセーウイルス粒子（明るい緑色）。

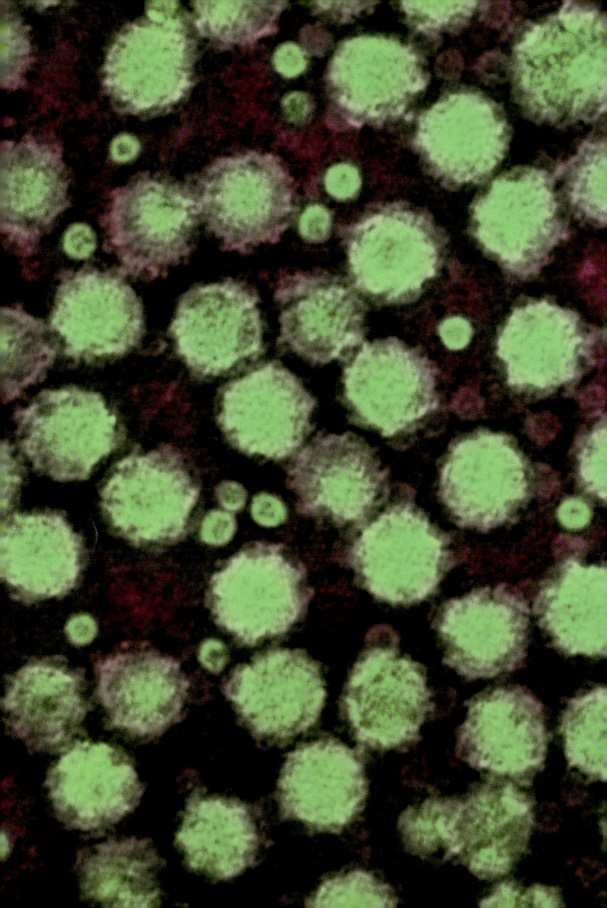

群	第1群
目	未設定
科	ニマウイルス科（Nimaviridae）
属	ウィスポウイルス属（Whispovirus）
ゲノム	環状、非分節、2本鎖DNA、ヌクレオチド約305,000、タンパク質500種以上をコード
分布	中国、日本、韓国、東南アジア、南アジア、中東、ヨーロッパ、南北アメリカ大陸
宿主	淡水、汽水、海水産のエビ、カニ、ザリガニ
関連疾患	ホワイトスポット病
感染経路	摂取。親から子への伝播の可能性あり

ホワイトスポット病ウイルス
White spot syndrome virus
養殖エビに新たに出現した病気

コントロール困難な病気

　ホワイトスポット病と言われる病気が初めて養殖エビで見られたのは台湾で、1990年代初頭だった。その後まもなくホワイトスポット病ウイルスが報告された。このウイルスはまず日本に、次いでアジアの他地域へと急速に広まり、1995年には米国テキサス州南部でも見つかった。その後はエクアドルとブラジルでも見つかっている。アジア産の餌用冷凍エビによって世界中に拡散したと考えられる。養殖場では数多くの同一種が密集しているため、病気が拡大しやすい環境となっている。水産養殖業が増え、養殖される魚介類が増えるにつれ、病気も増えていくと思われる。

　ホワイトスポット病ウイルスは、エビの養殖業界にとって深刻な問題である。エビの免疫系はヒトや他の動物とは大きく異なり、抗体を作らず、生化学物質や特殊細胞を用いて感染源と戦う。ワクチンによって免疫を獲得する場合、抗体が重要な役割を果たしている。抗体を作るしくみがなければワクチン戦術は効かない、と長い間信じられてきた。だが、ウイルスタンパク質やウイルス由来DNA／RNAを用いた新たな方法が考案され、試験段階で少しは効果が見られている。その他のホワイトスポット病対策として、徹底した衛生管理、水温の調節などが挙げられ、抗ウイルス作用があるハーブエキスまで使用されている。

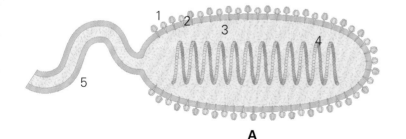

A　断面
1　膜タンパク質
2　脂質膜
3　外被
4　2本鎖DNAゲノムを覆う核タンパク質
5　尾のような構造

▶多数のホワイトスポット病ウイルス粒子。写っているのはほとんどが横断面だが、下方に少なくとも1つは縦断面が見える。

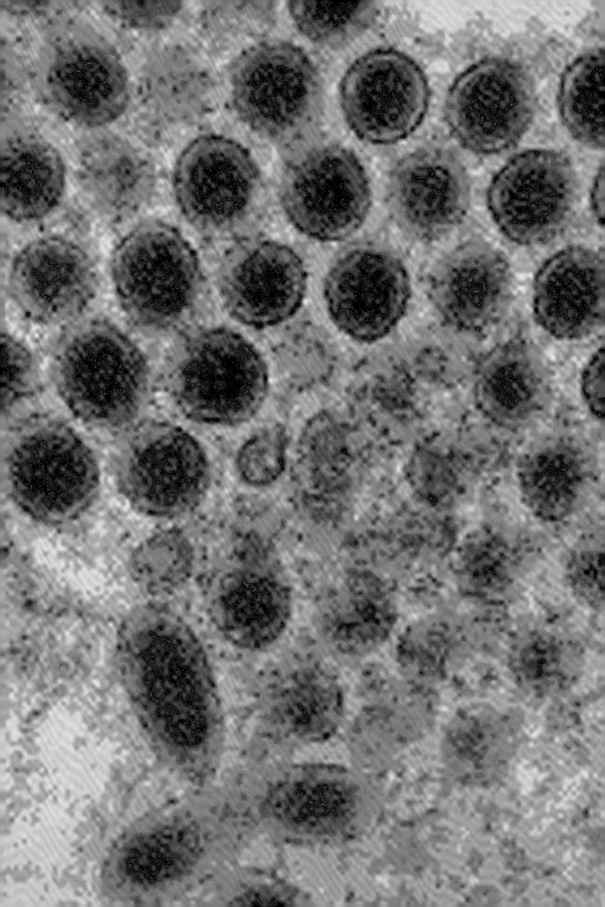

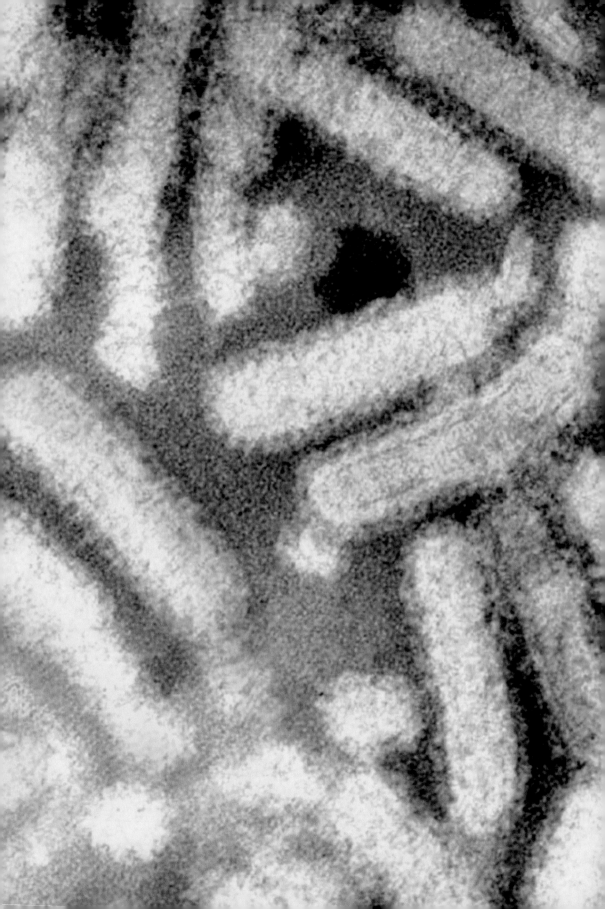

群	第4群
目	ニドウイルス目（Nidovirales）
科	ロニウイルス科（Roniviridae）
属	オカウイルス属（Okavirus）
ゲノム	直鎖状、非分節、1本鎖RNA、ヌクレオチド約27,000、複数のポリプロテインにタンパク質8種が含まれる
分布	台湾、インド、インドネシア、マレーシア、フィリピン、スリランカ、ベトナム
宿主	ブラックタイガー、バナメイエビ。他のエビには症状が出ない
関連疾患	イエローヘッド病
感染経路	摂取、水系感染

イエローヘッド病ウイルス Yellow head virus
多種のエビに感染するが、養殖エビのみが病気となる

養殖エビに感染するウイルスが増えている

　1970年代初頭から、エビやその他の魚介類の養殖業は新たなウイルス病に悩まされてきた。イエローヘッド病ウイルスがもたらすイエローヘッド病が初めて見られたのは1990年、台湾で養殖されているブラックタイガーだった。このウイルスは感染力がとても強く、養殖場で発生すると通常3日から5日でエビが全滅する。1990年代に入ると、アジアの他地域でも見られるようになった。イエローヘッド病ウイルスはブラックタイガーだけではなく、野生のエビも含め多種のエビでも見つかっているが、病気になるのはブラックタイガーとバナメイエビ、水産養殖業で最も価値のあるこの2種だけである。

　典型的な症状として、まず猛烈な食欲を示し、続いて食欲を失い不活発となり、養殖池の端に集まるようになる。頭部が黄色くなる特徴があるが、必ず見られるわけではない。イエローヘッド病ウイルスが急速に拡散したのは、おそらくエビを密集状態で養殖しているせいだろう。感染していながら症状の出ない野生種のエビが、このウイルスの保有宿主だと考えられる。イエローヘッド病ウイルスは養殖場のエビを全滅させる威力を持っているが、病気になる種は限られており、脅威の点ではホワイトスポット病ウイルスのような他のウイルスほど深刻ではない。

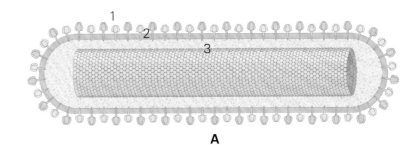

A　断面
1　膜糖タンパク質
2　脂質膜
3　1本鎖RNAゲノムを包む核タンパク質

◀精製したイエローヘッド病ウイルス粒子。この写真ではほとんどの粒子で細長い構造も表面の膜糖タンパク質も見て取れる。また、写真中央には断面がはっきり見える粒子が写っている。

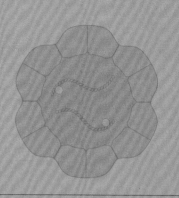

菌類・原生動物ウイルス
FUNGAL AND PROTIST VIRUSES

はじめに

　菌類を宿主とするウイルスはほとんど研究されていない。養殖のキノコにたまに病気をもたらすウイルスや、植物に病気をもたらす菌類のウイルスぐらいしかわかっていない。世界中のクリの木に甚大な被害をもたらしたクリ胴枯病の症状を抑えるウイルスが発見されたときは、他の植物病原菌にも効くウイルスを探そうという大きな動きがあった。だが、新種のウイルスが発見されたものの、それを農業や林業に役立てる方法を確立するには至らなかった。その理由として、菌類ウイルスはほとんどが母細胞から娘細胞へという垂直感染で何世代も宿主に居座り、別の菌類への水平感染が容易ではないことが挙げられる。もっとも、なかには植物に感染する近縁種を持つウイルスもいくつかある。そのような種と近縁種のゲノムを比較してみると、ウイルスが植物と菌類を行き来していたことがわかる。ただ、実験ではこうした移動は一度も見られず、これはおそらくまれな事例と思われる。本章で紹介する菌類ウイルスには、宿主にとって役立つものも、宿主が自然環境の中で生きるのに欠かせない存在になっているものもある。

　菌類ウイルスの研究をはばむ要因はもうひとつある。多くの菌類は微生物であり、研究に使えるほどの量を得るには、研究室内で培養しなければならないのだが、培養できる菌類は全体の10％程度ではないかと考えられている。しかも、培養のプロセスを経る間にウイルスを失うものが多いため、菌類ウイルスの多様性については、またほとんど知られていない。

　また本章では、単細胞緑藻類のクロレラを宿主とするウイルスと、アメーバウイルスについても紹介する。宿主は単細胞でサイズは小さいのだが、そのウイルスは既知のウイルスの中でも最大の部類に入り、巨大ウイルスと呼ばれている。細菌のゲノムに匹敵するか、上回るほど大きなゲノムを有し、ウイルス粒子は普通の光学顕微鏡で見えるほどだ。氷床コアから分離したあるアメーバウイルスは、約30000歳と推定された。現時点では最長老のウイルスである。

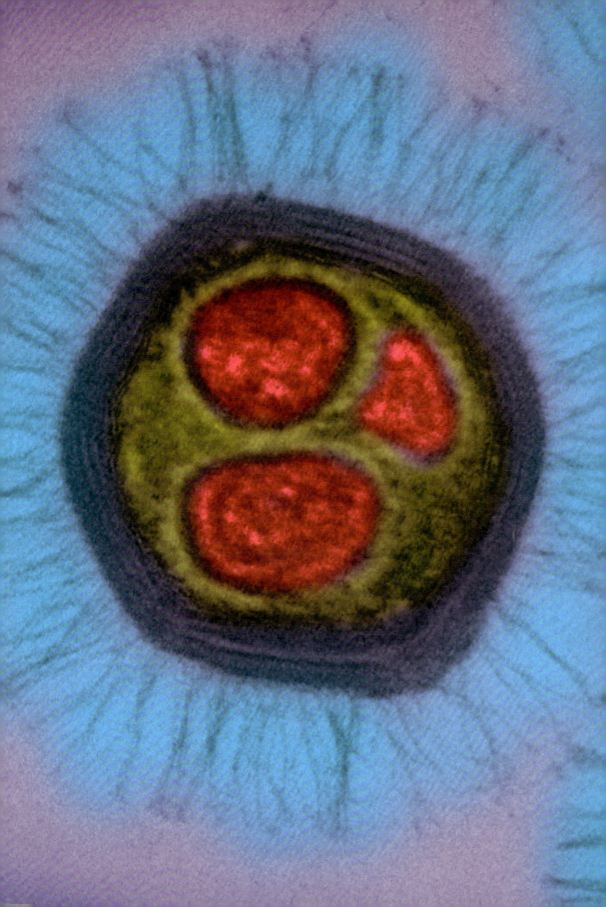

群	第1群
目	未設定
科	ミミウイルス科（Mimiviridae）
属	ミミウイルス属（Mimivirus）
ゲノム	直鎖状、非分節、2本鎖DNA、ヌクレオチド約1,800,000、タンパク質900種以上をコード
分布	近縁ウイルスは全世界
宿主	アメーバ
宿主への影響	不明
伝播	食作用（細胞を食べること）

ミミウイルス Acanthamoeba polyphaga mimivirus
細菌に匹敵する大きさのウイルス

初の巨大ウイルス

　かつてない大きさのウイルスの発見には、興味深いエピソードがつきものだ。1992年にフランスで肺炎が大流行した。原因を探っていたとき、貯水槽にいたアメーバの中に細菌サイズの微生物が見つかった。その微生物は細菌のように色までついていた。肺炎を起こす細菌にはアメーバの中で生きているものもいるため、この微生物を見て驚いた者はいなかった。だが、この新種の微生物が細菌ではなくウイルスであり、しかも肺炎の原因ではないことが判明した。この微生物の本質を知るのに10年近くもかかっている。このウイルスは「真似をする（ミミック）微生物」の省略形でミミと名づけられた。ウイルスとは何なのか？　細胞を持つ生物とは異なり、ウイルスは自分ではエネルギーを作り出せない。これは重要な特徴のひとつである。いわゆる巨大ウイルスは藻類からも発見されているが、ミミウイルスはそうしたウイルスと類似した特徴を備えている。ゲノムが非常に緻密で、タンパク質をコードできる領域がほとんどを占めているのだ。大半の生物のDNAには機能が判明していない部分が多く存在し、がらくたDNAと呼ばれている。

ウイルスに感染するウイルス

　何年か前に別のミミウイルス株が発見された。その株には別のウイルスが感染していた。このウイルスは小型のDNAウイルスで、ミミウイルスがいなければ複製できず、植物に見られるサテライトウイルスに類似している。このミミウイルス株にはママウイルスというニックネームがつき、感染するウイルスはサテライト（衛星）にちなんでスプートニクと呼ばれている。

A　断面
B　外観
1　細繊維
2　カプシドタンパク質
3　内部繊維
4　内部脂質サック
5　2本鎖ゲノムDNA
6　スターゲート

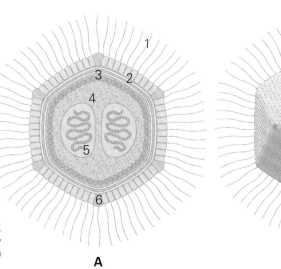

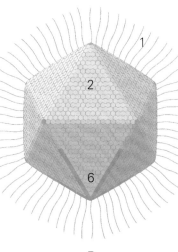

◀最大クラスのウイルスの1つ、ミミウイルスの細繊維（青色）、カプシド構造（紫色）、そしてDNA（赤色）を含む中心部。

A　　　　　　　　　B

群	第3群
目	未設定
科	未設定
属	未設定
ゲノム	直鎖状、2分節、2本鎖RNA、ヌクレオチド合計約4,100、タンパク質5種をコード
分布	米国イエローストーン国立公園
宿主	内生真菌 (*Curvularia protuberata*)
宿主への影響	なし。有益な存在
伝播	垂直伝播 (母から娘へ)、吻合 (菌細胞の融合)

クルブラリア熱耐性ウイルス
Curvularia thermal tolerance virus
植物を助ける菌類を助けるウイルス

3種間相利共生の初の例となったウイルス

　共生とは、異種の生物が深い関係を築いていることを指す。相互に有利な場合は相利共生という。米国西部のイエローストーン国立公園では地熱活動のため、土の温度がとても高くなることがある。土が熱いと植物は育たないものだが、この公園では地熱が50℃を超える場所に草が生えている。この草には内生真菌と呼ばれる菌類がコロニーを築いている（野生の植物はほぼすべて内生真菌を有している）。内生真菌は、植物が養分をより多く取りこめるようにする、乾燥や塩分、地熱などへの耐性を高めるなど、植物にとって重要な恩恵をもたらす。地熱の高いイエローストーン国立公園に生えている草は、内生真菌がいなければ生きられない。だが、地熱への耐性は菌類のみが与えているわけではない。内生真菌はウイルスに感染している。ウイルスを除去すると、菌類は地熱への耐性を与えられなくなる。だが、菌類を再びウイルスに感染させると、耐性を与えられるようになる。また、菌類は培養もできるが、植物がいないと高温では成長できない。つまり、ウイルス、菌類、植物の三者が揃って、初めて熱耐性が生じるのだ。この例のように、複数種の生物が共生関係にあり、いずれも欠かすことのできない構成要素となっていることをホロビオントと呼ぶことがある。こうした関係は自然界では一般的なのかもしれないが、あまり研究がなされていない。

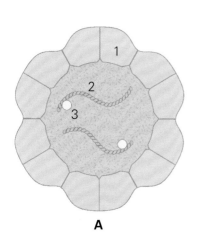

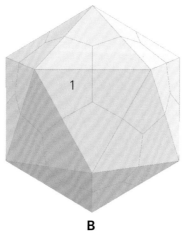

A　断面
B　外観
1　カプシドタンパク質
2　2本鎖RNAゲノム (2分節)
3　ポリメラーゼ

▶精製したクルブラリア熱耐性ウイルス粒子（青色）。

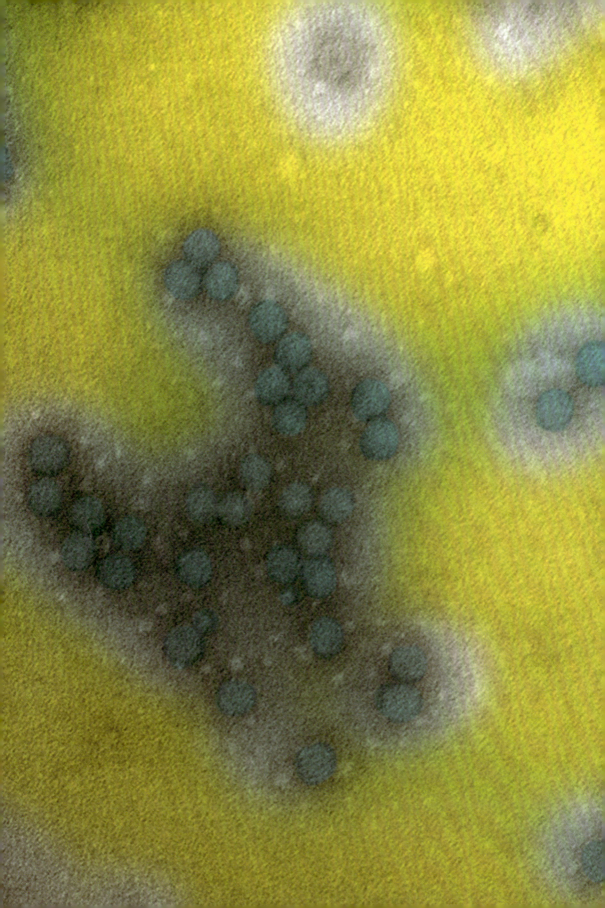

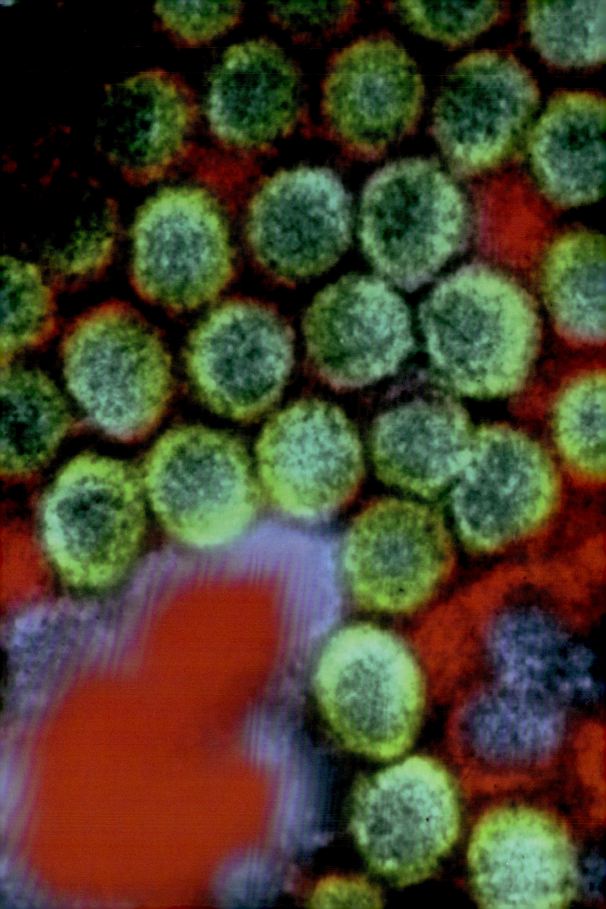

群	第3群
目	未設定
科	トティウイルス科(Totiviridae)
属	ビクトリウイルス属(Victorivirus)
ゲノム	直鎖状、非分節、2本鎖RNA、ヌクレオチド約5,200、タンパク質2種をコード
分布	北米
宿主	植物の病原性真菌(Helminthosporium victoriae)
関連疾患	コロニーの発育阻止、Helminthosporium victoriaeの奇形
伝播	垂直伝播(母から娘へ)、吻合(菌細胞の融合)

ヘルミントスポリウム・ビクトリアウイルス190S型
Helminthosporium victoriae virus 190S
オーツ麦に被害をもたらす病原性真菌に感染するウイルス

品種改良の落とし穴

　20世紀初頭、米国でオーツ麦の新しい品種が開発された。ウルグアイ原産のビクトリア種とニュージーランド原産のボンド種を元に作られた品種で、真菌による冠さび病に抵抗力があった。ところが、この品種が米国で広く栽培されるようになって間もなく、ビクトリア・ブライトという新たな病気が出現し、深刻な被害をもたらした。1940年代のオーツ麦生産高は半減し、農家はこの品種を栽培しなくなった。その後の研究により、冠さび病に強い遺伝子が、ビクトリア・ブライトをもたらす真菌には弱いことが判明した。この真菌は昔から土の中にいるが、新品種が導入されるまでは深刻な問題とならなかった。

　1950年代、米国ルイジアナ州の一部の農家は従来のビクトリア種を栽培していたが、ビクトリア・ブライトによる被害は軽かった。感染したオーツ麦から病原性真菌を採取し、培養してみたところ、真菌は普通に育たず、病気にかかっているように見えた。そして、ついにヘルミントスポリウム・ビクトリアウイルス190S型が分離された。真菌に病気をもたらしていたのはこのウイルスだったのだ（190Sとは沈降係数の意味で、Sは単位である。密度によりウイルスの物理特性を示す）。このウイルスに感染している真菌を分離培養すると、感染していない真菌よりも成長速度が遅くなる。だが、植物内では、ウイルスが真菌に抗菌タンパク質を作らせ分泌させて、感染していない真菌の成長を遅らせる。このウイルスを生物防除剤として直接利用するのは非実用的と言えるだろうが、抗菌タンパク質を作る真菌の遺伝子を使って作物を守ることは可能かもしれない。

A 断面
B 外観
1　カプシドタンパク質
2　2本鎖RNAゲノム
3　ポリメラーゼ

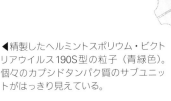

◀精製したヘルミントスポリウム・ビクトリアウイルス190S型の粒子（青緑色）。個々のカプシドタンパク質のサブユニットがはっきり見えている。

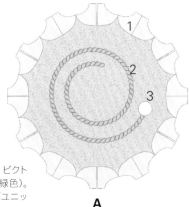

A

B

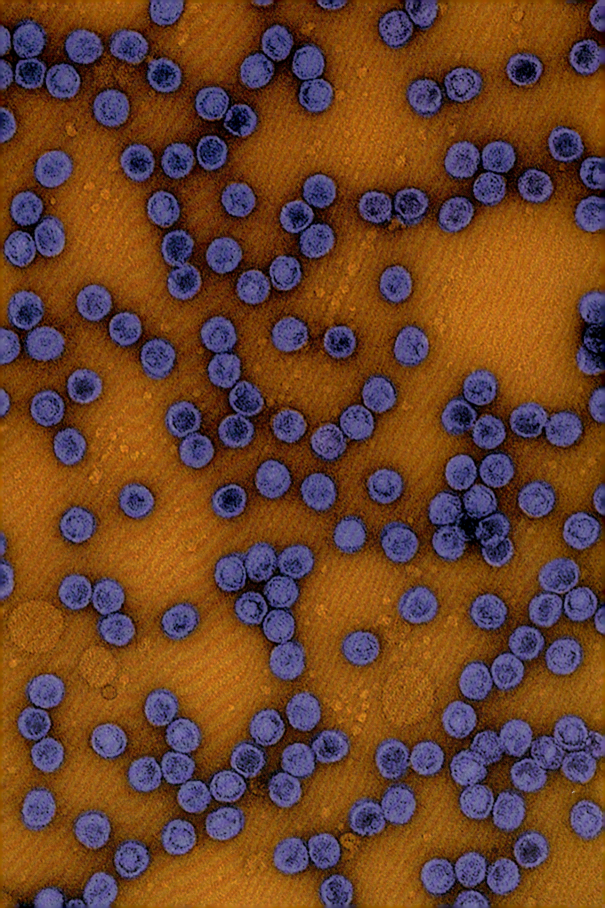

群	第3群
目	未設定
科	クリソウイルス科(Chrysoviridae)
属	クリソウイルス属(Chrysovirus)
ゲノム	直鎖状、4分節、2本鎖RNA、ヌクレオチド合計約12,600、タンパク質4種をコード
分布	全世界
宿主	アオカビ(*Penicillium chrysogenum*)
関連疾患	不明
伝播	垂直伝播(母から娘へ)、吻合(菌細胞の融合)

ペニシリウム・クリソゲヌムウイルス
Penicillium chrysogenum virus
抗生物質ペニシリンを作る真菌のウイルス

機能が判明していないウイルス

　ペニシリウム・クリソゲヌムウイルスの宿主は、ペニシリンを発見したアレクサンダー・フレミングが着目したアオカビとは種が異なる。P・クリソゲヌムは米国イリノイ州ピオリアの食料品店にあったメロンから分離された。重要なペニシリンをより多く作れる菌類が探し求められていた時代のことだ。この種はフレミングのアオカビの何百倍ものペニシリンを産生する。1960年代後半、大切なP・クリソゲヌムにウイルスが発見されたときは大ニュースとなった。当時は菌類に感染するウイルスがほとんど知られていなかったからだ。このウイルスは宿主に悪影響を及ぼす証拠が得られないため、宿主に居座る菌類ウイルスの1種とみなされた。菌類ウイルスの中にはずっと宿主にとどまり、これといった影響を宿主に与えることもなく、親から子孫へと受け継がれていくしつこいタイプがいる。このようなウイルスは、どんなに手を尽くしても宿主の菌類から一掃するのが非常に難しく、不可能な場合もある。ペニシリウム・クリソゲヌムウイルスの近縁であるクリソウイルスは植物で見つかっているが、宿主にずっととどまり、何の症状も出ないという特徴は同じである。宿主に居座り続けるということは、菌類や植物が必要とする何かをウイルスが与えているとも考えられる。だが、それが何かはまだわかっていない。

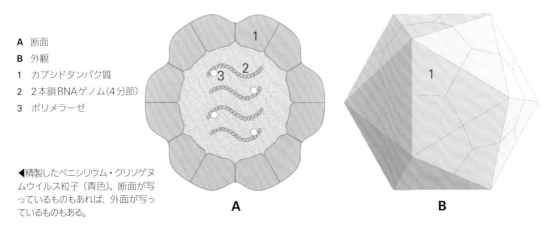

A 断面
B 外観
1 カプシドタンパク質
2 2本鎖RNAゲノム(4分節)
3 ポリメラーゼ

◀精製したペニシリウム・クリソゲヌムウイルス粒子(青色)。断面が写っているものもあれば、外面が写っているものもある。

群	第1群
目	未設定
科	未設定
属	ピソウイルス属（Pithovirus）
ゲノム	環状、非分節、2本鎖DNA、ヌクレオチド約610,000、タンパク質約470種をコード
分布	シベリア
宿主	アメーバ
関連疾患	致命的
伝播	食作用（細胞を食べる）

ピソウイルス Pithovirus sibericum
既知のウイルスの中で最古かつ最大

最大のウイルスだがゲノムは最大ではない

　ウイルス学の基準から言えば、このウイルスは巨大である。全長約1.5μm、幅0.5μm（1μmは1ミリの1000分の1）、光学顕微鏡で楽に見える。このウイルスより小さな細菌は数多く、このウイルスが発見されるまでは最大のウイルスだったパンドラウイルス（Pandravirus）の2倍もある。だが、ゲノムのサイズで見ると、ピソウイルスはパンドラウイルスの4分の1ほどにすぎず、コードするタンパク質もはるかに少ない。それでも、宿主のアメーバに対する依存の度合いはパンドラウイルスよりも小さく思われる。ピソウイルスもパンドラウイルスも形は類似しているが、遺伝学的には共通点がほとんどない。おもしろいことに、既知のウイルスで最大の部類に入るものは、なぜかすべてアメーバに感染する。アメーバは水中によくいる小さな単細胞生物である。

　ピソウイルスは、シベリアの3万年前の氷床コア（地表から30メートルの深さにある）から発見された。この氷の無菌試料を実験室のアメーバ培養液に入れたところ、驚くべきことが起きた。培養されていたアメーバが20時間以内に全滅したのだ。ウイルスはいまだに「生きて」おり、アメーバに感染し増殖することができた。このウイルスは、感染し増殖するために必要なゲノムを完全な形で保持していると考えられるどんなウイルスよりもはるかに古い。DNAは環境のさまざまな要素によってダメージを受けやすいのだが、深い氷床コアの中で守られていたのだろう。ピソウイルスが感染能力を失っていないことから、気候変動により極氷が溶けたら昔の未知のウイルスが環境に放出されるのではないかと心配する人もいるが、実際には脅威とはならないだろうと多くの科学者は信じている。

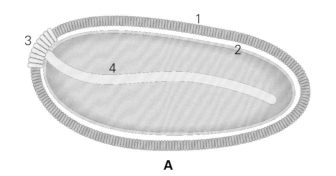

A　断面
1　カプシド構造
2　内部膜
3　頂端
4　2本鎖DNAゲノムを含む構造体

▶既知のウイルスの中で最大のピソウイルスの電子顕微鏡写真。外部カプシド構造は黒と灰色で、右下に頂端がはっきり見えている。

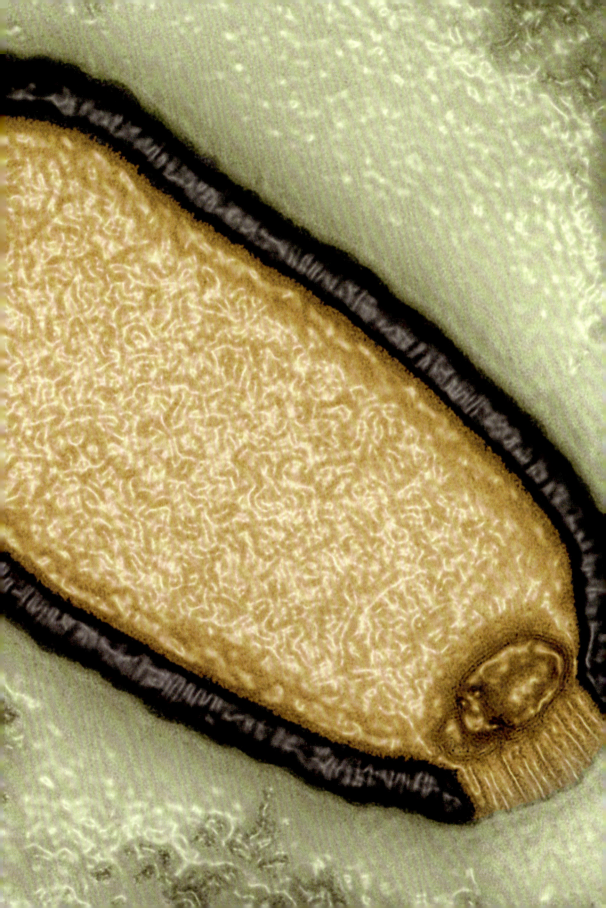

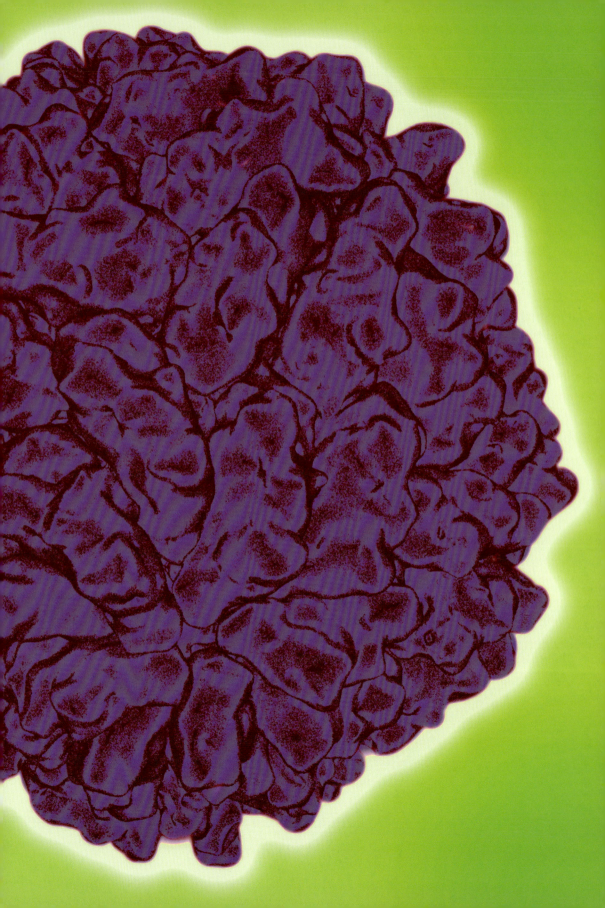

群	第3群
目	未設定
科	トティウイルス科(Totiviridae)
属	トティウイルス属(Totivirus)
ゲノム	直鎖状、非分節、2本鎖RNA、ヌクレオチド約4,600、タンパク質2種をコード
分布	全世界
宿主	酵母
関連疾患	宿主にはなし。宿主の競争相手を殺す
伝播	垂直伝播(母から娘へ)、酵母の接合

サッカロマイセス・セレビシエL-Aウイルス
酵母の殺作用の一端を担うウイルス Saccharomyces cerevisia L-A virus

競争に勝つための手段

　酵母は他の菌類と同じように、しばしばウイルスに感染する。ほとんどの酵母は表現型が知られていないが、ウイルスが関与する酵母の殺作用は酵母にとって非常に有益となりうる。このシステムには、サッカロマイセス・セレビシエL-Aウイルスと、数種あるMウイルスのうちの1種が必ず関わっている。L-AウイルスはRNA転写酵素を有し、Mウイルスにもそれを使わせるため、ヘルパーウイルスと呼ばれている。Mウイルスは毒素を産生し、周囲に分泌する。この毒素はL-A/Mウイルスに感染していない他の酵母株には致命的だが、L-A/Mウイルスに感染している宿主酵母には無害である。この両ウイルスは解毒メカニズムも持ち合わせているからだ。したがって、酵母は邪魔な競争相手を消すことができる。

　サッカロマイセス・セレビシエL-Aウイルスのライフサイクルは、他の近縁ウイルスと同様に独特なものである。宿主細胞内に侵入後、タンパク質を作り自己を複製するためのゲノムをカプシド内部でコピーし(1本鎖)、それをカプシドから押し出す。これは2本鎖RNAゲノムを持つウイルスには一般的な戦法である。大型の2本鎖RNAはウイルス感染の特徴であり、宿主細胞にウイルスRNAを破壊するさまざまな免疫反応を誘発する。したがって、ウイルスにとってはカプシドの中にとどまり、宿主細胞の抗ウイルス活性を避ける方が安全なのだろう。だが、不思議なことに、L-A/Mウイルスによる殺作用は、RNAサイレンシング(ウイルスの2本鎖RNAが引き金となって宿主が行うRNA分解)を使わない酵母にしか見られない。このシステムは過去の免疫系の名残りなのだろうか？

A 断面
B 外観
1 カプシドタンパク質
2 2本鎖ゲノムRNA
3 ポリメラーゼ

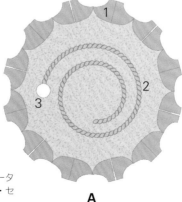

A　　　　　B

◀電子顕微鏡とX線結晶回折のデータを元に描かれたサッカロマイセス・セレビシエL-Aウイルスのモデル。

群	第4群
目	未設定
科	ハイポウイルス科(Hypoviridae)
属	ハイポウイルス属(Hypovirus)
ゲノム	直鎖状、非分節、2本鎖RNA、ヌクレオチド約13,000、タンパク質4種を2つのポリタンパク質からコード
分布	アジア、ヨーロッパ、アメリカ大陸
宿主	クリ胴枯病の病原菌(*Cryphonectria parasitica*)
関連疾患	クリ胴枯病の抑制
伝播	垂直伝播(母から娘へ)、吻合(菌細胞の融合)

クリホネクトリア・ハイポウイルス1型
クリ胴枯病の病原菌に感染するウイルス
Cryphonectria hypovirus 1

クリ胴枯病を治す?

　クリの木は世界の多くの地方で見られる。米国東部の森では、1903年までは中心的な存在だった。この年、ニューヨークの植物園にアジア原産のクリを使用した接ぎ木用の台木が搬入されたのだが、この台木が病原菌に冒されていた。クリの木は次々に枯れ始め、堂々としたクリの木が生い茂る森は20世紀半ばまでに米国から姿を消していた。この菌が感染すると、樹皮に病変が生じ、やがてはそれが幹をぐるりと取り囲む。枯れた木の根元から若木が生えてくることが多いのだが、ほとんどが実をつけるまで成長しないうちに同じ病気で枯れてしまう。クリ胴枯病がヨーロッパに入ったのは1930年代後半だった。1960年代、イタリア人の植物病理学者が、軽度の病変があるものの枯死してはいない木を発見した。クリの木に抵抗力がついたわけではなく、病原菌の変化によるものであった。この「弱毒性」は伝染することまではわかったが、ウイルスによるものだと判明したのは1990年代初頭になってからだった。クリ胴枯病は生物的防除が可能かもしれず、クリの森をよみがえらせることも夢ではないかもしれない。期待が高まり、実際、ヨーロッパではこの戦法が功を奏したのだが、米国のクリには効かなかった。ヨーロッパの菌は近縁株が多いのに対し、米国の菌は遺伝学的に異なる株が多いためと思われる。ウイルスはごく近縁の株にしか感染できないため、1本の木を治療することはできても、森全体の治療は無理なのだ。クリ胴枯病研究は今もなお続いている。ウイルスが宿主の範囲を限定するしくみがわかれば、北米のクリの森の復活に向け、より良い戦法が開発されるかもしれない。

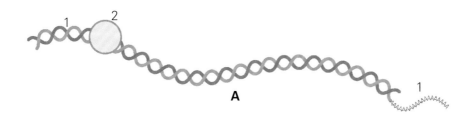

A　断面
1　2本鎖複製型RNA
2　ポリメラーゼ

群	第4群
目	未設定
科	ナルナウイルス科(Narnaviridae)
属	ミトウイルス属(Mitovirus)
ゲノム	直鎖状、非分節、1本鎖RNA、ヌクレオチド約2,600、タンパク質1種をコード
分布	アジア、ヨーロッパ、アメリカ大陸、ニュージーランド
宿主	ニレ立枯病の病原菌(Ophiostoma novi-ulmi)
関連疾患	菌の成長阻害
伝播	垂直伝播(母から娘へ)、吻合(菌細胞の融合)

オフィオストマ・ミトウイルス4型
最も小さく単純なウイルスのひとつ　Ophiostoma mitovirus 4

1つの菌には多くのウイルスが存在する

　オフィスオストマ属の*Ophiostoma novi-ulmi*はニレ立枯病を引き起こす真菌である。世界中でニレの木に大きな被害をもたらし、ニレがほぼ全滅した場所もある。クリ胴枯病を抑制するウイルスが見つかったため、この真菌を抑制するウイルス探しが行われた。ところが、真菌の中に最高で12種ものウイルスが見つかったのだ。種は異なるが、どれも近縁ウイルスだった。その中でオフィスオストマ・ミトウイルス4型が立枯病を抑制するように思われるのだが、残念なことに、このウイルスを森の中で使うのは難しい。菌類ウイルスは伝播させづらいことで有名なのだ。伝播には菌細胞の融合（吻合という）が必要なのだが、これは通常ごく近縁の菌類同士でしか起こらない。

ミトコンドリアのウイルス

　真核細胞（核のある細胞）は、細菌由来の構造物のコピーを数多く有している。エネルギー産生という代謝の重要な役目を持つミトコンドリアがそうだ。細胞のエネルギーはミトコンドリアで作られる。オフィスオストマ・ミトウイルス4型は他の多くの近縁ウイルスと同様、ミトコンドリアに感染する。属名のミトウイルスはここからつけられた。ミトコンドリア自体が細菌由来であるため、これに感染するウイルスが菌類ウイルスよりも細菌ウイルスに近いのは当然だろう。

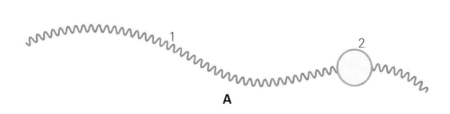

A 断面
1 1本鎖RNAゲノム
2 ポリメラーゼ

群	第1群
目	未設定
科	フィコドナウイルス科 (Phycodnaviridae)
属	クロロウイルス属 (Chlorovirus)
ゲノム	直鎖状、非分節、2本鎖DNA、ヌクレオチド約331,000、タンパク質約400種をコード
分布	米国。近縁ウイルスは全世界
宿主	クロレラ属の藻類 (*Chlorello variabillis*)
関連疾患	致死
伝播	水

クロレラウイルス1型
Paramecium busaria chlorellavirus 1
敵から姿を隠す

クロレラはゾウリムシの中でウイルスから身を守る

クロレラは単細胞の緑藻で、通常はゾウリムシなど単細胞の原生動物の中で生きている。クロレラは光合成を行い、大切な栄養をゾウリムシに与えている。1970年代後半、クロレラの一部の株は、必要な栄養さえ提供すればゾウリムシの体外でも育つことが発見された。だが、一部のクロレラが死ぬと、その培養液にいるクロレラは間もなく全滅するケースが見られた。大型のDNAウイルスの感染によるものだった。このウイルスは、共生関係にあるゾウリムシ（*Paramecium busaria*）とクロレラ（chlorella）両者の名前を取り、Paramecium busaria chlorellaウイルスと名づけられた。よく研究されたウイルスで、クロロウイルス属の代表格となっている。クロレラがゾウリムシの中にいると、このウイルスは休眠状態でいるようなのだが、クロレラがゾウリムシの体外にいると、ウイルスはクロレラに感染し、しまいに宿主を殺してしまう。クロロウイルス属は淡水ではごく一般的に見られ、水1ミリリットルあたり10万個ほどの粒子が含まれている。宿主として深く関わる藻類の種は、クロロウイルスの種ごとに異なっている。だが、水中の藻類はほとんど常にゾウリムシの中にいる。体外に出なければ、ウイルスに感染することもない。一部の水源にはこのウイルスが非常に多く存在しているのだが、なぜなのかは解明されず、ウイルス学の謎となっている。

大型で珍しいウイルス

最近まで、クロロウイルス属は最大のウイルスだった。ゲノムの大きさは小型の細菌に匹敵し、糖代謝やアミノ酸代謝に必要な酵素など、普通のウイルスでは見られないタンパク質をコードする。このようなタンパク質は、ウイルスのライフサイクルのどこかで必要なものもあるのだろうが、用途はわかっていない。巨大ウイルスは概してコードするタンパク質の種類が多く、ミニマリストに例えてもおかしくない他のほとんどのウイルスとは非常に異なっている。

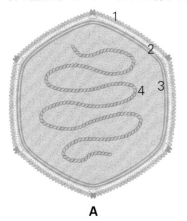

A

B

- **A** 断面
- **B** 外観
- 1 カプシドタンパク質
- 2 セメントタンパク質
- 3 内部脂質膜
- 4 2本鎖ゲノムDNA

群	第3群
目	未設定
科	エンドルナウイルス科（Endornaviridae）
属	エンドルナウイルス属（Endornavirus）
ゲノム	直鎖状、非分節、2本鎖RNA、ヌクレオチド約14,000、大型のポリプロテイン1種をコード
分布	ヨーロッパ、米国、おそらく全世界
宿主	疫病菌（ファイトフトラ属）
関連疾患	なし
伝播	垂直（母から娘へ）

ファイトフトラエンドルナウイルス1型
Phytophthora endornavirus 1
卵菌のウイルス：植物ウイルスや菌類ウイルスと関連

外被がなく、2本鎖RNAとして細胞内にいるウイルス

　このウイルスの宿主、ファイトフトラ属は卵菌という生物で、菌類と見た目が似ているため、かつては菌類と思われていた。だが、ゲノムを解析したところ、菌類とは関連がなく、褐藻類に近いことが判明した。卵菌の多くは植物の病原体である。ジャガイモ疫病菌（*Phytophthora infestans*）は19世紀、アイルランドでジャガイモの葉枯れ病を引き起こして甚だしい被害を与えた。ファイトフトラエンドルナウイルス1型は、英国のベイマツについている卵菌から分離された。さらに、英国、オランダ、米国でも卵菌類から分離され、分布範囲はもっと広いと思われる。

　エンドルナウイルスは作物から初めて同定された。作物では非常にありふれたウイルスで、菌類でも見つかっている。ほとんどの場合、宿主になんの影響も与えていないように見える。一部のマメの品種に見られるエンドルナウイルスは、雄性不稔〔オスの不妊症〕と関連があるが、エンドルナウイルス科で何らかの特徴があるのはこのウイルスだけである。

　ゲノムの比較により、エンドルナウイルスが興味深い進化の歴史をたどってきたことが見えてくる。RNA転写に必要な酵素は、1本鎖RNAの植物ウイルスのそれと酷似しているが、ゲノムの他の部分は、真正細菌を含むさまざまなものからの由来ではないかと思われる。ウイルス同士の関係を探ってみると、かつてはウイルスが植物、菌類、卵菌の間を行き来していたことがうかがわれるのだ。

A　断面
1　2本鎖DNA複製中間体
　〔DNA複製が完了するまでの過渡的産物〕
2　ポリメラーゼ
3　RNAコード鎖のニック（切れ目）

細菌・古細菌ウイルス
BACTERIAL AND ARCHAEAL VIRUSES

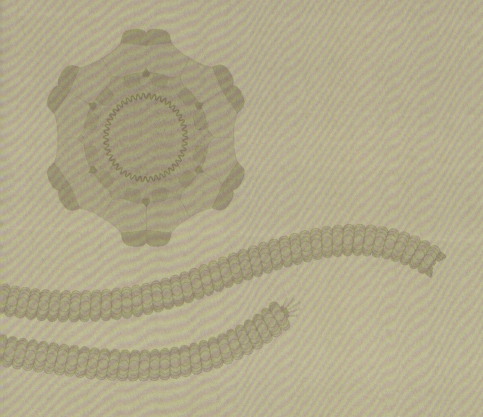

はじめに

　真正細菌と古細菌は原核生物（細胞核を持たない生物）として2つの界を形成している。真正細菌（バクテリア）を知らない人はいないだろうが、古細菌はあまりなじみがないかもしれない。古細菌はどんな環境にもいる。ヒトの腸内にもいる。また、高温の熱水泉や強酸性の環境、塩分濃度の高い環境、深海の熱水噴出孔といった極限環境で見つかるものもいる。細菌を宿主とするウイルスは、バクテリオファージと呼ばれることが多い。「バクテリアを食べる者」という意味で、宿主の細菌をすみやかに殺せるために命名されたのだが、実際には宿主を殺さず、それどころか宿主の役に立っているウイルスが多い。本章では、分子生物学の研究材料として非常に重要な役割を果たしてきた細菌ウイルスを紹介する。また、ヒトの細菌性疾患に関わるウイルスも、海のエネルギー循環の維持に欠かせないウイルス1種についても解説する。海のエネルギー循環は、地球上のあらゆる生命体にとって非常に重要である。

　真正細菌や多くの古細菌は、真核生物（細胞核を持つ生物）とは異なる方法で自身のタンパク質を作っている。真核生物では、各RNAがそれぞれ1種のタンパク質を作るのが普通だが、真正細菌や古細菌では、1つのRNAが数種類のタンパク質を作れるのだ。したがって、ウイルスもその宿主の特性に合わせた戦略を編み出している。

　本章に登場するウイルスには、大腸菌ウイルスがいくつか含まれている。大腸菌は最も詳しく研究された細菌で、そのウイルスも詳しく研究されているからだ。名前は腸内細菌ファージで始まるものが多いが、どれも非常に異なるウイルスであり、細菌ウイルスの多様性を示す例として、また科学の発展に大きく寄与した例として取り上げた。

　古細菌ウイルスについては、アシディアヌス（Acidianus）属の古細菌に感染するもの2種を選んだ。この2種はまったく異なるウイルスだが、いずれも特徴がはっきりわかっており、一部の古細菌に見られる変わった構造を有している。

群	第1群
目	カウドウイルス目(Caudovirales)
科	ポドウイルス科(Podoviridae)、ピコウイルス亜科(Picovirinae)
属	Φ29様ウイルス属
ゲノム	直鎖状、非分節、2本鎖DNA、ヌクレオチド約19,000、タンパク質17種をコード
分布	全世界
宿主	枯草菌（一般的な土壌細菌）
関連疾患	細胞死
感染経路	拡散しDNAを細胞内に注入

枯草菌ファージΦ29 Bacillus phage phi29
土壌細菌に感染する、小さな足のあるウイルス

分子生物学のツールとなり、数々の研究を生み出したウイルス

　枯草菌ファージΦ29は1960年代半ば、庭土を研究していた大学院生によって分離された。このウイルスは、DNAの複製方法など分子生物学のさまざまな研究に利用されてきた。通常、DNA複製はDNA鎖に結合したRNAプライマー鎖から始まり、DNAがRNA鎖の先に加えられていくが、このウイルスはタンパク質からDNA複製を開始できる。同様の特徴を持つウイルスは他にもあるが、既存の生物ではまったく見られない。また、このウイルスはRNAの組み立て方を理解する上でも非常に重要な存在だ。ウイルスはpRNAと呼ばれる大きなRNAを作る。これはモーターという構造の一部で、ウイルスDNAをウイルス粒子に収めるときに使われる。RNA分子は直線として描かれることが多いが、実際には細胞の中で折り畳まれ、複雑な構造になっている。タンパク質がその構造によって生物学的特性を得ているように、RNAもこの構造が生物学上重要な意味を持っている。

　枯草菌ファージΦ29を始め、細菌ウイルスはバイオテクノロジーの重要なツールとなっているものが多い。DNAを合成する酵素ポリメラーゼは、DNA分子を多数複製するのに重要で、精製された形でバイオ企業が販売している。用途の一つに、DNAの大きな分子を作り、その完全なヌクレオチド配列すなわちゲノムを決定することが挙げられる。

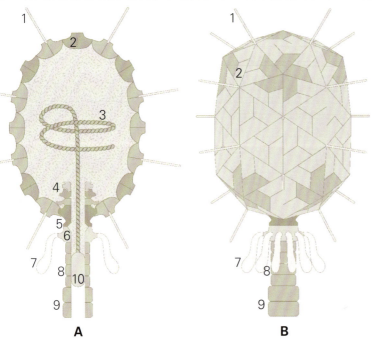

A 断面
B 外観
1 カプシド繊維
2 カプシドタンパク質
3 2本鎖ゲノムDNA
4 内部コア
5 コネクター
6 下部襟
7 尾繊維
8 首
9 尾部先端
10 端子タンパク質

▶枯草菌ファージΦ29。彩色したこの電子顕微鏡写真では、カプシド繊維、尾部、尾部繊維など細かい構造まで示されている。

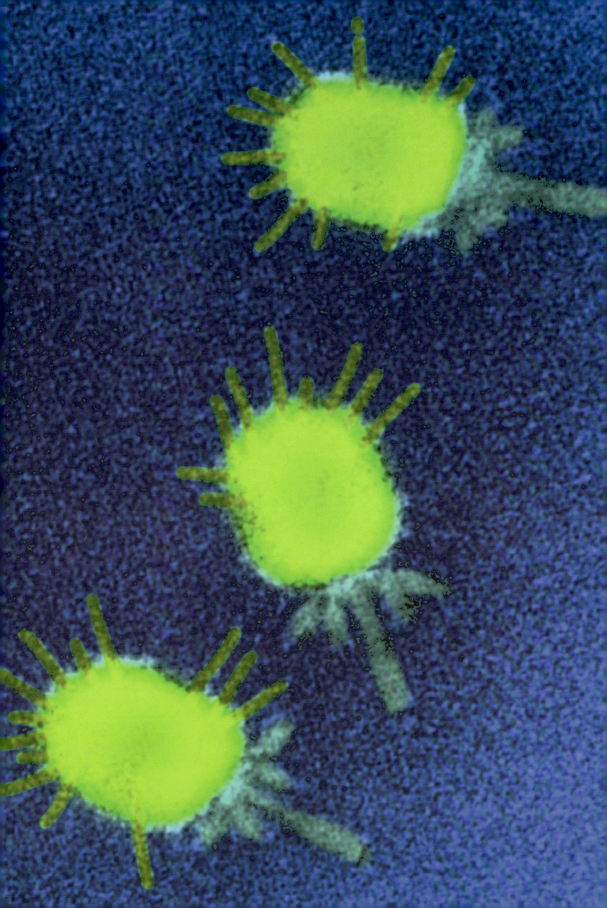

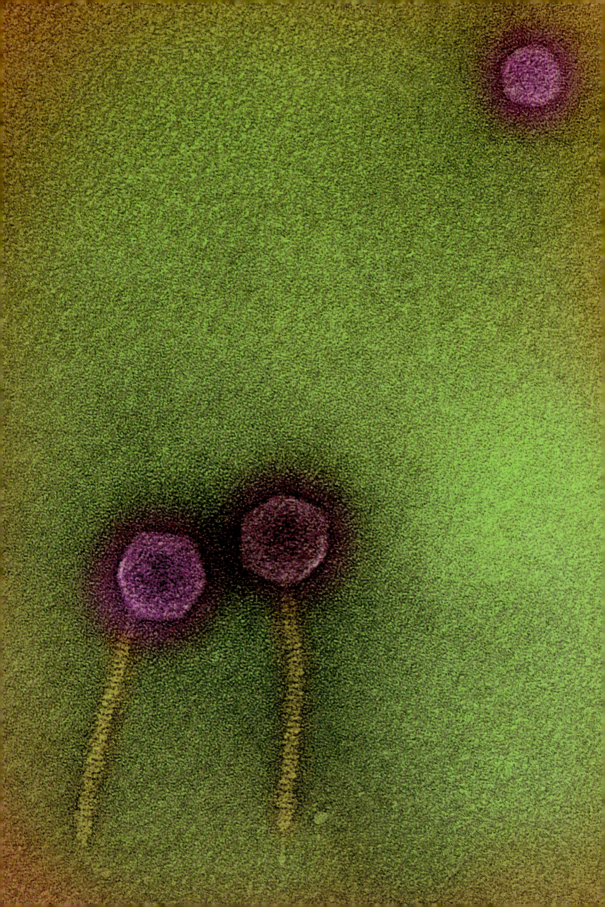

群	第1群
目	カウドウイルス目（Caudovirales）
科	シホウイルス科（Siphoviridae）
属	ラムダ様ウイルス属（Lambdalikevirus）
ゲノム	直鎖状、非分節、2本鎖DNA、ヌクレオチド約49,000、タンパク質約40種をコード
分布	全世界
宿主	大腸菌
宿主への影響	たいていは宿主DNAに組み込まれているが、細胞死を招くこともある

腸内細菌ファージラムダ Enterobacteria phage lambda
さまざまな用途に使えるツール

ほとんどの分子生物学実験室で使用されているウイルス

　腸内細菌ファージラムダが発見されたのは1950年代だった。ペトリ皿で培養していた大腸菌（*Escherichia coli*）に紫外線を当てると、一部が死に始めた。ペトリ皿を芝生のように覆っている大腸菌に、小さな穴がぽつぽつと生じたのだ。その大腸菌の一部にはDNAにラムダウイルスが組み込まれていることが判明した。細菌ウイルスではこのような形をとるものが非常に多い。ウイルスは宿主DNAに組み込まれ、何かによって活性化されるまではじっとしている。今回、活性化をもたらしたのは紫外線だった。ウイルスは宿主DNAから出て、またたくまに複製を開始した。ウイルスで一杯になった菌細胞は破裂する。放出されたウイルスは、近くの菌細胞に感染する。ペトリ皿に生じた小さな穴は、その部分の大腸菌がすべて死滅して生じたもので、溶菌斑という。この現象から、細菌ウイルスは「バクテリアを食べる者＝ファージ」と呼ばれるようになったのだが、ウイルスは実際には菌細胞を食べるわけではない。

　腸内細菌ファージラムダは分子生物学でも遺伝学でも非常に重要なツールとして使われてきた。細菌がタンパク質を作るしくみも、タンパク質生成をコントロールするしくみも、このウイルスを使って研究された。遺伝学では、DNAの小片をウイルスに組み込み、大腸菌に感染させる研究が多く行われている。このようなウイルスを組換えウイルスという。細菌に感染したウイルスは、組み込まれたDNAをいくつも複製するようになる。腸内細菌ファージラムダのゲノムの一部は、現在でもほとんどのクローン実験に使われている。このウイルスは大量に育てることが容易であるため、DNA素材の入手源として利用されている。

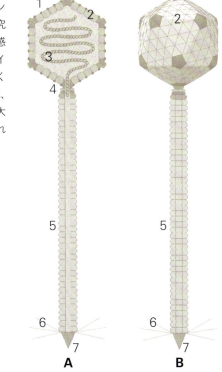

◀腸内細菌ファージラムダの粒子。この写真では、頭部は赤紫色に、尾部構造は黄色に彩色されている。

A　断面
B　外観
1　カプシド装飾タンパク質
2　カプシドタンパク質
3　2本鎖ゲノムDNA
4　頭－尾部接合装置
5　尾管
6　尾繊維
7　尾部先端

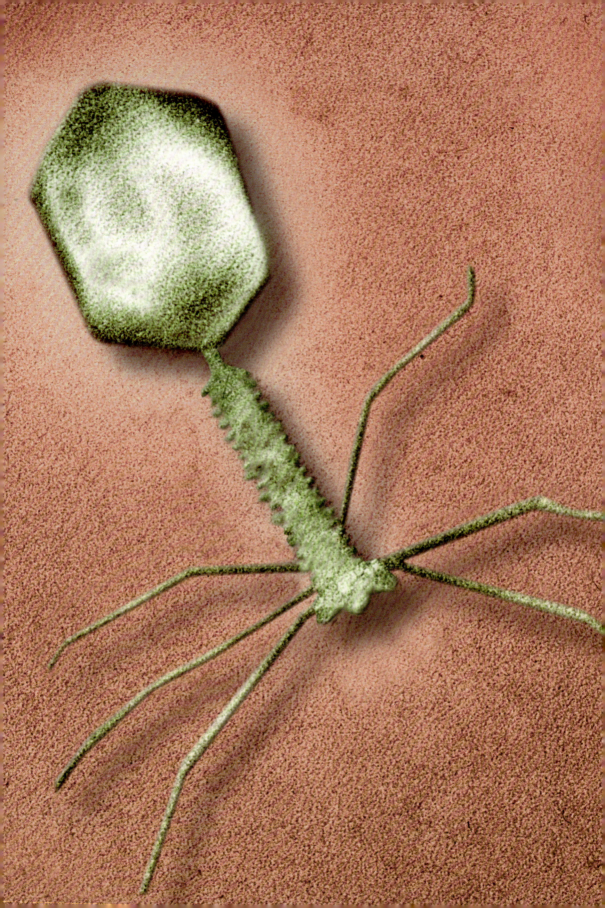

群	第1群
目	カウドウイルス目（Caudovirales）
科	ミオウイルス科（Myoviridae）
属	T4様ウイルス属（T4like virus）
ゲノム	直鎖状、非分節、2本鎖DNA、ヌクレオチド約169,000、タンパク質約300種をコード
分布	全世界
宿主	大腸菌と近縁菌
宿主への影響	細胞死

腸内細菌ファージT4　Enterobacteria phage T4
生物注射器

基礎科学を変えたウイルス

　T4（1940年代初頭、ファージ生物学の研究用として選ばれた7種のファージのうちのタイプ4）は、研究室で好んで用いられる大腸菌の中で容易に増やすことができ、しかも安全なウイルスであるため、分子生物学、進化生物学、ウイルス生態学のさまざまな基本原理がT4の研究から発見されてきた。T4を使った近年の大きな発見として、分子生物学における原核生物のスプライシングが挙げられる。スプライシングとは、mRNAが編集されてタンパク質を作る際に、翻訳されない部分を切り取るプロセスである。スプライシングは細胞核を持つ真核生物のみに起こると長年信じられてきた。ところが1980年代にT4でスプライシングが認められ、その後は多くの細菌の遺伝子でも発見された。T4はまた、分子進化の研究モデルとしても使われてきた。ウイルスの世代時間は非常に短く、急速に進化するからである。

　細菌ウイルスの中には、宿主のDNAに組み込まれ、活性化されるまでは休眠状態にいるものもあるが、腸内細菌ファージT4は必ず宿主を殺す。ウイルスは尾繊維を利用して細菌細胞に着地する。尾部が収縮し、DNAが細胞内に注入される。DNAからウイルスのタンパク質が作られる。ウイルスはDNAを複製し、粒子内に収める。ウイルスのライフサイクルの最後の段階で、宿主細胞は新たに作られたウイルス粒子でいっぱいとなり、破裂してウイルスを放出し、そして新たなサイクルが繰り返される。最近、ヒトを対象に、T4を使った小規模の試験が行われた。T4で病原菌を殺すという目的で、被験者はT4入りの水を飲んだ。副作用はなかったものの、今のところこの方法をさらに推し進める動きはない。医療分野ではもうひとつ、T4をナノ粒子として利用する可能性もある。ウイルスの粒子は内容物を守る働きをするため、T4のゲノムを任意のタンパク質または遺伝子に置き換え、組織や器官に直接注入するというものだ。

A	断面	6	尾繊維
B	外観	7	基盤
1	カプシドタンパク質	8	小尾繊維
2	カプシドタンパク質	9	2本鎖ゲノムDNA
3	襟		
4	ヒゲ		
5	尾鞘		

◀電子顕微鏡写真から得られた腸内細菌ファージT4の姿。正20面体の頭部も、尾繊維も着陸装置も見える。

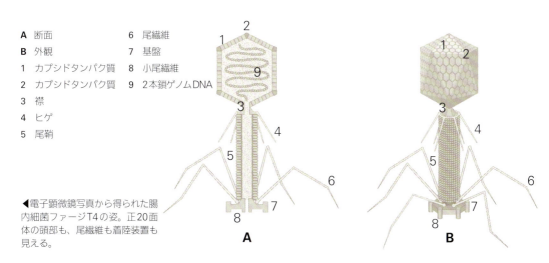

群	第2群
目	未設定
科	ミクロウイルス科(Microviridae)
属	ミクロウイルス属(Microvirus)
ゲノム	環状、非分節、1本鎖DNA、ヌクレオチド約5,400、タンパク質11種をコード
分布	全世界
宿主	腸内細菌
宿主への影響	細胞死
伝播	拡散

腸内細菌ファージΦX174 Enterobacteria phage phix174
分子生物学のルーツ

分子生物学から構造生物学へ

　今はゲノムの時代である。ヒトゲノムの全DNA配列がすみやかに、そして安価に決定できる。だが、1977年にΦ174の全ゲノムが決定されたときは、画期的な出来事だった。DNAゲノム配列が初めて決定されたのだ（RNAウイルスのゲノム配列は、前年すでに決定されていた）。分子生物学が誕生して間もない頃はウイルスが注目されていた。その理由のひとつとして、ウイルスのゲノムは小さく、大型ゲノムよりはるかに安定している点が挙げられる。DNAの大型分子を壊さずに精製するのは非常に難しい。細菌ゲノムの全配列が決定したのは、1995年に入ってからだった。

　腸内細菌ファージΦ174は、精製した酵素を用いてゲノムを試験管で合成できた初のウイルスでもある。1967年のことで、構造生物学の時代の先駆けとなる出来事だった。2003年には、このウイルスの全ゲノムが化学的に合成された。Φ174は分子生物学に多大な貢献をしただけではなく、構造生物学の研究対象としても注目されてきた。構造生物学とは、生化学、生物物理学、分子生物学を合わせた学問で、タンパク質や他の分子（核酸など）の構造の細部がどのようにして形成されるのか、どのように変化し、その変化が機能にどのような影響を与えるのかを研究する。Φ174を使った研究により、ウイルスがDNAを細菌の細胞に注入するやり方が解明されつつある。細菌ウイルスの多くはΦ174も含め、宿主細胞内には入らず、DNAを宿主に注入するだけである。宿主細胞内に入ったウイルスDNAは感染を開始し、最終的には宿主を殺してしまう。

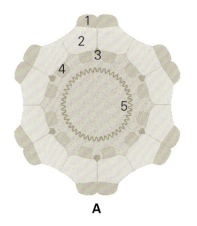

A	断面
1	スパイクタンパク質D
2	カプシドタンパク質F
3	頂部タンパク質H
4	DNA結合タンパク質J
5	1本鎖ゲノムDNA

▶精製した腸内細菌ファージΦ174の粒子。青色に着色されたこの写真では、正20面体構造がはっきりわかる。外面、断面共にさまざまな面が写っている。

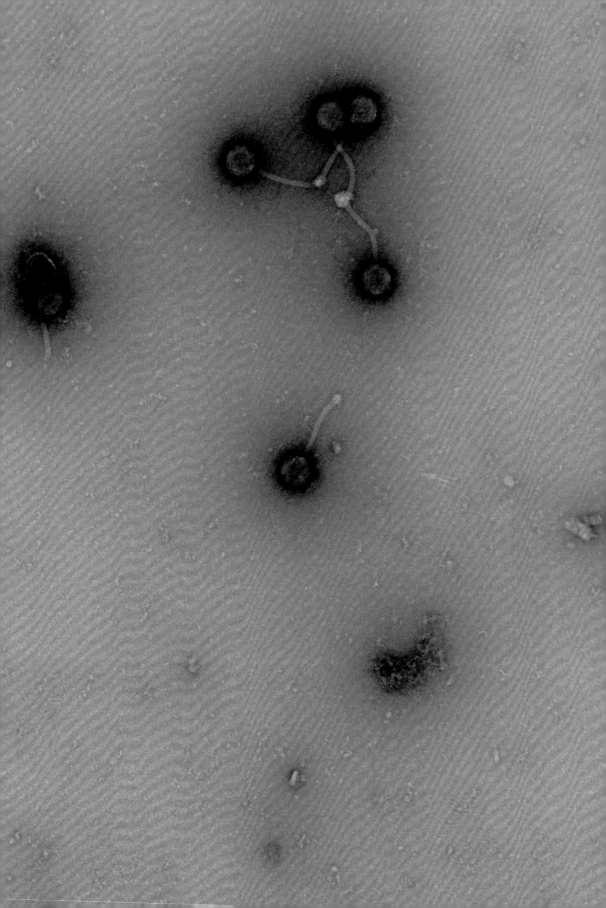

群	第1群
目	カウドウイルス目（Caudovirales）
科	シホウイルス科（Siphoviridae）
属	L5様ウイルス属（L5like virus）
ゲノム	直鎖状、非分節、2本鎖DNA、ヌクレオチド約49,000、タンパク質約90種をコード
分布	米国カリフォルニア州で単離された。分布は不明だが、近縁ウイルスは全世界で見つかっている
宿主	マイコバクテリウム属
宿主への影響	宿主によっては致命的となる
伝播	拡散、細胞内へのDNA注入

マイコバクテリウムファージ D29
結核菌を殺すウイルス
Mycobacterium phage D29

ウイルスを使い、細菌性疾患を治療する

　マイコバクテリウム属は、土壌中に見られるありふれた細菌で、ウイルスと関わっていることが多い。感染するウイルスはマイコバクテリウム属の部分集団ごとに異なるため、試料に含まれる細菌の種を手っ取り早く同定するために、ウイルスが使われてきた（これをファージ分類という）。マイコバクテリウム属の細菌はほとんどがヒトには無害なのだが、病原体となる種もある。結核菌（*Mycobacterium tuberculosis*）もマイコバクテリウム属である。抗生物質のおかげで、結核は過去の病気になったとかつては考えられていたが、世界的に復活している。しかも、一般的に使われている抗生物質に耐性のある株が多い。細菌ウイルスを使って病原菌を殺すというファージ療法は、抗生物質が発見されるまでは人気があった。そして今また新たな関心が寄せられつつある。結核菌に対しファージを使う実験研究は行われている。たとえば、マイコバクテリウムファージD29は、ペトリ皿に培養された結核菌の細胞壁や膜を完全に崩壊して殺すことができる（溶菌）。だが、現時点では、結核の動物を対象としたファージ療法は一定した結果が得られていない。

　マイコバクテリウムファージD29は、別の病原菌マイコバクテリウム・ウルセランス（*Mycobacterium ulcerans*）に対し、マウスを使った研究で効果を上げている。この細菌は潰瘍など重度の皮膚疾患をヒトにもたらし、特に後期ステージになると治療が困難となる。西アフリカでは最も一般的な疾患である。ファージ療法はこの治療に期待が持てるうえに、抗生物質に耐性のある結核菌も含め、難治性疾患の治療についてもさらに研究を進める意義があるかもしれない。

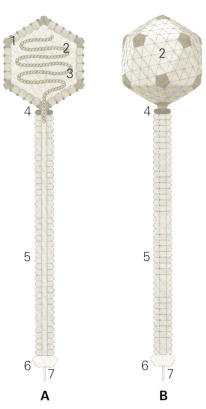

◀マイコバクテリウムファージD29の粒子。この電子顕微鏡写真に写っている6つはどれも端子ノブも含め、長い構造がはっきり見えている。

A 断面
B 外観
1 カプシド装飾
2 カプシドタンパク質
3 2本鎖ゲノムDNA
4 頭ー尾部接合装置
5 尾管
6 端子ノブ
7 繊維スパイク

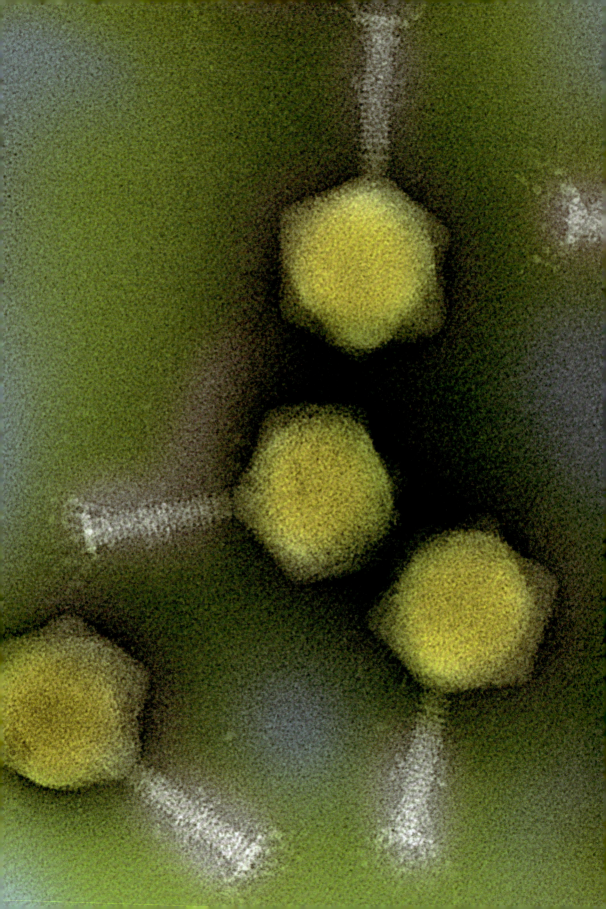

群	第1群
目	カウドウイルス目（Caudovirales）
科	ミオウイルス科（Myoviridae）
属	未設定
ゲノム	直鎖状、非分節、2本鎖DNA、ヌクレオチド約231,000、タンパク質約340種をコード
分布	不明
宿主	植物の青枯病の原因となるラルストニア・ソラナセラム（青枯病菌）
宿主への影響	死
伝播	拡散、細胞内へのDNA注入

ラルストニアファージΦRSL1 Ralstonia phage phiRSL1
植物へのファージ療法

庭にウイルスを撒く時代が来るかもしれない

　ラルストニアファージΦRSL1は一風変わったウイルスである。細菌ウイルスにしては大きく、遺伝子の多くは独特で機能が明らかにされていない。このウイルスは植物に青枯病をもたらす細菌（*Ralstonia solanacearum*）に感染する。青枯病になる植物は、トマト、ジャガイモ、ナスを含め、およそ200種にも上る。農家や園芸家にとって頭の痛い病気である。青枯病菌に感染した植物は葉が枯れ始め、やがて植物全体がしおれ、またたくまに枯れてしまう。トマトにはこの病気にある程度の抵抗力のある品種もあるが、青枯病に効果のある対処法はなく、枯れかかった植物を見つけ次第抜き取り、土壌中の細菌を少しでも減らして次に植えつける作物への影響を弱めることしかできない。だが2011年、実生のトマトの苗をラルストニアファージΦRSL1で処理する実験を行ったところ、その苗は青枯病にならなかった。おそらくウイルスが青枯病菌を殺したためだろう。他のウイルスでも同じ実験が行われたが、最も効果的なのはラルストニアファージΦRSL1であった。青枯病菌はこのウイルスには抵抗力がまったくないようである。広い畑での試験はまだ行われていなく、トマトの苗をウイルスで処理する方法も確定していないのだが、植物へのファージ療法は期待できる。

A　断面
B　外観
1　カプシドタンパク質
2　カプシドタンパク質
3　襟
4　尾鞘
5　基盤
6　尾部スパイク
7　2本鎖ゲノムDNA

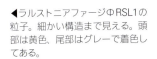

◀ラルストニアファージΦRSL1の粒子。細かい構造まで見える。頭部は黄色、尾部はグレーで着色してある。

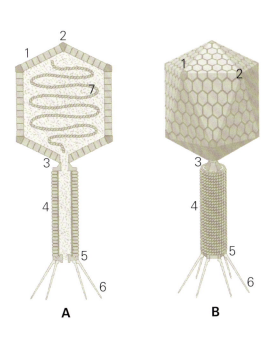

群	第1群
目	カウドウイルス目(Caudovirales)
科	ポドウイルス科(Podoviridae)、オートグラフィウイルス亜科(Autographivirinae)
属	未設定
ゲノム	直鎖状、非分節、2本鎖DNA、ヌクレオチド約46,000、タンパク質61種をコード
分布	世界中の海洋
宿主	藍藻(シネココッカス)
宿主への影響	細胞死
伝播	拡散、細胞内へのDNA注入

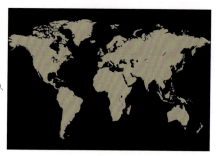

シネココッカスファージ SYN5
海にいるウイルス
Synechococcus phage SYN5

地球上の生物のバランスに欠かせないウイルス

　藍藻(シアノバクテリア、光合成細菌)は、地球上最も数の多い生物である(ウイルスの方がはるかに多いが、ウイルスは生物とは通常みなされない)。藍藻は酸素生成に欠かせず、他の化合物が大気と大地を循環する上でも決定的な役割を果たしている。酸素の多くは海で作られる。藍藻類の中で最も優勢なのはシネココッカス(*Synechococcus*)だ。こうした細菌は植物プランクトンに食べられ、食物連鎖に組み込まれていくとかつては考えられていたが、今日では、藍藻類の多くはシネココッカスファージSYN5などのウイルスによって死んでいることが明らかになっている。ウイルスは藍藻類の20〜50%を毎日殺しているのだ。ウイルスがいなければ、海は藍藻類であふれ、他の生物は生き延びられなくなる。したがって、ファージSYN5は宿主を殺しつつ、地球上の生物のバランスを保つのに決定的な役目を果たしているのである。海には信じられないほど大量のウイルスがおり、海水1ミリリットル当たり1000万個とも言われる。ウイルスは藍藻類も植物プランクトンも殺し、これが海の炭素バランスを保つための要となっている。ウイルスが感染した微生物は、細胞壁が完全に破壊される。溶菌と呼ばれるこのプロセスを経なければ、微生物の死骸は他の生物の栄養源とならずに海底に沈んでいく。そして海はあっという間に死骸で埋めつくされることになる。ウイルスが溶菌することで、微生物の残骸は海水の上層にとどまり、他の命をはぐくむ糧となる。ウイルスについてはまだ解明されないことも多々あるが、ウイルスがいなければ我々は生き残れないと言い切ることはできる。

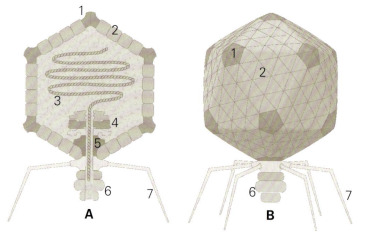

A	断面
B	外観
1	カプシドタンパク質
2	カプシドタンパク質
3	2本鎖ゲノムDNA
4	コアタンパク質
5	コネクタータンパク質
6	尾部
7	尾部繊維

▶精製したシネココッカスファージSYN5の粒子。ポドウイルス科に典型的な短い尾部まで見えているものもある。

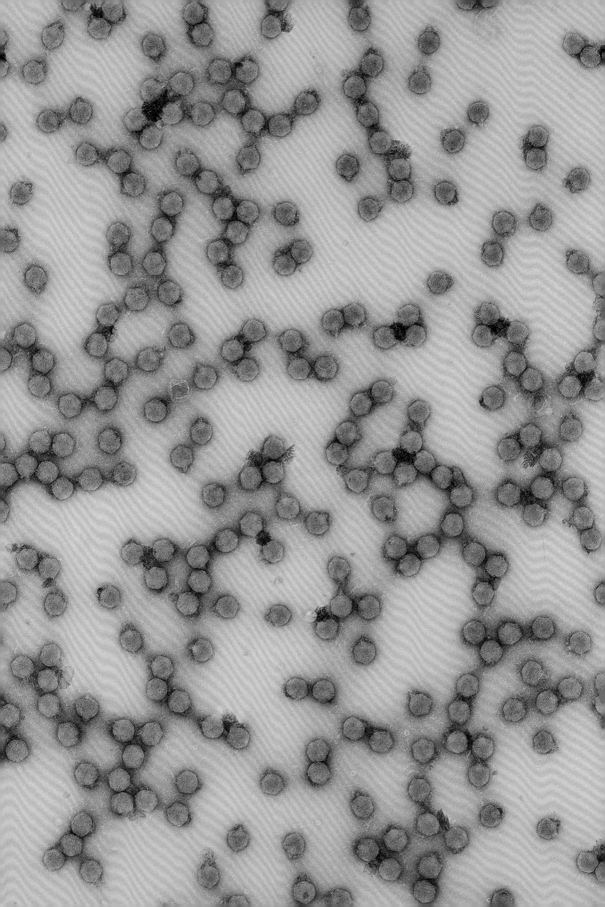

群	第1群
目	未設定
科	アンプラウイルス科（Ampullaviridae）
属	アンプラウイルス属（Ampullavirus）
ゲノム	直鎖状、非分節、2本鎖DNA、ヌクレオチド約24,000、タンパク質57種をコード
分布	イタリア
宿主	アシディアヌス属（古細菌）
宿主への影響	宿主の成長を遅らせる
伝播	水中での拡散

アシディアヌスボトル型ウイルス1型
感染する小さなボトル　Acidianus bottle-shaped virus 1

独特の宿主に感染する独特のウイルス

　生物分類学では3つのドメインがあるとされる。真核生物、真正細菌、そして古細菌である。古細菌に感染するウイルスは一風変わっている。イタリアの酸性温泉で発見されたアシディアヌスボトル型ウイルスは、極限環境に生息する古細菌に感染する。構造もゲノムも風変わりで、これに類似したウイルスはまったく知られていない。コードされる可能性のある57種のタンパク質のうち、既知のタンパク質と似ているものは3種しかない。また、エンベロープと呼ばれる膜の外皮に包まれていることもこのウイルスの特徴である（これは他の古細菌ウイルスの一部にも見られる）。エンベロープは、動物に感染する場合は宿主細胞に侵入する際に役立つため、そのようなウイルスでは一般的に見られるが、細胞壁のある生物に感染するウイルスでは珍しい〔細菌にも細胞壁がある〕。じつは、古細菌ウイルスのエンベロープの機能については、まだ完全には判明していない。古細菌ウイルスの研究は、古細菌そのものの理解を深めるために行われているのが実情である。アシディアヌスボトル型ウイルスを始めとした古細菌ウイルスは、我々の身の回りで、そして海洋、土壌、我々の腸内、極限環境で暮らしている生物の驚くべき世界を知る手がかりを与えてくれる。その片鱗は本書でも垣間見られるはずだ。古細菌は真正細菌と同じ大きさで、細胞核を持たないところも同じだが、その他の点、たとえばエネルギーの産生、タンパク質の合成、ヒストンというタンパク質を使ってDNAをコンパクトにまとめる方法などは真核生物に近い。現在知られている古細菌の興味深い特徴として、どのドメインに属する生物にも病原体となっていないことが挙げられる。

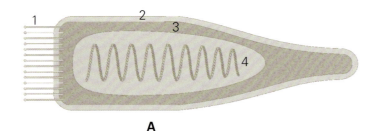

A　断面
1　フィラメント
2　外部脂質エンベロープ
3　カプシドタンパク質
4　2本鎖DNAゲノム

群	第1群
目	未設定
科	ビカウダウイルス科（Bicaudaviridae）
属	ビカウダウイルス属（Bicaudavirus）
ゲノム	環状、非分節、2本鎖DNA、ヌクレオチド約63,000、タンパク質72種をコード
分布	不明。イタリアで分離された
宿主	アシディアヌス属（好熱性古細菌）
宿主への影響	細胞死
伝播	水中での拡散

アシディアヌス双尾ウイルス
Acidianus two-tailed virus
酸性の温泉で発見された、独特な形のウイルス

細胞外で成長する唯一のウイルス

　アシディアヌス双尾ウイルスが分離されたのはイタリアの酸性の温泉だった。この温泉は水温87℃～93℃と非常に高温である。このウイルスは細胞に感染するとすぐに複製できる。また、宿主のDNAゲノムに組み込まれ、何かによって活性化するまでじっととどまっていることもある。活性化は水温が低くなるといった環境の変化、または紫外線の曝露によって引き起こされる。感染時の複製でも、活性化後の複製でも、宿主細胞はウイルスの増殖によって最終的には破裂し、ウイルスは環境に放出される。放出直後のウイルスはレモンのような形で、やがて両端から尾が生え、最終的には3分の1ほどの大きさに縮む。生細胞外で成長するウイルスは、このウイルスしか知られていない。実験室では75℃より高い温度下であれば、水中または培地でこの成長が観察された。ウイルスが新たな宿主に感染するのに尾が必要なのかどうかは判明していないが、自然環境では宿主が密集している可能性はとても低いため、宿主を探すのに尾が役立っているのかもしれない。

A　断面
1　尾部
2　フィラメント
3　おそらく脂質エンベロープ
4　カプシドタンパク質
5　2本鎖ゲノムDNA
6　末端アンカー

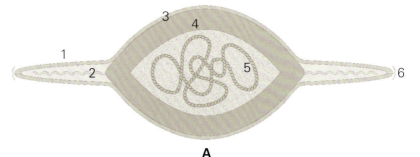

群	第1群
目	カウドウイルス目(Caudovirales)
科	シホウイルス科(Siphoviridae)
属	ラムダ様ウイルス属(Lambdalikevirus)
ゲノム	直鎖状、非分節、2本鎖DNA、ヌクレオチド約18,000、タンパク質約17種をコード
分布	全世界
宿主	大腸菌O157
宿主への影響	致命的となる可能性あり
伝播	拡散、細胞内へのDNA注入

腸内細菌ファージH-19B　Enterobacteria phage H-19B
無害な細菌を病原体に変えるウイルス

細菌から別の細菌へと遺伝子を動かす

　大腸菌はヒトの腸内で普通に見られる、ごくありふれた細菌であり、ヒト微生物叢の重要な一端を担っている。だが、大腸菌はヒトにとって病原体となることもあり、O157など激しい下痢をもたらす食物由来の株が何度か大流行している。このような有毒な大腸菌は、生焼けの肉からホウレン草、スプラウトに至るまで、さまざまな食材から入ってくる。食材はごくわずかな糞便汚染でも有毒な大腸菌に汚染される。また、有毒な大腸菌は集中型家畜飼育所で育った家畜、汚染された灌漑用水、作物を収穫する人から入ってくることもある。大腸菌O157の毒素は、もともとは別の細菌（赤痢菌）の毒素である。赤痢菌の毒素遺伝子は、腸内細菌ファージH-19Bのゲノムにも見られる。このウイルスは大腸菌に感染すると、大腸菌のゲノムに組み込まれ、本来なら無害な細菌を病原体へと変えてしまうのだ。細菌感染症はウイルスが関係しているものが多く、O157はその1例にすぎない。ウイルスは遺伝子を動かし、毒素をコードし、または細菌が持っている病気に関わる遺伝子を活性化するため、このような事態を招くのである。志賀毒素〔赤痢菌が産生する毒素。赤痢菌を発見した志賀潔氏にちなんでこう呼ばれる〕を大腸菌に与える細菌ウイルスは、腸内細菌ファージH-19Bなど数種が判明している。

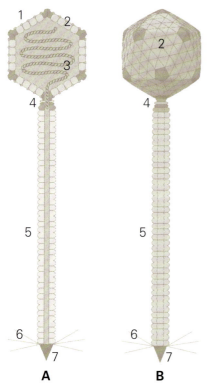

A　断面
B　外観
1　カプシド装飾タンパク質
2　カプシドタンパク質
3　2本鎖ゲノムDNA
4　頭－尾部接合装置
5　尾管
6　尾繊維
7　尾部先端

群	第2群
目	未設定
科	イノウイルス科（Inoviridae）
属	イノウイルス属（Inovirus）
ゲノム	環状、非分節、1本鎖DNA、ヌクレオチド約6,400、タンパク質9種をコード
分布	全世界
宿主	大腸菌
宿主への影響	発育遅延。宿主を殺すことはない
伝播	拡散

腸内細菌ファージM13 Enterobacteria phage M13
クローン化の道を切り開いたウイルス

DNAの追加を可能にする繊維状ウイルス

　細菌ウイルス（ファージ）は分子生物学のツールとして、この学問の発展に欠かすことのできない存在だが、中でも特に重要なのは腸内細菌ファージM13である。繊維状の構造であるため、DNAを加えることができる。P230で紹介した腸内細菌ファージΦ174のような、正20面体のウイルス粒子ではこれができない。高度に構造化されているために、粒子を加工して大きくするわけにはいかず、DNAを追加すると粒子内に収まらなくなるのだが、M13なら長くすることも、新たなDNAを順次加えていくことも可能だ。しかも、M13は宿主の細菌を溶解せずに細胞から放出され、培養液から回収できる。あるDNAの一片をウイルスに挿入し、それを大腸菌の中で複製させる——これがクローン化の第一歩であった。1個の大腸菌から何百、何千ものDNAがコピーされる。ヌクレオチド配列の決定が行われ始めていた時代には、莫大な量のDNAをこうして作る必要があった。配列決定の最も一般的な方法は、M13のゲノムのような1本鎖DNA分子から始まった。したがって、M13に組み込まれた遺伝子クローンは、最適な出発物質であったのだ。さらに、遺伝子クローンは培養した哺乳類の細胞など他の生物にも組み込めるため、その遺伝子の効果を観察することができる。M13ゲノムの一部は今でもクローニングで使われている。もっとも、今日ではシステムが発達し、ウイルスそのものではなく、ウイルスが持っている複製などの機能用シグナルを使うだけで、ほとんどのクローニングが可能である。

A 断面
B 外観
1 カプシドタンパク質　g8p
2 繊維タンパク質　　g3p
3 繊維タンパク質　　g6p
4 繊毛結合タンパク　g7p
5 繊毛結合タンパク　g9p
6 1本鎖ゲノムDNA

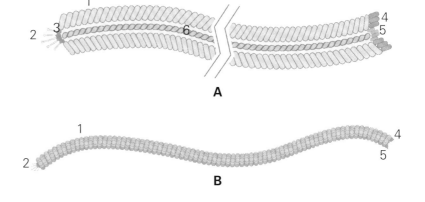

群	第4群
目	未設定
科	レビウイルス科 (Leviviridae)
属	アロレビウイルス属 (Allolevivirus)
ゲノム	直鎖状、非分節、1本鎖DNA、ヌクレオチド約4,200、タンパク質4種をコード
分布	全世界
宿主	大腸菌と近縁細菌
宿主への影響	細胞死
伝播	拡散

腸内細菌ファージQβ Enterobacteria phage Qβ
進化の研究モデル

RNA複製はエラーを起こしやすい

　遺伝物質としてRNAを使用する細菌ウイルスが発見されたことにより、分子生物学では重要な発展がいくつもなされた。ウイルスとして初めて発見されたタバコモザイクウイルスもRNAゲノムなのだが、細菌ウイルス（ファージ）の方が研究しやすい。宿主を実験室で容易かつ迅速に育てられるからだ。RNAゲノムの複製に使われる酵素をRNA依存性RNAポリメラーゼと言い、腸内細菌ファージQβから初めて精製された。ここから重要な発見がなされることになった。この酵素には4種のタンパク質が含まれているが、ウイルスがコードするのはそのうちの1種のみで、残りの3種は宿主である細菌がコードしていることが判明した。ウイルスは手に入れられるものを有効利用する。つまり、宿主からいろいろなものを拝借しているのだ。また、RNAはタンパク質をコードするだけでなく、酵素のような生物活性のある複雑な構造を作ることも判明した。

　DNAを複製する酵素には、エラーを防ぎ、修正するために多くのメカニズムが備わっている。1つのエラーで突然変異が生じる。突然変異がたまに生じる程度であれば、進化につながる重要な出来事なのだが、たびたび生じるとなると大きな問題となる。ヒトのDNAを転写する酵素は、ヌクレオチドの転写1000万回につき1回程度の割合でエラーするが、大半はその後に修復される。いっぽう、RNA転写酵素にはこのようなエラー対策のメカニズムがほとんど備わっていないため、エラーが生じる頻度ははるかに高い。RNAゲノムを持つものには変異体が非常に多いという理論をある物理学者のグループが打ち立てたが、ウイルス学者たちは腸内細菌ファージQβを使ってそれを実証してみせた。実際、RNAウイルスには変異体がじつに多く、数々の突然変異を経てどんどん進化していける。我々が何度でもウイルスに感染する理由のひとつとして、ウイルスが我々の免疫系を避けるべく変化できることが挙げられる。

A 断面
B 外観
1　Aタンパク質
2　カプシドタンパク質
3　1本鎖ゲノムRNA
4　キャップ構造

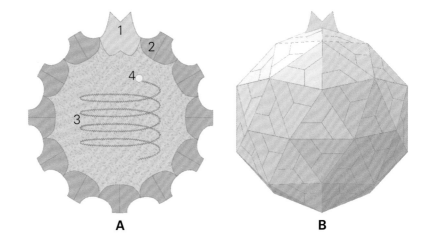

群	第1群
目	カウドウイルス目(Caudovirales)
科	シホウイルス科(Siphoviridae)
属	未設定
ゲノム	直鎖状、非分節、2本鎖DNA、ヌクレオチド約42,000、タンパク質61種をコード
分布	全世界
宿主	黄色ブドウ球菌
宿主への影響	可動遺伝子の動きを助ける
伝播	拡散、DNAを細胞内に注入

ブドウ球菌ファージ80 Staphylococcus phage 80
病原遺伝子の動きを助けるウイルス

菌株の分類に用いられるが、毒素性ショック症候群にも関わっている

　黄色ブドウ球菌（*Staphylococcus aureus*）は、ヒトにさまざまな病気をもたらす。創傷感染症、おでき、とびひ、食中毒、毒素性ショックなどだ。この細菌は抗生物質が効かないことが多い。今日では、感染症にどの細菌が関わっているかをすばやく決定できるが、かつてはほとんどの細菌を、その細菌に感染しているウイルスによって同定していた。ブドウ球菌ファージ80が感染できるのは、ブドウ球菌のうちのタイプ80と呼ばれる株であり、この株は1950年代に院内感染の蔓延をもたらした。ペニシリンに耐性があるが、新たな抗生物質メチシリンが導入されると姿を消した。

　ブドウ球菌がもたらす病気の多くは、この細菌が作る毒素が原因である。ブドウ球菌のさまざまな株のゲノムには、毒性因子と呼ばれる遺伝子があり、これが毒素、抗生物質への耐性、病気に関わる他の化合物の産生に関与している。こうした遺伝子グループは病原性島と呼ばれ、ある株から別の株へとウイルスの助けを借りて移動することができる。ブドウ球菌ファージ80は一部の病原性島、特に毒素性ショック症候群に関わる群島の移動に関与している。細菌に感染する我々にとってはけっして嬉しい話ではないが、これもウイルスが宿主である細菌に利益をもたらす一例である。

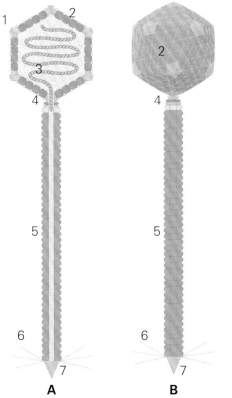

A	断面
B	外観
1	カプシド装飾タンパク質
2	カプシドタンパク質
3	2本鎖ゲノムDNA
4	頭－尾部接合装置
5	尾管
6	尾繊維
7	尾部先端

細菌・古細菌ウイルス　**243**

群	第1群
目	未設定
科	フセロウイルス科（Fuselloviridae）
属	フセロウイルス属（Fusellovirus）
ゲノム	環状、非分節、2本鎖DNA、ヌクレオチド約15,000、タンパク質30種以上をコード
分布	日本
宿主	スルフォロブス属の極限環境古細菌（*Sulfolobus shibatae*）
宿主への影響	生育遅延
伝播	拡散

スルフォロブススピンドルウイルス1型
レモンのようなウイルス　Sulfolobus spindle-shaped virus 1

紫外線で活性化

　スルフォロブススピンドル形ウイルスは、日本の酸性泉に生息している古細菌から分離された。発見されたのはDNAゲノムのみだったため、最初はウイルスかどうかわからなかった。それから10年近く経ち、実験室でウイルス様の粒子が宿主の古細菌に感染する様子が観察された。このウイルスのゲノムは宿主の中で2つの形態を保っている。1つは環状DNAであり、もう1つは古細菌のゲノムに、それも決まって同じ場所に組み込まれる。普通の状況ではあまり活発ではないが、宿主が紫外線にさらされると、このウイルスは高レベルでの自己複製を開始する。細菌ウイルスは複製サイクルの最後に宿主を破裂させるものがほとんどだが、このウイルスの場合、通常は宿主を殺さず、細胞を破裂させずに子孫を放出する。

　スルフォロブス（*Sulfolobus*）属の古細菌は世界中の酸性泉で見られ、どの酸性泉でもスルフォロブスウイルスが見つかっている。だが、場所の異なるウイルスが互いに近縁関係にあるというのは予想外だった。こうした酸性泉は何百万年も昔からそれぞれ孤立して存在しており、その間にウイルスは進化してきたからだ。フセロウイルス科に属するウイルスは、かけ離れた場所のものであってもゲノムは酷似している。ということは、酸性泉の誕生後に、地質時代のどこかでウイルスが移動していたと考えられるのだが、どうやって移動したのかは不明である。（フセロウイルスの名は、その外観からラテン語で紡錘を意味するフセルス：fusellusが元となっている）。

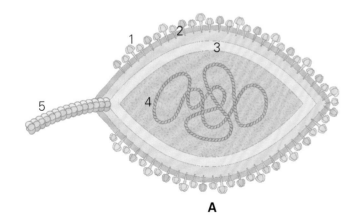

A　断面
1　表面タンパク質
2　膜（おそらく）
3　ウイルスカプシド
4　2本鎖ゲノムDNA
5　尾部

群	第2群
目	未設定
科	イノウイルス科(Inoviridae)
属	イノウイルス属(Inovirus)
ゲノム	環状、非分節、1本鎖DNA、ヌクレオチド約6,900、タンパク質11種をコード
分布	全世界
宿主	コレラ菌
宿主への影響	宿主の腸への侵入を可能にする毒素を提供

ビブリオファージCTX Vibrio phage CTX
コレラ毒素を作る細菌ウイルス

コレラ菌にとって有益なウイルス

　コレラは世界的な疾病で、熱帯気候、衛生状態の悪さ、人の過密状態と関連がある。自然災害によって衛生面のインフラが破壊されると発生することもある。コレラの原因となるのはコレラ菌（*Vibrio cholerae*）で、水または食物によって感染する。子どもや栄養不良の人は症状が重い。この疾病の主犯格はコレラ毒素(CTX)である。コレラ菌は下部消化管(小腸、大腸)に到達すると毒素を作り、これを消化管の細胞につけ、細胞液を出させる。激しい下痢はこうして生じるのだ。毒素を実際に作るのは、コレラ菌が持っているウイルス遺伝子である。このウイルス、ビブリオファージCTXはコレラ菌のゲノムに組み込まれ、永久に菌の一部となることができる。さらにコレラ菌の一部の株では、ウイルスはゲノムから出て感染性ウイルスを作り出す。こうして誕生したウイルスは、毒素を作らない無害な細菌を病原菌へと変える。毒素はヒトにとっては重大な問題となるが、細菌にとっては有利となる。毒素によって細菌はヒトの消化管に侵入でき、下痢を起こすことで大量に飲料水へと入り、さらに多くの宿主に感染できるからだ。したがって、このウイルスは宿主の細菌にとっては本当にありがたい存在なのである（我々にはまったくありがたくないのだが）。

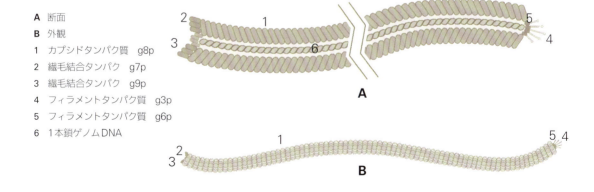

A　断面
B　外観
1　カプシドタンパク質　g8p
2　繊毛結合タンパク　g7p
3　繊毛結合タンパク　g9p
4　フィラメントタンパク質　g3p
5　フィラメントタンパク質　g6p
6　1本鎖ゲノムDNA

用語集 GLOSSARY

＊ここに示した定義はウイルス学特有のものであり、他の分野では異なる場合もある。

急性ウイルス感染症（acute virus infection）
水平伝播で感染するウイルスは増殖が速く、病気を伴う場合が多い。

吻合[菌糸融合]（anastomosis）
菌類の近縁集団同士で菌細胞が融合すること。

弱毒化（attenuated）
力が弱まること。ウイルス学では通常、症状の軽減を指す。

キャップ構造（cap structure）
メチル化されたヌクレオチド。RNAウイルスの5'端末でよく見られる。

カプシド（capsid）
タンパク質で作られるウイルスの外殻。環境からゲノムを守る。

細胞壁（cell wall）
植物、菌類、細菌の細胞の外側にある強固な部分。

片利共生（commensal）
共生または寄生関係にあり、片方のパートナーは利益を得るが、相手に危害はもたらさない。片利共生ウイルスは、感染した宿主に利益も病気ももたらさない。

交差免疫（cross-immunity）
現在または過去に近縁ウイルスに感染した結果生じる免疫反応の亢進。

間引き（culling）
ウイルス学では通常、感染した個体（細胞）を破壊することをいう。

藍藻類（cyanobacteria）
光合成細菌。シアノバクテリア。

細胞質（cytoplasm）
核を除いた細胞内の領域。

拡散（diffusion）
粒子の動きによって環境に散らばること。

DNA
デオキシリボ核酸。遺伝子を作り上げる物質

新興ウイルス（emerging virus）
新種の宿主または新たな場所に現れるウイルス。

カプシド形成（encapsidate）
遺伝物質をウイルスタンパク質の外被で包むこと。

内在化（endogenization）
ウイルスが宿主の生殖系細胞のゲノムに組み込まれるプロセス。内在化により、ウイルスは次世代へと受け継がれる。

エンドファイト[植物共生細菌]（endophyte）
植物の中に住んでいる微生物（菌類や細菌。ウイルスも含む）。植物にとって有益な微生物を指す場合がほとんどである。

エンベロープ（envelope）
一部のウイルスの外側の部分。宿主の細胞膜由来の脂質でできている。

酵素(enzyme)
触媒活性を持つタンパク質。ある特定の変化や反応をもたらす。

根絶(eradicate)
完全に取り除くこと。ウイルス学では絶滅させることを意味する。

真核生物(eukaryote)
細胞核を持つ生物。

ゲノム(genome)
ウイルスまたは生物の遺伝物質全体。

糖タンパク質(glycoprotein)
糖が結合したタンパク質。

出血性(hemorrhagic)
大量の出血をもたらす(疾患)。

ホロビオント(holobiont)
複数の異なる生物が共生関係にあり、1つの全体(entity)を構成していること。ヒトの場合、多くの細菌、菌類、ウイルスが含まれる。

遺伝子水平伝播(horizontal gene transfer)
ある生物種から別の生物種へと遺伝子が取り込まれること。ウイルスが関与する場合が多い。

水平伝播(horizontal transmission)
1つの個体から別の個体へと感染すること。

弱毒性(hypovirulence)
病気をもたらす能力(病原性)が低いこと。

正二十面体(icosahedron)
厳密には正三角形20枚で形成した幾何学的構造を指すが、ウイルス学では三角形分割数(T)に基づくさまざまな面数の構造も含む。

免疫(immunity)
宿主が感染に抵抗する能力。

接種(inoculation)
病原体に感染させること。ウイルスの弱毒株にわざと人を感染させる行為をワクチン接種と呼ぶようになるまで、この言葉が使われていた。

組み込み(integration)
ウイルスゲノムが宿主ゲノムに取り込まれること。

分離(isolate)
ある感染からウイルス株を取り出すこと。

脂質膜(lipid membrane)
細胞、細胞下構造、および一部のウイルスを包んでいる2層の脂質。

溶菌(lysis)
溶菌ウイルスは複製サイクルを完了後に宿主細胞を溶解(=溶菌)し、新たなウイルス粒子を放出させる。

倦怠感(malaise)
なんとなく気分がすぐれない状態。インフルエンザなど一部のウイルスに感染したとき、しばしば見られる症状。

ミトコンドリア(mitochondria)
真核細胞の細胞質にある細菌由来の構造体。エネルギーはここで産生されるため、ミトコンドリアは細胞の発電所とよく言われる。

単作(monoculture)
広大な農地で1種または1品種のみを栽培すること。

mRNA
伝令(メッセンジャー)RNA。遺伝子の「メッセージ」はmRNAによって細胞質に送られ、ここでタンパク質が作られる。

相利共生（mutualists）
2種かそれ以上が互いに有益な共生関係にあること。相利共生ウイルスについては研究があまりなされてこなかった。

ヌクレオチド（nucleotides）
DNAやRNAの基礎的な構成要素。

核（nucleus）
真核細胞の、ゲノムが格納されている部分。ほとんどのRNAはここで合成される。

パンデミック（pandemic）
病気が広域または世界の大部分に蔓延すること。

単為生殖（parthenogenesis）
未受精卵からの生殖。一部の昆虫では一般的である。

病原体（pathogen）
病気をもたらす微生物。

持続性ウイルス（persistent virus）
長期にわたり宿主に居座るウイルス。通常はこれといった症状が見られない。

ファージ（phage）
細菌ウイルス。ラテン語の「食べる」が元となっているが、細菌の宿主を殺すファージは多いものの、実際に食べるわけではない。

表現型（phenotype）
遺伝子型と環境との相互作用により生じる、個体の目に見える特徴。

師部（phloem）
植物の維管束構造のうち、光合成産物を輸送する部分。

細胞膜（plasma membrane）
細胞の外側の膜。2層の脂質にタンパク質が埋め込まれている。

ポリメラーゼ（polymerase）
RNAまたはDNAを複製する酵素。

前駆体（progenitor）
ある特定のウイルスの祖先と言えるもの。前駆体からそのウイルスが発生する。

原核生物（prokaryote）
ほとんどが単細胞生物で、細胞核を持たない。真正細菌や古細菌も含まれる。

プロモーター（promoter）
RNAまたはDNAのうち、ポリメラーゼに結合して複製を始めるよう合図を送る領域。

保有宿主（reservoir）
ウイルスを持っている野生種の宿主。栽培植物や家畜、ヒトへの感染源となり得る。

抵抗力（resistance）
ウイルスに感染しても病気にならない力。免疫や耐性を意味する場合もある。

レトロウイルス（retrovirus）
RNAゲノムを持ち、DNAに転写して宿主ゲノムに組み込むウイルス。

逆転写酵素（reverse transcriptase）
RNAをDNAに転写するウイルスの酵素。

RNA
リボ核酸。（一部の）ウイルスでは遺伝物質。RNAは細胞内で他の機能を果たしている。

RNAサイレンシング（RNA silencing）
ウイルスに対する免疫反応。標的としたRNAを分解する。RNA干渉（RNAi）ともいう。

サテライト（satellite）
ウイルスの寄生体であるウイルスまたは核酸。サテライトは宿主であるヘルパーウイルスに依存している。

共生(symbiosis)
無縁の複数種が深い関係を築いて共存すること。

免疫寛容[トレランス](tolerance)
2種類に大別される感染防御応答の1つ。宿主やベクターに完全な免疫力はなく、症状のない感染を許す状態をいう。→抵抗力[レジスタンス]参照

抵抗力[レジスタンス](resistance)
2種類に大別される感染防御応答の1つ。病原体を積極的に排除すること。→免疫寛容[トレランス]参照

伝播(transmission)
ウイルスが宿主から別の宿主へと移動すること。

ワクチン接種(vaccination)
わざとウイルスを体に入れ、免疫反応を起こさせる。注射する場合もあれば、口や鼻から入れる場合もある。ワクチンとして用いられるのは、ウイルスの弱毒株、加熱処理をした不活化ウイルス、ウイルスタンパク質、ウイルス核酸など。

ベクター(vector)
ウイルスの伝播を媒介するもの。昆虫が多いが、農機具など無生物の場合もある。

栄養繁殖(vegetative propagation)
植物を種子ではなく挿し木などで増やす方法。

垂直伝播(vertical transmission)
親から子孫へと直接伝播すること。

ビリオン(virion)
完全なゲノムを備えた完全なウイルス粒子。分節ゲノムを持つウイルスでは、複数のウイルス粒子をまとめて1つのビリオンとする場合もある。

ビローム(virome)
ある環境下に存在するウイルスすべての総称。

病原性(virulence)
病気をもたらす能力。

病原性因子(virulence factor)
病原体が作り、放出する分子。感染を促進する、宿主の免疫系を冒す、宿主の栄養分を利用できる、などの効力がある。

ウイルス放出(virus shedding)
感染した宿主細胞から感染性ウイルスが放出されること。

VPg
ウイルスタンパク質。1本鎖RNAウイルスのゲノムの5'端によく見られる。

X線回折(X-ray diffraction)
結晶に照射したX線が示す回折現象。分子構造の決定に役立つ。

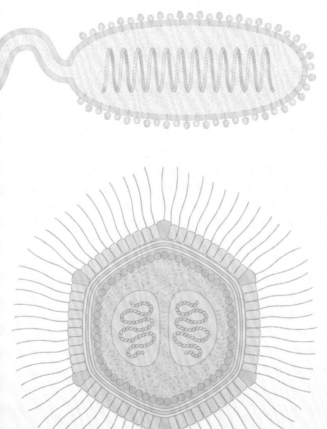
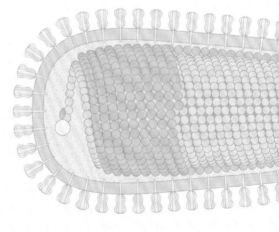

参考文献 FURTHER RESOURCES

文献資料

ACHESON, NICHOLAS, *Fundamentals of Molecular Virology*, 2nd edition (Wiley & Sons, 2011)

BOOSS, JOHN, and MARILYN J. AUGUST, *To Catch a Virus* (ASM Press, 2013)

CAIRNS, J., GUNTHER S. STENT and JAMES D. WATSON, *Phage and the Origins of Molecular Biology*, Centennial edition (Cold Spring Harbor Laboratory Press, 2007)

CALISHER, CHARLES H., *Lifting the Impenetrable Veil: From Yellow Fever to Ebola Hemorrhagic Fever & SARS* (Gail Blinde, 2013)

CRAWFORD, DOROTHY H., ALAN RICKINSON and INGOLFUR JOHANNESSEN, *Cancer Virus: The Story of Epstein-Barr Virus* (Oxford University Press, 2014)

CRAWFORD, DOROTHY H., *Virus, a Very Short Introduction* (Oxford University Press, 2011)

DE KRUIF, PAUL, *Microbe Hunters*, 3rd edition (Mariner Books, 2002) 邦訳『微生物の狩人』ポール・ド・クライフ著　秋元寿恵夫訳　岩波書店 1980年

DIMMOCK, N.J., A.J. EASTON and K.N. Leppard, *An Introduction to Modern Virology* (Blackwell Science, 2007)

FLINT, S. JANE, VINCENT R. RACANIELLO, GLENN F. RALL, ANNA-MARIE SKALKA and LYNN W. ENQUIST, *Principles of Virology*, 3rd edition (ASM Press, 2008)

HULL, ROGER, *Plant Virology*, 5th edition (Academic Press Inc., 2013)

MNOOKIN, SETH, *The Panic Virus: A True Story of Medicine, Science, and Fear* (Simon & Schuster, 2011)

OLDSTONE, MICHAEL, *Viruses, Plagues and History* (Oxford University Press, 1998)

PEPIN, JACQUES, *The Origins of AIDS* (Cambridge University Press, 2011)

PETERS, C.J., and MARK OLSHAKER, *Virus Hunter: Thirty Years of Battling Hot Viruses Around the World* (Anchor Books, 1997)

QUAMMEN, DAVID, *Ebola: The Natural and Human History of a Deadly Virus* (Oxford University Press, 2015)

QUAMMEN, DAVID, *Spillover: Animal Infections and the Next Human Pandemic* (Bodley Head, 2012)

QUAMMEN, DAVID, *The Chimp and the River: How AIDS Emerged from an African Forest* (W.W. Norton & Co., 2015)

ROHWER, FOREST, MERRY YOULE, HEATHER MAUGHAN and NAO HISAKAWA, 'Life in Our Phage World' in *Science*, Issue 6237, 2015.

RYAN, FRANK, *Virolution* (Collins, 2009) 邦訳『破壊する創造者』フランク・ライアン著　夏目大訳　早川書房 2011年

SHORS, TERI, *Understanding Viruses*, 2nd edition (Jones and Bartlett, 2011)

WASIK, BILL, and MONICA MURPHY, *Rabid: A Cultural History of the World's Most Diabolical Virus* (Viking Books, 2012)

WILLIAMS, GARETH, *Angel of Death: The Story of Smallpox* (Palgrave Macmillan, 2010)

WITZANY, GÜNTHER (ed.), *Viruses: Essential Agents of Life* (Springer, 2012)

WOLFE, NATHAN, *The Viral Storm: The Dawn of a New Pandemic Age* (Allen Lane, 2011)

ZIMMER, CARL, *A Planet of Viruses* (University of Chicago Press, 2011) 邦訳『ウイルス・プラネット』カール・ジンマー著　今西康子訳　飛鳥新社 2013年

オンライン情報

TWiV (This week in virology) Weekly podcast with past shows archived:
http://www.microbe.tv/twiv/

Virology blog from Columbia University:
http://www.virology.ws/

All the Virology on the www:
http://www.virology.net/

Viroblogy, a regularly updated blog on all things viral:
https://rybicki.wordpress.com and

Descriptions of plant viruses:
http://dpvweb.net/

The eLife podcast covers a wide range of bioscience topics:
http://elifesciences.org/podcast

The year of the phage, commemorating the 100th anniversary of the discovery of bacteria phage:
http://www.2015phage.org/

ViralZone, a compilation of structural and genetic information about viruses:
http://viralzone.expasy.org/

Collection of virus structures:
http://viperdb.scripps.edu/

Virus world, images and structures:
http://www.virology.wisc.edu/virusworld/viruslist.php

International Committee for the Taxonomy of Viruses:
http://ictvonline.org/

United States Center for Disease Control:
http://www.cdc.gov/

World Health Organization:
http://www.who.int/en/

PanAmerican Health Organization:
http://www.paho.org/hq/

Online course Virology I:
https://www.coursera.org/course/virology

Online course Epidemics—the Dynamics of Infectious Diseases:
https://www.coursera.org/learn/epidemics

＊各サイトの内容は予告なく変更されている場合があります。

索引 INDEX

＊項目別に50音順

掲載ウイルス101種

アシディアヌス双尾ウイルス　223, 239
アシディアヌスボトル型ウイルス1型
　　　　　　　　　　　　　　223, 238
アフリカキャッサバモザイクウイルス
　　　　　　　　　　　　　　138-9
アフリカ豚コレラウイルス　100-1
イエローヘッド病ウイルス　202-3
イヌパルボウイルス　37, 99, 110-11
イネ萎縮ウイルス　160-1
イネエンドルナウイルス　137, 150-1
イネ白葉病ウイルス　162-3
ウイルス性出血性敗血症ウイルス　132-3
ウエストナイルウイルス　90-1
ウシウイルス性下痢ウイルス1型　108-9
ウルミアメロンウイルス　152-3
A型インフルエンザウイルス　70-1
A群ロタウイルス　82-3
エボラウイルス　16, 17, 56-7, 93
エンドウひだ葉モザイクウイルス　154-5
黄熱ウイルス　13, 17, 39, 92-3
オオバコアブラムシデンソウイルス
　　　　　　　　　　　　　　190-1
オオムギ黄萎ウイルス　142-3
オフィオストマ・ミトウイルス4型　219
オルセーウイルス　198-9
カリフラワーモザイクウイルス
　　　　　　　　　　21, 34-5, 144-5
カンキツトリステザウイルス　146-7
牛疫ウイルス　17, 75, 99, 101, 126-7
キュウリモザイクウイルス　148-9
狂犬病ウイルス　13, 17, 99, 122-3
クリホネクトリア・ハイポウイルス1型
　　　　　　　　　　　　　　218

クレブラリア熱耐性ウイルス　208-9
クロレラウイルス1型　220
口蹄疫ウイルス　13, 16, 112-13
コオロギ麻痺ウイルス　184-5
枯草菌ファージΦ29　224-5
コマユバチブラコウイルス　182-3
昆虫虹色ウイルス6型　194-5
SARS関連コロナウイルス　84-5
サッカロマイセス・セレビシエL-Aウイルス
　　　　　　　　　　20, 26-7, 216-17
サテライトタバコモザイクウイルス
　　　　　　　　　　　　　　164-5
サルウイルス40（SV40）　131-2
C型肝炎ウイルス　58-9
JCウイルス　72-3
ジカウイルス　8, 94-5
シネココッカスファージSYN5　236-7
ジャガイモYウイルス　158-9
ショウジョウバエCウイルス　188-9
シロクローバ潜伏ウイルス　137, 176-7
シンノンブレウイルス　96
水痘・帯状疱疹ウイルス　86-7
スルフォロブススピンドルウイルス1型
　　　　　　　　　　　　　　244
タバコエッチウイルス　166-7
タバコモザイクウイルス　13, 14, 16,
　　　　　　　　17, 37, 113, 164, 168-9, 242
チクングニアウイルス　39, 52-3, 94
チューリップモザイクウイルス　179
腸内細菌ファージH-19B　240
腸内細菌ファージM13　241
腸内細菌ファージQβ　16, 242
腸内細菌ファージT4　20, 23, 228-9
腸内細菌ファージΦX174　230-1
腸内細菌ファージラムダ　226-7
デングウイルス　39, 54-5, 94
伝染性サケ貧血ウイルス　116-17

痘瘡（天然痘）ウイルス　51, 88-9, 127
トマト黄化えそウイルス　172-3
トマト黄化葉巻ウイルス　174-5
トマトブッシースタントウイルス　170-1
トルクテノウイルス　51, 97
ネコ白血病ウイルス　21, 32-3, 99, 134
ノーウォークウイルス　78-9
麻疹ウイルス　74-5, 126
バナナバンチートップウイルス　140-1
羽変型病ウイルス　186-7
ビーンゴールデンモザイクウイルス
　　　　　　　　　　20, 24-5, 178
ピソウイルス　214-15
ヒトアデノウイルス2型　60-1
ヒト単純ヘルペスウイルス1型　62-63
ヒトパピローマウイルス16型
　　　　　　　　　　17, 66-7
ヒト免疫不全ウイルス　15, 16, 38,
　　　　　　　　　　　41, 64-5
ヒトライノウイルスA型　68-9
ビブリオファージCTX　245
ファイトフトラエンドルナウイルス1型
　　　　　　　　　　　　　　221
ブタサーコウイルス　120-1
ブドウ球菌ファージ80　243
プラムポックスウイルス　156-7
ブルータングウイルス　102-3
フロックハウスウイルス　192-3
ペニシリウム・クリソゲヌムウイルス
212-13
ヘルミントスポリウム・ビクトリアウ
イルス190S型　210-11
ボア封入体病ウイルス　104-5
ポリオウイルス　16, 21, 28-9, 41-2,
　　　　　　　　　　51, 80-1
ボルナ病ウイルス　106-7
ホワイトスポット病ウイルス

	200-1, 203	パラレトロウイルス 34	がん遺伝子 129, 134
マイコバクテリウムファージD29		パルティティウイルス 176	機械的伝播 155
232-3		パルボウイルス 22, 111	逆転写酵素 16, 20-1, 32-4, 129,
マイマイガ核多角体病ウイルス 197-8		パンドラウイルス 214	145, 248
マウスヘルペスウイルス68型 135		フセロウイルス 244	局部病変 45
ミクソーマウイルス 118-19		ブラコウイルス 183	巨大ウイルス 10-1, 17-8, 88, 207,
ミミウイルス 206-7		ベゴモウイルス 175	214, 220
ムンプスウイルス 76-7		ヘルペスウイルス 63, 87, 135	組換えウイルス 227
ラウス肉腫ウイルス 128-9		泡沫状ウイルス 49	CRISPR 48
ラナウイルス3型 114-15		ポックスウイルス 22	クリ胴枯病 218
ラルストニアファージΦRSL1 234-5		ポティウイルス 158, 185	クローニング 241
リフトバレー熱ウイルス 124-5		MERSコロナウイルス 85	系統樹 18-9
		マールブルグウイルス 57	古ウイルス学 49
		ラクロスウイルス 173	抗原シフト／抗原不連続変異 70
その他のウイルス		ラブドウイルス 30, 133	抗原ドリフト／抗原連続変異 70
（科名、属名なども含む）		レストンエボラウイルス 57	交叉防御 46
		レトロウイルス 14, 16-7, 20-2, 32,	構造生物学 230
アデノウイルス 61		49, 64, 107, 134, 248	国際ウイルス分類委員会 15
イリドウイルス 114, 195			コッホの原則 105
ウンブラウイルス 155		**関連用語**	混合感染 70
エナモウイルス 155			殺作用 217
エプシュタイン・バーウイルス 135		青枯病 235	サテライト 164, 207, 248
Mウイルス 217		RNA依存性RNAポリメラーゼ	サテライトウイルス 164, 207
エンドルナウイルス 151, 221		28, 33, 151, 152, 155, 242	サリチル酸 45
カウドウイルス 15		RNA結合タンパク質 47	cDNAクローニング 16
カラーモザイクウイルス 9		RNAサイレンシング 46-8, 167, 192,	自己 45
ガンマヘルペスウイルス 135		217, 248	自然免疫 44-8
クリソウイルス 213		RNAプライマー 224	自然宿主 41, 57, 96, 101, 107
クロロウイルス 220		アンビセンス 21, 30	持続感染 151, 176
ジェミニウイルス 24, 39, 139,		遺伝子組換え 16, 145, 169	持続感染ウイルス 151, 176
175, 178		遺伝子組換え植物 16, 145	師部 141, 155, 248
タバコマイルドグリーンモトルウイルス		遺伝子抑制 17	終末宿主 91
164		エイズ 16, 16, 38, 64, 73, 135	出芽 30-3
トンブスウイルス 152		Eco RI 48	腫瘍溶解性ウイルス 63
ナルナウイルス 152		X線回析 14	小分子RNA 48, 145, 192
ノロウイルス 79		エラー（転写酵素） 242	垂直感染 38, 42
バキュロウイルス 197		獲得免疫 44-8, 167	水平感染 38
バクテリオファージMS2 16			

スプライシング	61, 229	
スプライソソーム	61	
制限酵素	48	
生物防除剤	197-8, 211	
絶対的共生	155	
セントラルドグマ	14	
潜伏感染	73	
相利共生	40, 43, 135, 189, 208, 248	
中間宿主	38	
胴枯病	158	
毒素	79, 217, 240, 243, 245	
内在性	32	
ニレ立枯病	219	
バイオコントロール	119	
バイオセーフティ	113	
媒介生物（媒介昆虫／ベクター）	38-9, 52, 61, 119, 139, 141, 142, 161, 163, 173, 178, 249	
バクテリオファージ	13-5	
発がん性	129	
パリンドローム	48	
パンデミック	52, 70, 248	
非自己	45, 48	
ヒストン	14, 35, 238	
飛沫核感染	75, 87	
飛沫感染	57, 61, 69, 70, 88	
病原性島	243	
ビローム	97, 249	
ファージグループ	14	
ファージ分類	233	
ファージ療法	14, 233, 235	
封入体	105, 120, 167, 197	
複製コンプレックス	28-31	
プラスモデスム（原形質連絡）	25	
プレゲノム	26-7, 31, 34-5	
吻合	219, 246	
ヘルパーウイルス	130, 164, 217	

片利共生	40, 246	
ポリプロテイン	22, 29, 33, 167, 185	
ポリメラーゼ	22, 24, 26, 30, 176	
ポリメラーゼ連鎖反応(PCR)法	16	
ホロビオント	208, 247	
メタゲノミクス	17	
免疫寛容	108, 119, 158, 249	
免疫反応	44-7, 70, 88, 134, 145, 192, 217	
溶菌	22, 233, 236, 247	
溶原性	22	
ローリング・サイクル複製	24	
濾過性	13	

媒介生物（媒介昆虫）

アザミウマ	173
アブラムシ	35, 43, 141-2, 145-6, 149, 155, 157-8, 167
ウンカ	163
蚊	38-9, 52, 55, 91, 93-4, 119, 125, 173
コウモリ	57, 85, 123
コナジラミ	24-5, 38-9, 139, 175, 178
ダニ	38, 101, 105, 186
ヌカカ	102
ネズミ	96, 107, 135
ネッタイシマカ	39, 52, 55, 93-4
ノミ	119
ハチ	183, 186, 195
ヒトスジシマカ	38-9
ヨコバイ	161

人名

イワノフスキー、ディミートリー	16
エラーマン、ウィルヘルム	13, 17
エンダース、ジョン	17
クリック、フランシス	14
コッホ、ロベルト	105
ジェンナー、エドワード	12, 88
スタンリー、ウェンデル	14, 17
ソーク、ジョナス	16, 130
チェイス、マーサ	16
テミン、ハワード	16, 20, 129
デルブリュック、マックス	14
デレーユ、フェリックス	13, 17
トウォート、フレデリック	13, 17
ハーシー、アルフレッド	14, 16-7
バーマス、ハロルド	129
パスツール、ルイ	12
バング、オルフ	13, 17
ビショップ、マイケル	129
フランクリン、ロザリンド	14, 16, 169
フロッシュ、ポール	13, 16
ベイエリンク、マルティヌス	12, 16
ボルティモア、デイヴィッド	16, 20-2, 129
ライ、ダグラス	76
ラウス、ペイトン	13, 17, 20, 129
リード、ウォルター	13, 17, 93
ルスカ、ヘルムート	17
ルリア、サルバドール	14, 17
レフレル、フリードリヒ	13, 16
ワトソン、ジェームズ	14

図版クレジット PICTURE CREDITS

Courtesy Dwight Anderson. From Structure of Bacillus subtilis Bacteriophage phi29 and the Length of phi29 Deoxyribonucleic Acid. D. L. Anderson, D. D. Hickman, B. E. Reilly et al. Journal of Bacteriology, American Society for Microbiology, May 1, 1966. Copyright © 1966, American Society for Microbiology: 225. • Australian Animal Health Laboratory, Electron Microscopy Unit: 103. • Julia Bartoli & Chantal Abergel, IGS, CNRS/AMU: 215. • José R. Castón: 212. • Centers for Disease Control and Prevention (CDC)/Nahid Bhadelia, M.D.: 8R; Dr. G. William Gary, Jr.: 60; James Gathany: 38L; Cynthia Goldsmith: 95; Brian Judd: 38R; Dr. Fred Murphy, Sylvia Whitfield: 80; National Institute of Allergy and Infectious Diseases (NIAID): 56; Dr. Erskine Palmer: 83; P.E. Rollin: 90; Dr. Terrence Tumpey: 71. • Corbis: 15. • Delft School of Microbiology Archives: 13. • Tim Flegel, Mahidol University, Thailand: 202. • Kindly provided by Dr. Kati Franzke, Friedrich-Loeffler-Institut, Greifswald-Insel Riems, Germany: 132. • Courtesy Toshiyuki Fukuhara. From Enigmatic double-stranded RNA in Japonica rice. • Toshiyuki Fukuhara, Plant Molecular Biology, Springer, Jan 1, 1993. Copyright © 1993, Kluwer Academic Publishers.: 150. • © Laurent Gauthier. From de Miranda, J R, Chen, Y-P, Ribière, M, Gauthier, L (2011) Varroa and viruses. In Varroa - still a problem in the 21st Century? (N.L. Carreck Ed). International Bee Research Association, Cardiff, UK. ISBN: 978-0-86098-268-5 pp 11-31: 187. • Getty Images/BSIP: 78; OGphoto: 9. • Said Ghabrial: 210. • Dr. Frederick E. Gildow, The Pennsylvania State University: 143. • Courtesy Dr. Graham F. Hatfull and Mr. Charles A. Bowman, phagesdb.org: 232. • Pippa Hawes/Ashley Banyard, The Pirbright Institute: 126. • Juline Herbinière and Annie Bézier, IRBI, CNRS: 182. • Courtesy Dr. Katharina Hipp, University of Stuttgart: 138. • ICTV/courtesy of Don Lightner: 201. • Jean-Luc Imler: 188. • Dr. Ikbal Agah Ince, Acibadem University, School of Medicine, Dept of Medical Microbiology, Istanbul, Turkey: 194. • Courtesy Istituto per la Protezione Sostenibile delle Piante (IPSP) – Consiglio Nazionale delle Ricerche (CNR) – Italy: 2, 144, 147, 148, 153, 154, 157, 168, 171, 172, 175, 177. • Hongbing Jiang, Wandy Beatty and David Wang. Washington University, St. Louis: 199. • Electron micrograph courtesy of Pasi Laurinmäki and Sarah Butcher, the Biocenter Finland National Cryo Electron Microscopy Unit, Institute of Biotechnology, University of Helsinki, Finland: 104. • Library of Congress, Washington, D.C.: 8L. • Luis Márquez: 209. • Francisco Morales: 162. • Redrawn from Han G-Z, Worobey M (2012) An Endogenous Foamy-like Viral Element in the Coelacanth Genome. PLoS Pathogens 8(6): e1002790: 49. • Welkin Hazel Pope: 237. • Purcifull, D. E., and Hiebert, E. 1982. Tobacco etch virus. CMI/AAB Descriptions of Plant Viruses, No. 258 (No. 55 revised), published by the Commonwealth Mycological Institute and Association of Applied Biologists, England: 166. • Jacques Robert, Department of Microbiology and Immunology, University of Rochester Medical Center, Rochester NY: 115. • Carolina Rodríguez-Cariño and Joaquim Segalés, CReSA: 121. • Dr. Eugene Ryabov: 190. • Guy Schoehn: 234. • Science Photo Library/Alice J. Belling: 18L; AMI Images: 53, 62, 92; James Cavallini: 59, 87; Centre for Bioimaging, Rothampstead Research Centre: 159; Centre for Infections/Public Health England: 77, 84; Thomas Deerinck, NCMIR: 193; Eye of Science: 65, 68, 72, 89, 122; Dr. Harold Fisher/Visuals Unlimited, Inc: 228; Steve Gschmeissner: 18R; Kwangshin Kim: 66; Mehau Kulyk: 216; London School of Hygiene & Tropical Medicine: 54; Moredun Animal Health Ltd: 109; Dr. Gopal Murti: 129; David M. Phillips: 18C; Power and Syred: 44, 112; Dr. Raoult/Look at Sciences: 206; Dr. Jurgen Richt: 106; Science Source: 100; ScienceVU, Visuals Unlimited: 110, 131; Sciepro: 116, 160, 184; Dr. Linda Stannard, UCT: 74, 124; Norm Thomas: 12; Dr. M. Wurtz/Biozentrum, University of Basel: 226. • Shutterstock/Zbynek Burival: 39; JMx Images: 40; Alex Malikov: 37C; Masterovoy: 36; Christian Mueller: 37B; Galina Savina: 37T; Kris Wiktor: 42. • James Slavicek: 196. • Yingyuan Sun, Michael Rossmann (Purdue University) and Bentley Fane (University of Arizona): 231. • John E. Thomas, The University of Queensland: 140. • United States Department of Agriculture (USDA): 38C. • Dr. R. A. Valverde: 165. • Wellcome Images/David Gregory & Debbie Marshall: 118. • Zhang Y, Pei X, Zhang C, Lu Z, Wang Z, Jia S, et al. (2012) De Novo Foliar Transcriptome of Chenopodium amaranticolor and Analysis of Its Gene Expression During Virus-Induced Hypersensitive Response. PLoS ONE 7(9): e45953. doi:10.1371/journal.pone.0045953 © Zhang et al: 46. • For kind permission to use their material as references for the cross-sections and external views illustrations: Philippe Le Mercier, Chantal Hulo, and Patrick Masson, ViralZone (http://viralzone.expasy.org/), SIB Swiss Institute of Bioinformatics.

【著者】**マリリン・J・ルーシンク** Marilyn J. Roossinck
ペンシルベニア州立大学感染症センター教授（植物病理学、環境微生物学、生物学）。米国ウイルス学会評議員。数々の賞や栄誉を受け、与えられた研究費は1000万ドルを超える。これまでに発表した学術論文は60以上、「ネイチャー」「Microbiology Today」などの雑誌にも寄稿している。『Plant Virus Evolution（植物ウイルスの進化）』の編集にも携わった。

【監修者】**布施 晃**（ふせ・あきら）
1947年生まれ。東京教育大学理学部卒業。千葉大学医学部助手。その後、米国、ベルギー、フランスの大学の研究員、ルーベン大学医学部客員教授（ウイルス学）、国立感染症研究所室長を歴任。2018年逝去。専門は微生物学、血液腫瘍学、宇宙医学（感染症）、科学普及。医学博士。

【訳者】**北川 玲**（きたがわ・れい）
翻訳家。訳書『クローズアップ人体のしくみ図鑑』『若き科学者への手紙』『注目すべき125通の手紙』（いずれも創元社）など多数。医薬翻訳も手がける。

美しい電子顕微鏡写真と構造図で見る
ウイルス図鑑101

2018年2月20日　第1版第1刷発行
2019年5月10日　第1版第2刷発行

著　者	マリリン・J・ルーシンク
監修者	布施 晃
訳　者	北川 玲
発行者	矢部敬一
発行所	株式会社 創元社
	http://www.sogensha.co.jp/
	本社 〒541-0047 大阪市中央区淡路町4-3-6
	Tel.06-6231-9010 Fax.06-6233-3111
	東京支店 〒101-0051 東京都千代田区神田神保町1-2 田辺ビル
	Tel.03-6811-0662
組版・装丁	寺村隆史

© 2018, Printed in China
ISBN978-4-422-43027-0 C0045

本書を無断で複写・複製することを禁じます。
落丁・乱丁のときはお取り替えいたします。

JCOPY〈出版者著作権管理機構 委託出版物〉
本書の無断複製は著作権法上での例外を除き禁じられています。複製される場合は、そのつど事前に、出版者著作権管理機構（電話 03-5244-5088、FAX03-5244-5089、e-mail: info@jcopy.or.jp）の許諾を得てください。